U0237952

金沙江白鹤滩水电站工程建设管理丛书

白鹤滩水电站
泄洪洞工程

王孝海　黄纪村　何　炜　等著

中国水利水电出版社
www.waterpub.com.cn
·北京·

内　容　提　要

本书反映了白鹤滩水电站高水头、高流速、大断面、大坡度、大泄量、高标号的巨型泄洪洞群在结构设计、混凝土配合比、施工技术、施工装备、建设管理等方面的工程实践成果，对提高水电站泄洪洞工程建设质量、建设安全性及规范性有重大意义，所取得的技术成果与实践经验可供类似工程借鉴。本书共有十章，内容包括：概述、泄洪洞工程设计、开挖与支护施工、混凝土施工前期研究、混凝土施工、施工装备的研制与应用、金属结构制作安装与调试、水力学原型试验与初期运行、建设管理、价值与未来。

本书可供水利水电行业的工程设计、施工等专业技术人员和高校师生等参考使用。

图书在版编目（CIP）数据

白鹤滩水电站泄洪洞工程 / 王孝海等著. -- 北京 : 中国水利水电出版社, 2024. 9. -- (金沙江白鹤滩水电站工程建设管理丛书). -- ISBN 978-7-5226-2132-6

Ⅰ. TV74; TV651.3

中国国家版本馆CIP数据核字第20241YA060号

书　　名	金沙江白鹤滩水电站工程建设管理丛书 **白鹤滩水电站泄洪洞工程** BAIHETAN SHUIDIANZHAN XIEHONGDONG GONGCHENG
作　　者	王孝海　黄纪村　何　炜　等 著
出版发行	中国水利水电出版社 （北京市海淀区玉渊潭南路1号D座　100038） 网址：www.waterpub.com.cn E-mail：sales@mwr.gov.cn 电话：（010）68545888（营销中心）
经　　售	北京科水图书销售有限公司 电话：（010）68545874、63202643 全国各地新华书店和相关出版物销售网点
排　　版	中国水利水电出版社微机排版中心
印　　刷	北京印匠彩色印刷有限公司
规　　格	184mm×260mm　16开本　14.5印张　353千字
版　　次	2024年9月第1版　2024年9月第1次印刷
印　　数	0001—1000册
定　　价	**150.00**元

金沙江白鹤滩水电站工程建设管理丛书
编辑委员会

本书著者

王孝海　黄纪村　何　炜　刘　喆　吴世斌　都　辉

林　鹏　孙明伦　段　杭　曹生荣　罗　刚　康建荣

刘　凡　陈　敏　雷正才　杨兴旺　彭培龙　薛　松

刘　东　谢小春　汪红宇　吉沙日夫　刘雪峰　游　凯

肖　明　周艳国　何　吉　韩　旭　卢　帝　曹　琦

欧阳建树　陈道想　李　明

丛书序一

白鹤滩水电站是仅次于三峡工程的世界第二大水电站，是长江流域防洪体系的重要组成部分，是促改革、调结构、惠民生的大国重器。白鹤滩水电站开发任务以发电为主，兼顾防洪、航运，并促进地方经济社会发展。

白鹤滩水电站从1954年提出建设构想，历经47年的初步勘察论证，2001年纳入国家水电项目前期工作计划，2006年5月通过预可研审查，2010年10月国家发展和改革委员会批复同意开展白鹤滩水电站前期工作，同月工程开始筹建，川滇两省2011年1月发布“封库令”，2017年7月工程通过国家核准，主体工程开始全面建设。2021年6月28日首批机组投产发电，习近平总书记专门致信祝贺，指出：“白鹤滩水电站是实施‘西电东送’的国家重大工程，是当今世界在建规模最大、技术难度最高的水电工程。全球单机容量最大功率百万千瓦水轮发电机组，实现了我国高端装备制造的重大突破。你们发扬精益求精、勇攀高峰、无私奉献的精神，团结协作、攻坚克难，为国家重大工程建设作出了贡献。这充分说明，社会主义是干出来的，新时代是奋斗出来的。希望你们统筹推进白鹤滩水电站后续各项工作，为实现碳达峰、碳中和目标，促进经济社会发展全面绿色转型作出更大贡献！”2022年12月20日全部机组投产发电，白鹤滩水电站开始全面发挥效益，习近平总书记在二〇二三新年贺词中再次深情点赞。

至此，中国三峡集团在长江干流建设运营的乌东德、白鹤滩、溪洛渡、向家坝、三峡、葛洲坝6座巨型梯级水电站全部建成投产，共安装110台水电机组，总装机容量7169.5万kW，占全国水电总装机容量的1/5，年均发电量3000亿kW·h，形成跨越1800km的世界最大清洁能源走廊，为华中、华东地区以及川、滇、粤等省份经济社会发展和保障国家能源安全及能源结构优化作出了巨大贡献，为保障长江流域防洪、航运、水资源利用、生态安全提供了有力支撑，为推动长江经济带高质量发展注入了强劲动力。

从万里长江第一坝——葛洲坝工程开工建设，到兴建世界最大水利枢纽工程——三峡工程，再到白鹤滩水电站全面投产发电，世界最大清洁能源走廊的建设跨越半个世纪。翻看这段波澜壮阔的岁月，中国三峡集团无疑是这段水电建设史的主角。

三十年前为实现中华民族的百年三峡梦，我们发出了“为我中华、志建三峡”的民族心声，百万移民舍小家建新家，举全国之力，从无到有、克服无数困难，实现建成三峡工程的宏伟夙愿，是人类水电建设史上的空前壮举。三十载栉风沐雨、艰苦创业，在党中央、国务院的坚强领导下，中国三峡集团完成了从建设三峡、开发长江向清洁能源开发与长江生态保护“两翼齐飞”的转变，已成为全球最大的水电开发运营企业和中国领先的清洁能源集团，成为中国水电一张耀眼的世界名片。

世界水电看中国，中国水电看三峡。白鹤滩水电站工程规模巨大，地质条件复杂，气候恶劣，面临首次运用柱状节理玄武岩作为特高拱坝基础、巨型地下洞室群围岩开挖稳定、特高拱坝抗震设防烈度最高、首次全坝使用低热水泥混凝土、高流速巨泄量无压直泄洪洞高标准建设等一系列世界级技术难题，主要技术指标位居世界水电工程前列，综合技术难度为同类工程之首。白鹤滩水电站是世界水电建设的集大成者，代表了当今世界水电建设管理、设计、施工的最高水平，是继三峡工程之后的又一座水电丰碑。

近3万名建设者栉风沐雨、勠力同心鏖战十余载，胜利完成了国家赋予的历史使命，建成了世界一流精品工程，成就了“水电典范、传世精品”，为水电行业树立了标杆；形成了大型水电工程开发与建设管理范式，为全球水电开发提供了借鉴；攻克了一系列世界级技术难题、掌握了关键技术，提升了中国水电建设的核心竞争力；研发应用了一系列新理论、新技术、新材料、新设备、新方法、新工艺，推动了水电行业技术发展；成功设计、制造和运行了全球单机容量最大功率百万千瓦的水轮发电机组，实现了我国高端装备制造的重大突破；形成了巨型水电工程建设的成套标准、规范，为引领中国水电“走出去”奠定了坚实的基础；传承发扬三峡精神，形成了以“为我中华，志建三峡”为内核的水电建设文化。

从百年三峡梦的提出到实现，再到白鹤滩水电站的成功建设，中国水电从无到有，从弱到强，再到超越、引领世界水电，这正是百年以来近现代中国发展的缩影。总结好白鹤滩水电站工程建设管理经验与关键技术，进一步完善“三峡标准”，形成全面系统的水电工程开发建设技术成果，为中国水电事业发展提供参考与借鉴，为世界水电技术发展提供中国方案，是时代赋予三峡人新的历史使命。

中国三峡集团历时近两载，组织白鹤滩水电站建设管理各方技术骨干、专家学者，回顾了整个建设过程，查阅了海量资料，对白鹤滩水电站工程建设管理与关键技术进行了全面总结，编著“金沙江白鹤滩水电站工程建设管理丛书”共20分册。丛书囊括了白鹤滩水电站工程建设的技术、管理、文化各个方面，涵盖工程前期论证至工程全面投产发电全过程，是水电工程史上第一次全方位、全过程、全要素对一个工程开发与建设的全面系统总结，是中国水电乃至世界水电的宝贵财富。

中国古代仁人志士以立德、立功、立言“三不朽”为人生最高追求。广大建设者传承发扬三峡精神，形成水电建设文化，是为“立德”；建成世界一流精品工程，铸就水电典范、传世精品，是为“立功”；全面总结白鹤滩水电站工程管理经验和关键技术，推动中国水电在继往开来中实现新跨越，是为“立言”！

向伟大的时代、伟大的工程、伟大的建设者致敬！

雷鸣山

2023年12月

丛书序二

古人言“圣人治世，其枢在水”，可见水利在治国兴邦中具有极其重要的地位。滔滔江河奔流亘古及今，为中华民族生息提供了源源不断的源泉，抚育了光辉灿烂的中华文明。

我国地势西高东低，蕴藏着得天独厚的水能资源，水电作为可再生清洁资源，在国民经济发展和生态文明保障中具有举足轻重的地位。水利水电工程的兴建不仅可以有效改善能源结构、保障国家能源安全，同时在防洪、抗旱、航运、供水、灌溉、减排、生态等方面均具有巨大的经济、社会和生态效益。

中华人民共和国成立之初，全国水电装机容量仅 36 万 kW。中华人民共和国成立 70 余年来，我国水电建设事业发生了翻天覆地的变化，取得举世瞩目的成就。截至 2022 年底，我国水电总装机容量达 4.135 亿 kW，稳居世界第一。其中，世界装机容量超过 1000 万 kW 的 7 座特大型水电站中我国就占据四席，分别为三峡工程（2250 万 kW，世界第一）、白鹤滩水电站（1600 万 kW，世界第二）、溪洛渡水电站（1386 万 kW，世界第四）和乌东德水电站（1020 万 kW，世界第七）。中国水电实现了从无到有、从弱到强、从落后到超越的历史性跨越式发展。

1994 年，三峡工程正式动工兴建，2003 年，首批 6 台 70 万 kW 水轮发电机组投产发电，成为中国水电划时代的里程碑，标志着我国水利水电技术已从学习跟跑到与世界并跑，跨入世界先进行列。

继三峡工程之后，中国三峡集团溯江而上，历时二十余载，相继完成了金沙江下游向家坝、溪洛渡、白鹤滩和乌东德 4 座巨型梯级水电站的滚动开发，实现了从设计、施工、管理、重大装备制造全产业链升级，巩固了我国在世界水利水电发展进程中的引领者地位。金沙江下游 4 座水电站的多项技术指标及综合难度均居世界前列，其中白鹤滩水电站综合技术难度最大、综合技术参数最高，是世界水电建设的超级工程。

白鹤滩水电站地处金沙江下游，河谷狭窄、岸坡陡峻，工程建设面临高坝、高边坡、高流速、高地震烈度和大泄洪流量、大单机容量、大型地下厂房洞室群“四高三大”的世界级技术难题；且工程地质条件复杂，地质断裂构造发育，坝基柱状节理玄武岩开挖、保护、处理难度极大，地下厂房围岩层间、层内错动带发育，开挖、支护和围岩变形稳定均面临诸多难题；加之白鹤滩坝址地处大风干热河谷气候区，极端温差大、昼夜温差变化明显，大风频发，大坝混凝土温控防裂面临巨大挑战。

白鹤滩水电站是当时世界在建规模最大的水电工程，其中300m级高坝抗震设计参数、地下洞室群规模、圆筒式尾水调压井尺寸、无压直泄洪洞群泄洪流量、百万千瓦水轮发电机组单机容量等多项参数均居世界第一。

自建设伊始，白鹤滩全体建设者肩负“建水电典范、铸传世精品”的伟大历史使命，先后破解了柱状节理玄武岩特高拱坝坝基开挖保护、特高拱坝抗震设计、大坝大体积混凝土温控防裂、复杂地质条件巨型洞室群围岩稳定、百万千瓦水轮发电机组设计制造安装等一系列世界性难题。首次全坝采用低热硅酸盐水泥混凝土，成功建成世界首座无缝特高拱坝；安全高效完成世界最大地下洞室群开挖支护，精品地下电站亮点纷呈；全面打造泄洪洞精品工程，抗冲耐磨混凝土过流面呈现镜面效果。与此同时，白鹤滩水电站全面推动设计、管理、施工、重大装备等全产业链由“中国制造”向“中国创造”和“中国智造”转型，并在开发模式、设计理论、建设管理、关键技术、质量标准、智能建造、绿色发展等多方面实现了从优秀到卓越、从一流到精品的升级，全面建成了世界一流的精品工程，登上水电行业“珠峰”。

从三峡到白鹤滩，中国水电工程建设完成了从“跟跑”“并跑”再到“领跑”的历史性跨越。这样的发展在外界看来是一种“蝶变”，但只有身在其中奋斗过的人才明白，这是建设者们几十年备尝艰辛、历尽磨难后实现的全面跨越。从三峡到白鹤滩，中国水电成为推动世界水电技术快速发展的重要力量。白鹤滩建设者们经历了长时间的探索和深刻的思考，通过反复认知、求索、实践，系统梳理和累积沉淀形成了可借鉴的水电建设管理经验和工程技术，进而汇集成书，以期将水电发展的过去、当下和未来联系在一起，为大型水电工程建设和新一代“大国重器”建设者提供借鉴与参考。

“金沙江白鹤滩水电站工程建设管理丛书”全套共20分册，分别从关键技术、工程管理和建设文化等多维度切入，内容涵盖了建设管理、规划布置、质量管理、安全管理、合同管理、设备制造及安装等各个方面，覆盖大坝、地下电站、泄洪洞等主体工程，囊括了土建、灌浆、金属结构、机电、环保等多个专业。丛书是全行业对大型水电建设技术及管理经验进行全方位、全产业链的系统总结，展示了白鹤滩水电站在防洪、发电、航运及生态文明建设方面作出的巨大贡献。内容既有对特高拱坝温控理论的深化认知、卸荷松弛岩体本构模型研究等理论创新，也包含低热水泥筑坝材料、

800MPa级高强度低裂纹钢板制造等材料技术革新，同时还囊括300m级无缝混凝土大坝快速优质施工、柱状节理玄武岩坝基及巨型洞室群开挖和围岩变形控制、百万千瓦水轮发电机组制造安装、全工程智能建造等施工关键核心技术。

丛书由工程实践经验丰富的专业技术负责人及学科带头人担任主编，由国内水电和相关专业专家组成了超强编撰阵容，凝聚了中国几代水电建设工作者的心血与智慧。丛书不仅是一套水电站设计、施工、管理的技术参考书和水利水电建设管理者的指导手册，也是一部三峡水电建设者“治水兴邦、水电报国”的奋斗史。

白鹤滩水电站的技术和经验既是中国的，也是世界的。我相信，丛书的出版，能够为中国的水电工作者和世界的专家同仁开启一扇深入了解白鹤滩工程建设和技术创新的窗口。期待丛书为推动行业科技进步、促进水电高质量绿色发展起到有益的作用。

作为中国水电事业的建设者、奋斗者，见证了中国水电事业的发展和历史性的跨越，我深感骄傲与自豪，也为丛书的出版而高兴。希望各位读者能够从丛书中汲取智慧和营养，获得继续前行的能量，共同推进我国水电建设高质量发展更上一个新的台阶，谱写新的篇章。

借此序言，向所有为我国水电建设事业艰苦奋斗、抛洒心血和汗水的建设者、科技工作者、工程师们致以崇高的敬意！

中国工程院院士 张超然

2023年12月

序

白鹤滩水电站是金沙江下游四个梯级电站的第二级，位于四川省宁南县和云南省巧家县境内，是我国第二大水电站，是实施西电东送、优化我国能源布局和改善电力结构的关键电源点。水电站主要建筑物包括混凝土双曲拱坝、地下引水发电系统和泄洪消能建筑物。泄洪建筑物由坝身6个泄洪表孔、7个泄洪深孔和左岸3条泄洪洞组成。白鹤滩水电站的泄洪洞群承担了12250m^3/s约30%的泄洪任务，具有“高水头、高流速、大断面、大坡度、大泄量、高标号”的特点，多项指标均居世界前列，技术创新和管理创新是保证泄洪洞顺利建成不可或缺的因素。

在白鹤滩水电站泄洪洞的建设过程中，参建各方坚持科技创新，研发应用了一大批新技术、新材料、新装备、新工艺和新标准，确保了工程工期和施工安全，全面提升了工程质量，取得了显著的社会经济效益。《白鹤滩水电站泄洪洞工程》一书全面介绍了白鹤滩水电站巨型泄洪洞工程的关键技术，系统总结了其建设管理的成功经验。

白鹤滩水电站泄洪洞采用了全洞无压的流道结构，充分利用天然地形采用直线型布置；在进水塔内设置了三支臂液压弧形工作闸门，启闭运行平稳、可靠，挡水状态下滴水不漏；采用龙落尾的结构形式，将85%的总水头集中在仅占全洞长度15%的尾部洞段，并采用“底掺气+侧掺气”的渐扩式结构形式，实现全断面掺气减蚀的效果，保证了泄洪洞运行的可靠性和安全性；出口采用双扭面挑流鼻坎，水舌落水点基本分布在河道中心，挑距稳定，不砸本岸、不冲对岸，实现了挑流水舌水下消能的效果。

本书详细总结了工程建设中取得的一系列技术创新成果，包括低热高强抗冲磨混凝土的制备方法、衬砌混凝土温度控制的关键技术、研发了大坡度、低坍落度洞室衬砌混凝土的自动运输系统和曲面底板隐轨循环翻模系统等系列施工装备，突破了传统隧洞混凝土施工技术的局限性；首次定义了水工隧洞镜面混凝土并建立了质量控制标准，创建了高边墙复振、底板五步法精细收面、施工缝无缝衔接等镜面混凝土成套施工工艺。在施工过程中，结合新材料、新设备和新技术，制定了一批工艺新标准，实现了工程施工的标准化，将我国水工隧洞建设水平提升到一个新的高度。

自投入运行以来，白鹤滩水电站泄洪洞运行性态良好，没有发生气蚀损坏，运行安全可靠，经受了长时间高水头大流量泄洪试验运行的考验。前来参观交流的单位和同仁，对白鹤滩水电站泄洪洞工程质量给予高度评价，认为其全面提升了我国水工隧洞建造水平。我想，白鹤滩水电站泄洪洞建设所取得的成就主要归功于三个方面的努力：首先，是对三峡精神和三峡文化的传承和发扬，“求真务实、创新拼搏、追求卓越”在工程建设中得到充分体现，参建各方坚持“工程有亮点、管理有创新、各方有收获”，努力追求精品工程，形成全员敢挑重担、勇于开拓的氛围；其次，是建立了系统完备的管理体系和机制，使各项技术创新落到实处，保证生产标准化、流程化；最后，是工程项目管理上目标合理、方法科学、措施有力，提出了衬砌混凝土无缺陷建造的要求，实现了高标准“镜面混凝土”施工，并积极探寻规律、开拓创新，促进泄洪洞工程打造成同类工程的标杆，全面达到国内领先、世界一流的水平。

我作为一名白鹤滩水电站工程的建设者，那“五步法”收面的场景，建设者们努力工作的画面还历历在目。翻阅本书，看到工程技术创新总结与提升，甚感欣慰。白鹤滩水电站泄洪洞工程建设在同类已建工程的基础上，又向前迈出了一大步，相信本书的出版可以为同行带来启发和借鉴，促进后续工程的技术水平和管理实践再上新台阶，为我国水能资源开发及大型引水管网隧洞建设提供有益借鉴。

汪志林

2023 年 12 月

前言

白鹤滩水电站是当今世界在建规模最大、技术难度最高的水电工程，建成后为仅次于三峡工程的世界第二大水电站，是国家“西电东送”的骨干电源，是长江流域防洪体系的重要组成部分，是促改革、调结构、惠民生的大国重器。水电站开发任务以发电为主，兼顾防洪、航运，并促进地方经济社会发展。

泄洪洞承担了枢纽工程30%的泄洪任务，是白鹤滩水电站的主体工程之一。白鹤滩水电站3条无压直泄洪洞具有“高水头（225m）、高流速（实测55m/s）、大断面（15m×18m）、大坡度（22.6°）、大泄量（单洞4083m^3/s）、高标号（$C_{90}60$）”的特点，衬砌混凝土施工质量要求高，施工与管理难度显著高于同类工程。

泄洪洞衬砌混凝土防气蚀、抗冲磨、温控防裂是衬砌施工质量管理的核心任务，是实现泄洪洞混凝土高质量建造及长期安全运行的关键。

紧紧围绕泄洪洞衬砌混凝土“防气蚀、建精品”的建设目标，确立了“体型精准、平整光滑、无裂无缺、抗冲耐磨”的精品工程内涵，构建了以项目业主为主导、监理单位为纽带、设计单位为支撑、施工单位为主体、协作队伍为辅助、施工班组为基础的“六位一体”管理模式。对于重大施工方案或重要施工工艺，均采用建设管理单位主导，参建四方共同研究的解决模式，通过多角度思考、全方位研讨，确保方案及工艺的科学性、先进性。基于精品工程建设目标，形成了“服务工程、创新引领、精益求精、求真务实、标准作业、阳光管理、合作共赢、以人为本”的管理理念，保障了泄洪洞工程的高质量建造。

通过水工模型试验，深化研究、优化了龙落尾段“底掺气+侧掺气”的复合结构型式，形成了完备、独立的补气与掺气系统；发明了低热高强抗冲磨高性能混凝土；首次定义了水工隧洞镜面混凝土，探索并形成了“底板五步法收面”“施工缝无缝衔接”等系列的标准化施工工艺，建立了相应的质量控制标准体系；针对大断面、大陡坡、多曲面、运输难等难题，研发了系列成套施工装备，满足泄洪洞全过流面浇筑低坍落度混凝土需求；创建了“底板垫层→边墙→顶拱→底板”的科学分序分段方法；提出了高强度等级混凝土“四阶段”精细化温控策略，解决了薄壁结构衬砌混凝土“无衬不裂”的世界级难题。采用液压起吊和BIM模拟技术，解决了巨型三支臂弧形工作门狭小空间安装难题。

白鹤滩水电站泄洪洞在结构设计、原材料与配合比、施工装备和施工工艺等方面全面突破现有技术瓶颈，填补了多项行业空白，建成了“体型精准、平整光滑、无裂无缺、抗冲耐磨”的白鹤滩水电站泄洪洞精品工程，为同类似工程树立了标杆。

经过水力学原型试验和初期运行，其掺气浓度、空化噪声、闸门振动、消能区雾化等关键指标均优于设计标准，泄洪洞在大泄量、高流速、长时间运行条件下完好无缺，镜面如初，经受住了超高水位条件下的洪水考验，充分肯定，泄洪洞将在枢纽工程长期安全稳定运行中发挥应有的重要作用。

本书从工程设计、开挖、衬砌混凝土施工、金属结构制造与安装、原型观测与初期运行、工程建设管理等方面，全面系统深入总结了白鹤滩水电站泄洪洞工程的关键技术与管理创新成果，是泄洪洞工程建设、设计、施工、监理、科研等参建各方智慧的结晶，希望能为相关工程建设与科研人员提供借鉴和参考，也可供相关专业的高校师生参阅。

本书的编著得到了参建单位、科研单位、高等院校等方面的大力支持，也获得了业内知名专家学者的悉心指导。在此，谨向给予指导帮助的同仁和专家表示诚挚感谢！

鉴于作者的学识和水平有限，书中的疏忽与不足之处在所难免，恳请读者批评指正。

作者

2024年8月

目录

丛书序一
丛书序二
序
前言

第1章 概述 …… 1
1.1 白鹤滩水电站工程概况 …… 1
1.1.1 流域情况 …… 1
1.1.2 地理位置 …… 2
1.1.3 工程定位 …… 2
1.1.4 技术难度 …… 2
1.1.5 枢纽布置 …… 3
1.1.6 工程效益 …… 6
1.1.7 建设历程 …… 8
1.2 国内外泄洪洞工程的建设与技术发展历程 …… 9
1.2.1 工程建设概况 …… 9
1.2.2 运行情况 …… 10
1.2.3 发展历程 …… 11
1.3 白鹤滩水电站泄洪洞建设中的挑战与策略 …… 15

第2章 泄洪洞工程设计 …… 17
2.1 设计原则与方法 …… 17
2.2 白鹤滩水电站泄洪洞的规模及布置方案研究 …… 18
2.2.1 单洞规模及布置方案 …… 18
2.2.2 单洞单孔闸门设计 …… 19
2.2.3 纵剖面体型的选择 …… 20
2.2.4 进口高程的选择 …… 21
2.3 水力特性研究 …… 22

2.3.1 水力计算 …… 22
2.3.2 水流流态 …… 27
2.3.3 水流流速、压强及空化数 …… 27
2.3.4 气蚀、减蚀研究 …… 30
2.4 下游消能防冲刷试验研究 …… 33
2.4.1 水舌落点 …… 33
2.4.2 下游河道冲淤 …… 35
2.5 弧形工作闸门设计研究 …… 36
2.6 结构布置及特性 …… 39
2.6.1 进水塔 …… 39
2.6.2 上平段 …… 41
2.6.3 龙落尾段 …… 42
2.6.4 挑流鼻坎段 …… 43
2.6.5 通风补气系统 …… 44
2.7 下游河道防护 …… 46
2.8 思考与借鉴 …… 47
第3章 开挖与支护施工 …… 48
3.1 地质条件 …… 48
3.2 施工布置 …… 49
3.2.1 施工通道 …… 49
3.2.2 施工通风 …… 52
3.3 开挖工程施工 …… 52
3.3.1 进口支铰大梁部位反坡段开挖 …… 52
3.3.2 上平段底板开挖 …… 58
3.3.3 龙落尾段立体分区分层开挖 …… 58
3.3.4 出口处高边坡与挑坎基槽开挖 …… 61
3.4 支护工程施工 …… 61
3.4.1 支护形式 …… 61
3.4.2 支护施工 …… 61
3.5 施工工期 …… 62
3.6 思考与借鉴 …… 62
第4章 混凝土施工前期研究 …… 64
4.1 原材料优选与配合比优化 …… 64
4.1.1 原材料优选 …… 64
4.1.2 配合比优化 …… 65
4.1.3 配合比优化思考 …… 69
4.2 混凝土振捣工艺试验 …… 70

4.2.1 第一阶段工艺试验 …… 70
4.2.2 可视化振捣试验 …… 72
4.3 衬砌混凝土浇筑的分段与分序优化 …… 74
4.3.1 模拟计算与分析 …… 74
4.3.2 分段分序确定 …… 76
4.4 混凝土温控研究 …… 79
4.4.1 设计技术要求 …… 79
4.4.2 温控策略研究 …… 80
4.4.3 混凝土温控措施研究 …… 82
4.5 思考与借鉴 …… 88
第5章 混凝土施工 …… 89
5.1 进水塔混凝土施工 …… 89
5.1.1 塔体混凝土施工 …… 89
5.1.2 钢衬底部混凝土施工 …… 90
5.1.3 大跨度异型胸墙混凝土 …… 92
5.1.4 塔顶施工 …… 95
5.2 上平段混凝土施工 …… 98
5.2.1 边墙镜面混凝土施工技术 …… 99
5.2.2 底板镜面混凝土施工技术 …… 106
5.2.3 上平段施工效果 …… 111
5.3 龙落尾段混凝土施工 …… 113
5.3.1 边墙镜面混凝土施工技术 …… 114
5.3.2 顶拱衬砌施工技术 …… 116
5.3.3 大坡度曲面底板循环翻模施工技术 …… 116
5.4 挑流鼻坎混凝土施工 …… 122
5.4.1 边墙混凝土施工技术 …… 122
5.4.2 底板混凝土施工技术 …… 126
5.5 资源配置与工期分析 …… 130
5.5.1 控制性工期 …… 130
5.5.2 施工顺序 …… 130
5.5.3 主要资源配置 …… 131
5.5.4 各部位进度措施与典型工期分析 …… 132
5.5.5 进度管理成效 …… 135
5.6 混凝土缺陷分级管控与处理原则 …… 136
5.6.1 对泄洪洞衬砌混凝土缺陷修补的认识 …… 136
5.6.2 缺陷分级与控制标准 …… 137
5.6.3 缺陷处理原则与方法 …… 138

5.7 思考与借鉴 …… 138

第 6 章 施工装备的研制与应用 …… 140

6.1 施工装备系统概况 …… 140
6.2 高边墙低坍落度混凝土输料系统 …… 141
6.2.1 装备设计 …… 141
6.2.2 应用效果 …… 144
6.3 龙落尾段大坡度重载快速下行自动供料系统 …… 144
6.3.1 装备设计 …… 144
6.3.2 应用效果 …… 149
6.4 龙落尾段底板混凝土长距离下行输料系统 …… 149
6.4.1 装备设计 …… 149
6.4.2 应用效果 …… 152
6.5 挑流鼻坎大跨度低坍落度混凝土布料系统 …… 152
6.5.1 装备设计 …… 153
6.5.2 应用效果 …… 154
6.6 大坡度变断面液压自行走衬砌台车 …… 154
6.6.1 装备设计 …… 154
6.6.2 应用效果 …… 158
6.7 大跨度三辊轴设备及高精度隐轨系统 …… 159
6.7.1 装备设计 …… 159
6.7.2 应用效果 …… 159
6.8 曲面底板隐轨循环翻模系统 …… 160
6.8.1 装备设计 …… 160
6.8.2 应用效果 …… 163
6.9 思考与借鉴 …… 163

第 7 章 金属结构制作安装与调试 …… 165

7.1 事故检修闸门安装与调试 …… 165
7.2 弧形工作闸门安装与调试 …… 166
7.2.1 弧形工作闸门精品工程安装质量标准 …… 167
7.2.2 狭窄空间闸门安装 BIM 模拟 …… 168
7.2.3 支铰大梁安装与二期混凝土浇筑 …… 169
7.2.4 门叶整体组拼与转运 …… 170
7.2.5 利用液压提升系统进行整体吊装 …… 170
7.2.6 闸门安装质量及运行效果 …… 171
7.3 进口段钢衬制作安装 …… 172
7.3.1 钢衬焊接变形控制与校正处理 …… 173
7.3.2 双相不锈钢防护 …… 174

7.3.3　钢衬支撑体系的布置及强度验算 …… 174
第8章　水力学原型试验与初期运行 …… 179
8.1　试验与运行概况 …… 179
8.1.1　初期运行规程的拟定 …… 179
8.1.2　试验与运行情况统计 …… 179
8.2　原型观测与试验成果 …… 181
8.2.1　观测目的 …… 181
8.2.2　观测内容与观测点布置 …… 181
8.2.3　水力学观测成果 …… 182
8.2.4　试验成果的综合分析 …… 188
8.3　运行后的检查与混凝土施工效果分析 …… 189
8.3.1　泄洪后的过流面检查 …… 189
8.3.2　泄洪冲坑消能 …… 189
8.3.3　工作闸门运行监测 …… 192
8.4　安全监测 …… 193
8.4.1　安全监测布置 …… 193
8.4.2　泄洪前后监测数据的对比分析 …… 194
8.5　思考与借鉴 …… 194
第9章　建设管理 …… 196
9.1　目标、理念与方法 …… 196
9.2　管理机制与体系 …… 196
9.3　制定精品工程标准 …… 196
9.4　管理措施 …… 197
9.4.1　完善管理制度与细则 …… 197
9.4.2　制定详实管理措施 …… 197
9.4.3　统一建设思想，达成共同目标 …… 199
9.4.4　搭建创新平台，开展全面创新 …… 199
9.4.5　提升工作作风、夯实工艺作风 …… 199
9.4.6　弘扬劳动精神，培养大国工匠 …… 201
9.4.7　安全文明施工环境至关重要 …… 202
第10章　价值与未来 …… 203
10.1　建设成就 …… 203
10.1.1　设计理念与方法 …… 203
10.1.2　精品与典范 …… 203
10.1.3　管理水平与管理范式 …… 204
10.1.4　机械化与施工技术水平 …… 204

10.1.5 工艺与发展 …… 204
10.1.6 标准与引领 …… 205
10.2 未来展望 …… 205
参考文献 …… 207

第1章　概述

1.1　白鹤滩水电站工程概况

1.1.1　流域情况

长江是我国第一大河流，发源于青藏高原，其干流自西而东横贯中国11个省级行政区，全长6397km，流域面积达180万km^2，约占我国陆地总面积的1/5。其中，直门达以上河段称为通天河，直门达至宜宾河段称为金沙江，宜宾以下河段称为长江。

金沙江全长3364km，落差占长江落差的95%以上，其中，虎跳峡以上河段为上游，虎跳峡至攀枝花河段为中游，攀枝花至宜宾河段为下游。金沙江水资源和水能资源丰富，水量丰沛且稳定，落差大而集中，水能资源蕴藏量约1.2102亿kW，约占全国总量的17.4%，是我国最大的水电基地。

金沙江下游河段全长768km，区间流域面积21.4万km^2，落差超过700m，河道平均比降0.93‰，是金沙江河段水力资源最为富集的一段，水力资源理论蕴藏量29080MW。根据流域和河段开发规划，自上而下依次分乌东德、白鹤滩、溪洛渡、向家坝4座梯级水电站开发。

中国长江三峡集团有限公司（以下简称“三峡集团”）肩负国家赋予的“建设三峡、开发长江”历史使命，继三峡工程之后，溯江而上，主动服务长江经济带发展，推动清洁能源产业升级，相继完成金沙江下游向家坝、溪洛渡、乌东德、白鹤滩4座梯级水电站的滚动开发，与三峡工程、葛洲坝工程一起，共同构成了世界最大清洁能源走廊。三峡集团长江干流各水电站分布见图1.1-1。

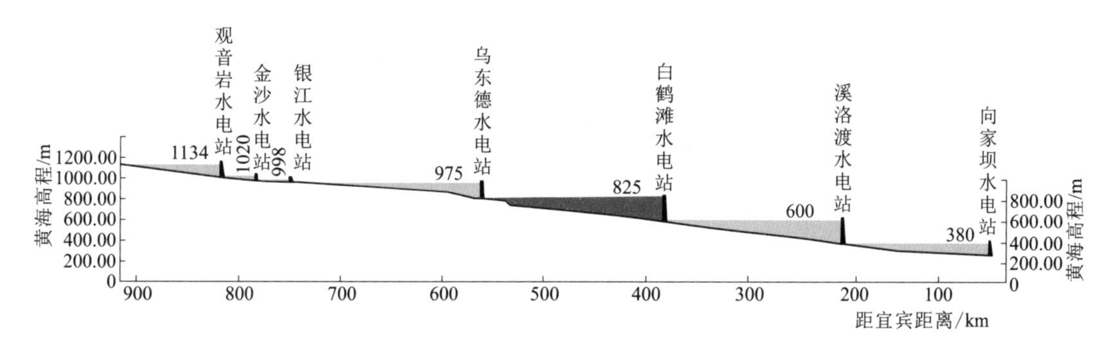

图1.1-1　金沙江中下游河段水电站布置图

1.1.2 地理位置

白鹤滩水电站是金沙江下游4座梯级电站的第二级，位于四川省宁南县和云南省巧家县境内，上游距乌东德水电站坝址约182km，下游距离溪洛渡水电站约195km。白鹤滩水电站控制流域面积43.03万km^2，占金沙江流域面积的91.0%，多年平均流量4170m^3/s，多年平均径流量1315亿m^3。金沙江中下游河段水电站布置见图1.1-1。

白鹤滩水电站坝址区属中山峡谷地貌，地势北高南低，向东侧倾斜。左岸为大凉山山脉东南坡，山峰高程约2600.00m，整体上呈向金沙江倾斜的斜坡地形；右岸为药山山脉西坡，山峰高程在3000.00m以上，主要为陡坡与缓坡相间的地形。坝区主要出露二叠系上统峨眉山组玄武岩，上覆三叠系下统飞仙关组砂岩、泥岩，地层呈假整合接触，根据喷发间断共划分为11个岩流，岩流层的顶部凝灰岩均有不同程度的构造错动，在各岩流层内发育有大量层内错动带。

工程区地处亚热带季风区，属典型的金沙江干热河谷气候。多年平均气温21.9℃，极端最高气温42.7℃，极端最低气温0.8℃，极端气温温差大、昼夜温差变化明显；全年七级以上大风约240天，大风频发；多年平均降水量733.4mm，多年平均蒸发量2231.4mm，多年平均相对湿度66%，干湿季节分明。白鹤滩水电站全景见图1.1-2。

图1.1-2 白鹤滩水电站全景

1.1.3 工程定位

白鹤滩水电站是当今世界在建规模最大、技术难度最高的水电工程，装机容量仅次于三峡工程，位居世界第二，是国家西电东送的骨干电源，是长江流域防洪体系的重要组成部分，是促改革、调结构、惠民生的大国重器。世界前十二大水电站排名见图1.1-3。

1.1.4 技术难度

白鹤滩水电站工程规模巨大，地质条件复杂，气候恶劣，面临首次运用柱状节理玄武岩作为特高拱坝基础、巨型地下洞室群围岩开挖稳定、特高拱坝抗震设防烈度最高、首次全坝使用低热水泥混凝土、高流速巨泄量无压直泄洪洞高标准建设等一系列世界级技术难

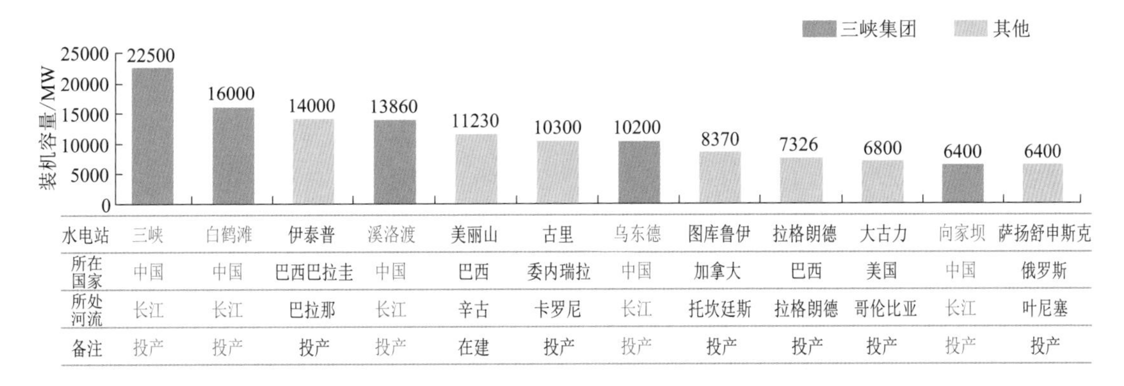

图 1.1-3　世界前十二大水电站排名图（截至 2022 年 12 月）

题，主要技术指标位居世界水电工程前列，综合技术难度为同类工程之首。白鹤滩水电站主要技术指标参数见表 1.1-1。

表 1.1-1　白鹤滩水电站主要技术指标参数表

排　名	指　标　参　数
六项世界第一	机组单机容量 100 万 kW 世界第一
	圆筒式尾水调压井规模世界第一
	地下洞室群规模世界第一
	300m 级高坝抗震参数世界第一
	首次在 300m 级特高拱坝全坝使用低热水泥混凝土
	无压泄洪洞群规模世界第一
两项世界第二	装机容量 1600 万 kW 世界第二
	拱坝总水推力 1650 万 t 世界第二
两项世界第三	拱坝坝高 289m 世界第三
	枢纽泄洪功率世界第三

1.1.5　枢纽布置

白鹤滩水电站枢纽由混凝土双曲拱坝、泄洪消能设施、引水发电系统等主要建筑物组成，枢纽建筑物布置见图 1.1-4，工程特性参数见表 1.1-2。拦河坝为混凝土双曲拱坝，坝后设水垫塘与二道坝，坝顶高程 834.00m，最大坝高 289m；枢纽泄洪设施由 6 个表孔、7 个深孔和左岸 3 条无压直泄洪洞组成，坝身最大泄量 30000m^3/s，泄洪洞单洞泄洪规模 4083m^3/s；地下厂房采用首部开发方案布置，左右岸各布置 8 台单机容量 100 万 kW 的机组，机组研发、制造、安装实现全部国产化；引水隧洞采用单机单管供水，尾水系统 2 台机组合用一条尾水洞，左右岸各布置 4 条尾水隧洞，其中左岸 3 条、右岸 2 条结合导流洞布置。

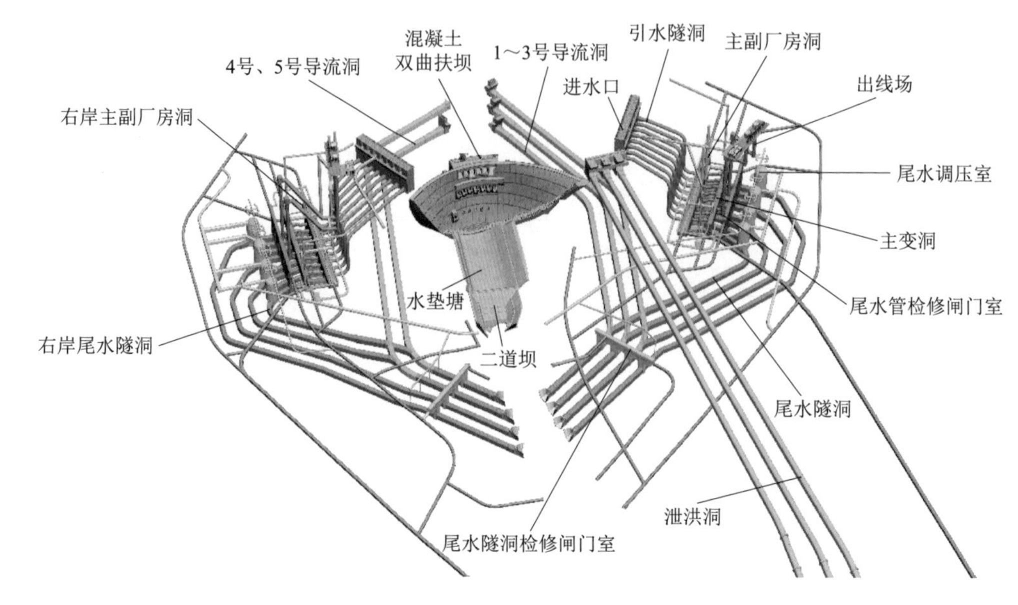

图 1.1-4　白鹤滩水电站枢纽建筑物布置图

表 1.1-2　白鹤滩水电站工程特性参数表

主要特性		工程指标	参数
挡水建筑物：混凝土双曲拱坝		最大坝高/m	289
		坝顶高程/m	834.00
		坝顶中心线弧长/m	709
		总水推力/万 t	1650
泄洪建筑物	坝身泄洪	泄洪表孔（开敞式）/个	6
		表孔校核泄洪流量/(m^3/s)	12529
		泄洪深孔（有压泄水孔）/个	7
		深孔校核泄洪流量/(m^3/s)	11832
	泄洪洞	泄洪洞（无压直泄洪洞）/条	3
		长度/m	2170～2307
		弧门孔口尺寸（宽×高）/（m×m）	15×9.5
		泄洪洞群泄洪流量/(m^3/s)	12250
输水建筑物		进水口（岸塔式）/个	16
		压力管道（竖井式）/个	16
		尾水调压室（圆筒形阻抗式）/个	8
		尾水调压室规模/m	直径 43～48 高度 91～107
		尾水隧洞型式（2 机 1 洞）/个	8
		尾水隧洞长度/m	1006.81～1744.87

续表

主要特性		工程指标	参数
发电厂房		厂房（首部开发地下长廊式）/个	2
		左主厂房尺寸（长×宽×高）/（m×m×m）	438×34×88.7
装机规模		单机容量×机组台数	100万kW×16
抗震指标		壅水建筑物抗震设防类别为甲类，设计地震水平峰值加速度451gal	
地形、地质		坝址地形地质条件复杂，复杂程度位于国内高拱坝前列	
水库特性		正常蓄水位/m	825.00
		死水位/m	765.00
		总库容/亿 m^3	206.27
		防洪库容/亿 m^3	75.00
		水量利用系数/%	99.7
工程量	开挖	明挖土石方/万 m^3	6410.90
		洞挖石方/万 m^3	2066.00
	填筑	土石方/万 m^3	698.90
		混凝土/万 m^3	1798.70
全员人员		高峰人数/人	17670
		平均人数/人	12640
建设工期		总工日/万工日	4600
		工程筹建期/月	24
		施工准备期/月	40
		主体施工期/月	80
		工程完建期/月	24
		第一台机组发电工期/月	120
		工程建设总工期/月	144
工程效益	发电效益	装机容量/万kW	1600
		保证出力/MW	5500
		多年平均电量/(亿kW·h)	624.43
	防洪效益	与溪洛渡水库共同拦蓄金沙江洪水，提高川江河段沿岸宜宾、泸州等城市防洪标准；配合三峡水库调度，进一步减少长江中下游分洪量	
工程投资		静态投资/亿元	1430
		动态投资/亿元	1778

白鹤滩工程为Ⅰ等大（1）型工程，挡水建筑物、泄洪建筑物、水电站进水口洪水标准采用1000年一遇洪水设计，10000年一遇洪水校核；水电站厂房采用200年一遇洪水设计，1000年一遇洪水校核；水垫塘及二道坝等消能防冲建筑物按100年一遇洪水设计，1000年一遇洪水校核。白鹤滩坝址各频率洪水的洪峰流量见表1.1-3。

表1.1-3　白鹤滩坝址各频率洪水的洪峰流量表

洪水频率 P/%	0.01	0.02	0.05	0.1	0.2	0.5
流量/(m^3/s)	46100	44000	41100	38800	36500	33400

注：洪水频率以百分数表示。例如 P=1%为100年一遇的洪水；P=0.01%为万年一遇的洪水。

壅水建筑物抗震设防类别为甲类，壅水建筑物抗震设防标准以100年为基准期，超越概率为2%确定设计概率水准，相应的地震动水平峰值加速度为451gal；校核地震标准以100年为基准期，超越概率为1%确定设计概率水准，相应的地震动水平峰值加速度为534gal。

1.1.6　工程效益

白鹤滩水电站开发任务为以发电效益、防洪效益、航运效益、生态环境效益，并能有效促进地方经济社会发展。

（1）发电效益。白鹤滩水电站总装机容量1600万kW，多年平均发电量624.43亿kW·h，保证出力5500MW，其中枯水期（12月至次年5月）发电量293.86亿kW·h。此外，白鹤滩水电站梯级效益显著，可有效改善溪洛渡、向家坝、三峡、葛洲坝等下游各梯级水电站的电能质量，保证出力增加853MW，发电量增加24.3亿kW·h，枯水期电量增加92.1亿kW·h。作为国家西电东送的骨干电源，白鹤滩水电站装机规模大、调蓄能力强、电能质量好，可明显提高水电在电力系统中的比重，并能改善电网电源结构，对促进我国能源结构配置优化、实现碳达峰、碳中和目标具有重要作用。

（2）防洪效益。白鹤滩水库总库容206.27亿m^3，调节库容104.36亿m^3，防洪库容75.00亿m^3，库容系数7.94%，是长江防洪体系中的关键性骨干工程。白鹤滩水库与金沙江下游梯级水库的联合调度，可使川江沿岸的宜宾、泸州、重庆等城市的防洪标准由约10年一遇提高到不低于50年一遇；配合三峡水库调度，能有效减少长江中下游地区的成灾洪水和分洪损失，减轻三峡水库和长江中游蓄滞洪区的防洪压力。按2010年价值计算，白鹤滩水电站多年平均防洪效益为9.24亿元/年。白鹤滩水电站建成前后防洪库容对比见图1.1-5。

（3）航运效益。白鹤滩水库蓄水后，可减少溪洛渡水库、向家坝水库和三峡水库的入库泥沙和库区泥沙淤积，延长3座水库的淤积平衡年限，有利于改善三峡库区的通航条件和重庆港防淤；金沙江下游4座梯级水库常年回水区河段累计长约612km，可在不同时期实现库区全程或局部通航、增加下游通航河段的枯水期河道流量，直接改善下游枯水期航道通航条件；实施翻坝转运设施后，通过水陆联运，可实现攀枝花—水富全河段上下游水运通道联通，进一步提升长江“黄金水道”功能，为建设综合立体交通走廊创造了条件。白鹤滩水电站建成前后库区泥沙淤积情况对比见图1.1-6。

（a）建成前

（b）建成后

图 1.1-5 白鹤滩水电站建成前后库容对比

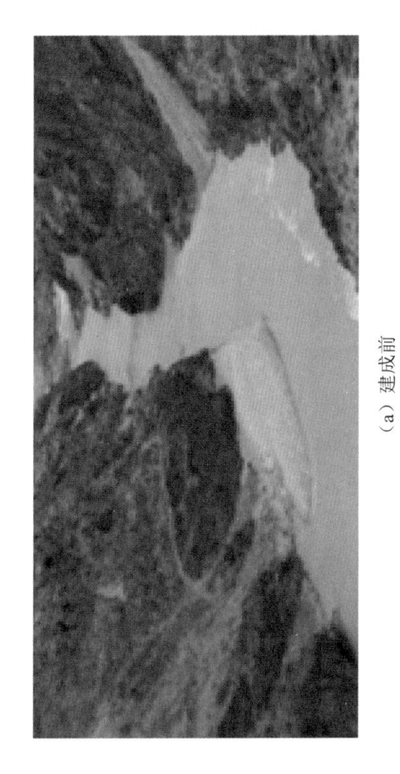

（a）建成前

（b）建成后

图 1.1-6 白鹤滩水电站建成前后库区泥沙淤积情况对比

（4）生态环境效益。水电是清洁可再生能源，白鹤滩水电站建成后，在满足同等电力系统用电需求的条件下，每年提供的电能可节约标准煤 1968 万 t，减少排放 CO_2 约 5160 万 t，SO_2 约 17 万 t、NO_x 约 15 万 t，减少烟尘排放量约 22 万 t。此外，白鹤滩水库总库容 206.27 亿 m^3，库容巨大、调节性能好，通过蓄峰补枯，可有效缓解枯水年份或枯水期水资源紧缺引起的下游生态环境恶化等问题。其调蓄功能不仅可以提高其下游电站的水资源综合利用能力，还有利于解决洞庭湖、鄱阳湖两湖越冬和湖面缩小，上海青草沙水源地咸潮上溯的威胁，以及在旱季对长江中下游地区补充水资源等问题。因此，白鹤滩水电站的开发在环境保护、节能减排、实现经济社会可持续发展方面具有重要作用。

（5）促进地方经济社会发展。白鹤滩水电站建设期间直接用于枢纽工程和库区建设的资金超过 1700 亿元，对四川省、云南省拉动 GDP 增量合计超过 3000 亿元，水电站建设运行期间，不仅改善了水电站周边地区交通、通信等基础设施条件，水电站建设高峰期为当地增加就业约 8 万人；全部机组投产后，每年可贡献工业增加值约 155 亿元，为地方增加财政收入 29 亿元，地方产业结构、交通条件、基础设施等全面升级，生态环境明显改善，人民生活水平显著提高，对金沙江下游地区经济社会发展意义重大。

1.1.7 建设历程

白鹤滩水电站自 1954 年开始规划，至 2022 年 12 月 20 日全部机组投产发电，历经近 70 年漫长而艰辛的勘探、论证及建设历程。主要里程碑如下：

1954 年，长江遭遇洪水后，党中央部署研究在长江中下游建设三峡工程或在上游金沙江、岷江、嘉陵江、乌江兴建水利工程的方案。

1958 年，原云南省水利电力厅设计院开始对白鹤滩和羊厩两个河段进行踏勘，推荐在大寨沟—白鹤滩沟之间 3.5km 河道修建水电站，并对这段河道开展了规划选点阶段的初步勘察，于 1960 年编制完成《金沙江白鹤滩水电站规划阶段工程地质报告》。

1976 年，原四川勘测设计处和解放军某部队对前期成果进行了整编，形成《金沙江白鹤滩水电站规划阶段地质报告》，推荐大寨沟以下 1.5km 河段作为坝址区域。

1981 年，成都勘测设计研究院编制完成《金沙江渡口宜宾段规划报告》，报告推荐该河段分乌东德、白鹤滩、溪洛渡、向家坝 4 级开发。

1990 年，长江水利委员会提出《长江流域综合利用规划简要报告》，同年经国务院批准，成为长江流域开发的纲领性文件。

1991 年年底，水利部组织对金沙江下游河段开展踏勘，并在昆明召开座谈会，明确由中国电建集团华东勘测设计研究院（以下简称“华东院”）负责推进白鹤滩梯级的后续工作。

1994 年，华东院编制完成《金沙江白鹤滩水电站规划阶段坝区工程地质复核报告》。

2000 年 4 月，华东院编制完成《金沙江白鹤滩水电站（预可阶段）坝区工程地质报告》。

2001 年年底，白鹤滩水电站成功列入国家计划委员会水电项目前期工作计划。

2002 年 1 月，华东院中标白鹤滩水电站预可行性研究招标项目。

2002年11月，三峡工程开发总公司（现为“中国长江三峡集团有限公司”）接替水电水利规划设计总院，作为甲方开始出资进行乌东德水电站和白鹤滩水电站预可行性研究。

2004年，《白鹤滩水电站预可行性研究报告（咨询本）》完成，内容包含涉及工程成立与否的16个专题。

2006年5月，白鹤滩水电站预可行性研究报告通过审查。

2010年10月，国家发展和改革委员会批复同意白鹤滩水电站开展前期工作。同月，工程开始筹建。

2011年1月，四川省、云南省两省人民政府发布白鹤滩水电站“封库令”。

2015年11月，国家环境保护部批复通过《金沙江白鹤滩水电站环境影响评价报告书》。

2015年11月，实现大江截流。

2016年6月，白鹤滩水电站可行性研究报告（枢纽部分）通过审查。

2016年11月，白鹤滩水电站建设征地移民安置规划报告通过审查。

2017年7月，白鹤滩水电站工程通过国家核准。

2021年3月，白鹤滩水电站工程通过蓄水阶段环境保护验收。

2021年3月，白鹤滩水电站工程通过蓄水阶段水土保持设施验收。

2021年4月6日，完成枢纽工程蓄水验收，水库开始蓄水。

2021年6月28日，首批机组投产发电。

2022年10月24日，首次蓄水至正常蓄水位825.00m。

2022年12月20日，全部机组投产发电。

1.2 国内外泄洪洞工程的建设与技术发展历程

1.2.1 工程建设概况

高混凝土双曲拱坝多修建在高山峡谷地区，“高水头、高流速、大泄量”是狭窄河谷地区高坝工程泄洪建筑物的普遍特征。因泄洪流量巨大，坝身泄洪能力受到限制，通常难以满足泄洪要求，需要在河谷两岸山体内设置泄洪洞泄洪。

在高山峡谷中修建水电枢纽工程，采用“坝身泄洪+岸坡内隧洞泄洪”的方式较为常见。国内外已有多个单洞设计泄量达4000~5000m^3/s的泄洪洞成功运行经验，如墨西哥奇科森工程（单洞泄量5790m^3/s）、美国胡佛水电站（单洞泄量5670m^3/s），我国的洪家渡水电站（单洞泄量4500m^3/s）、二滩水电站（单洞泄量3800m^3/s），其水头（上下游水位差）均在150~180m之间。我国已建的小湾水电站、锦屏一级水电站、溪洛渡水电站均为高拱坝工程，泄洪洞的单洞最大泄量达到3320~4200m^3/s，水头达200m左右。白鹤滩水电站泄洪洞的上下游最大水头达225m，单洞泄量达4083m^3/s。

泄洪洞作为水电枢纽的主要泄洪建筑物之一，随着工程建设实践、理论与方法研究、施工技术水平的不断发展与完善，水头、流速、单宽流量、断面尺寸等技术指标不断被刷新。国内外部分已建大型水电站泄洪洞主要设计参数见表1.2-1。

表 1.2-1 国内外部分已建大型水电站泄洪洞主要设计参数表

工程名称	国家	开建年份	坝型	建筑物形式	断面尺寸/m	水头/m	最大泄量/(m^3/s)	最大设计流速/(m/s)	单洞泄量/(m^3/s)	消能形式	备注
胡佛	美国	1931	拱坝	龙抬头	D15.2	150	11300	53	5670	—	实际流量 3000m^3/s
格林峡	美国	1956	拱坝	龙抬头	D12.5	175	7800	50	3900	—	
奇科森	墨西哥	1974	堆石坝	龙抬头	D15	180	17370	—	5790	挑流	
二滩	中国	1991	拱坝	龙抬头	13×13.5	164	7600	45	3800	挑流	
洪家渡	中国	2000	土石坝	洞式溢洪道	14×21.5	150	6415	40	4500	挑流对冲	
小湾	中国	2002	拱坝	龙抬头	13×14.5	212	3811	47	3811	挑流	
构皮滩	中国	2003	拱坝	陡槽	10×14	148	—	43	3418	挑流	
瀑布沟	中国	2004	土石坝	陡槽	12×16.5	172	—	40	3418	挑流	
锦屏一级	中国	2005	拱坝	龙落尾	13×17	198	3320	50	3320	挑流	
溪洛渡	中国	2005	拱坝	龙落尾	14×19	220	16700	50	4200	挑流对冲	
长河坝	中国	2010	堆石坝	直坡	14×15~19	210	10400	45	3640	挑流	
白鹤滩	中国	2014	拱坝	龙落尾	15×18	225	12250	47	4083	挑流	实测最大流速 55m/s
双江口	中国	2015	堆石坝	直坡	16×23	250	8200	50	4138	挑流	

1.2.2 运行情况

在泄洪洞的发展与应用历程中，在不同的发展阶段，或由于对高速水流及气蚀破坏的认识不足，或者伴随着水头及流速的快速提升，或者受限于施工技术与施工工艺水平，国内外水利水电工程中的泄洪洞发生破坏的案例屡见不鲜。从巴拿马 Madden 水电站泄水道进口事故以来，美国的 Grand Goolee 水电站泄水孔、Hoover 水电站泄洪洞、西班牙的 Aldeadavila 水电站泄洪洞、法国的 Serre-Poncon 水电站泄水底孔、伊朗的 Kabir 水电站溢洪道、苏联的 Bratsk 水电站溢流坝，以及我国的丰满水电站溢流坝、刘家峡水电站泄洪洞、龙羊峡水电站深水底孔，都发生过严重的破坏。

国内外的高流速泄洪洞较普遍存在着运行时产生不同程度损毁或破坏的情况，为防止泄洪洞在运行中遭到破坏，在已建的高坝大库水电工程中主要利用坝身泄洪，泄洪洞作为水电站枢纽的重要组成部分，仅作为应急泄洪设施备用，未能充分发挥其价值。国内外部分典型泄水建筑物破坏案例见表 1.2-2。

表 1.2-2 国内外部分典型泄水建筑物破坏案例

工程名称	国别	破坏年份	破 坏 位 置
Madden	巴拿马	1935	泄水道进口顶板和侧墙
Norris	美国	1937	泄水道

续表

工程名称	国别	破坏年份	破 坏 位 置
Hoover	美国	1941	泄洪洞反弧段
Grand Goolee	美国	1945	泄水孔出口
San Estambul	西班牙	1959	泄洪洞反弧下端及水平弯道侧墙
Serre-Poncon	法国	1960	泄水底孔闸门下游扩散段
Aldeadavila	西班牙	1960	泄洪洞反弧段下端及水平段底部
盐锅峡	中国	1960	溢流坝下游挑坎、导流底孔
Infiernillo	墨西哥	1962	泄洪洞反弧段下端及水平段底部
Palisades	美国	1964	泄水口门槽
Aldea-Davila	葡萄牙	1966	泄洪洞
Yellowtail	美国	1967	泄洪洞反弧段下端及水平段底部
陆水蒲圻	中国	1967	溢流坝反弧段趾墩后底板
刘家峡	中国	1968—1972	泄洪洞工作门槽、反弧段下端及水平段底部
Bratsk	苏联	1969	溢流坝面
三门峡	中国	1970	底孔底板、门槽、进口段
Bykhtarmo	美国	1974	泄水底孔闸室
碧口	中国	1975	泄洪洞底板、侧墙及出口段
二龙山	中国	1976	底孔闸门槽
Tarbela	巴基斯坦	1977	泄洪洞
Kabir	伊朗	1978	溢洪道
Karun I	伊朗	1978—1993	溢流坝面、泄水孔泄槽段和反弧段底板及侧墙
Glen Canyon	美国	1983	泄水孔检修门和工作门之间、反弧段
龙羊峡	中国	1987—1989	深水底孔
鲁布革	中国	1989	右岸泄洪洞工作弧门门槽

1.2.3 发展历程

依据泄洪洞的建设与运行实践，基于对泄洪洞工程运行规律的认识，可将水电工程中泄洪洞的发展历程划分为起步阶段、发展阶段、成熟阶段以及巩固阶段4个阶段。

（1）起步阶段。在起步阶段，人们对泄洪洞的认识还不够全面，虽然流速、水头、单宽流量等技术参数提高较快，但没有意识到高速水流可能带来的气蚀危害。此时的施工技术水平比较落后，泄洪洞的过流面平整度较差。因此，泄洪洞容易出现气蚀破坏，给后期修补工作带来了巨大的困难，且需要频繁修复。这一阶段的代表性工程有美国的胡佛水电站泄洪洞和格林峡电站泄洪洞。

胡佛（Hoover）水电站位于美国科罗拉多河上的黑峡，1936年3月建成，大坝左右两岸各设有一条泄洪洞。泄洪洞直径为15.2m，单洞最大设计泄量为5650m^3/s，最高设计流速为53m/s，实际运行中达到的最大流量约为3000m^3/s。于1941年8月6日投入运行，投入运行仅8d就发现反弧段略有气蚀，但并未进行修复。低于设计流量运行4个月后，于1941年12月2日进行洞内检查，发现隧洞反弧段处发生了严重的气蚀破坏，形成了一个长35m、宽约9m、深达13.7m的大坑，坑内冲走混凝土和岩石4500m^3。这一现象引起了人们的重视，并对此段进行了修补。但泄洪洞运行至1983年时，又遭受同样破坏，之后暂时停用。

格林峡（Glen Canyon）水电站位于胡佛水电站上游，大坝是一座混凝土重力拱坝。格林峡水电站泄洪洞利用斜井和导流洞平段相接而建成。在1963—1965年的早期泄水阶段，进行数次泄水试验，在泄洪洞最大流量达838.1m^3/s、最大流速达41.1m/s时，未发现严重的气蚀现象，因此认为泄洪洞设计合理、运行可靠。但在1983年泄洪期间，泄洪洞最大流速约36m/s，最大流量约566.3m^3/s，在前期破坏未修补、水头流量较大、运行时间较长、洞底有沉积物形成的突体等多因素作用下，泄洪洞反弧段下游发生了严重的气蚀破坏，反弧段下游形成长40.8m、宽15.2m、深10.7m的气蚀坑（见图1.2-1）。

图1.2-1　美国格林峡水电站泄洪洞破坏场景

在泄洪洞发展的起步阶段，由于人们没有足够重视高速水流条件下的气蚀危害，大量泄洪洞投入运行后发生了较大规模的破坏，说明高水头、高流速泄洪洞水力学设计与施工技术尚存一些问题。泄洪洞遭破坏不仅需耗费大量人力、物力进行修补，且严重威胁水电站的行洪安全。

（2）发展阶段。本阶段始于20世纪60年代。在这一阶段，根据以往工程的经验，掺气减蚀等举措开始在美国、加拿大、苏联等国家的高水头泄水工程中得到应用，大大降低了气蚀破坏的风险。对于掺气减蚀设施的型式、尺寸、数量等的研究也逐步成熟，为泄洪洞的进一步发展创造了条件。阶段的代表性工程有美国的大古力坝泄水孔和我国的冯家山水电站泄洪洞等工程。

1960年，为了修复大古力（Grand Goolee）坝由于气蚀而破坏的坝内泄水孔，在泄水孔的钢板锥管下游的混凝土槽中设置了掺气槽，这是首个采用掺气减蚀的工程实例。

位于美国亚利桑那州科罗拉多河上的格林峡（Glen Canyon）拱坝，其临时泄水道在1963年3月13日至1966年2月23日期间投入运行，泄洪总量为23.43亿m^3，流量达555m^3/s，水头为13.3~102.4m。1965年在最大水头102.4m条件下运行约3个月后，检查发现接缝处的不平整导致闸门和闸室都发生气蚀破坏，后采用掺气槽有效解决了气蚀问题。

黄尾坝水利枢纽位于美国密西西比河流域的大霍尔河，其泄洪系统中有一条泄水隧洞，在运行3年（最大流速达48m/s）后发生严重的气蚀破坏，破坏范围长达7.0m，深度达0.7m。采用环氧组合物修补后，混凝土表面依然出现了个别气蚀破坏区。为了保持泄洪洞的正常运行，1969年对不平整混凝土表面进行了磨光处理，并填平气蚀蜂窝，同时经水力学模型研究，泄洪洞增设了槽型跌坎式通气槽，原型观测证实了跌坎的良好效果。此后，掺气减蚀措施应用于帕利塞德纳瓦约、普布洛、努列克等水电站工程中。

胡佛（Hoover）水电站泄洪洞在停用4年后，于1987年修复时增设了通气槽，格林峡（Glen Canyon）水电站泄洪洞在发生严重气蚀破坏后，经大量模型试验研究后增设了掺气槽，之后运行效果良好。

20世纪70年代以来，我国借鉴国外经验，开展了水流掺气减蚀的研究。冯家山水电站泄洪洞是我国第一个采用掺气减蚀设施的泄洪工程，最大流速为23.4m/s，原型观测证明掺气后通气情况良好，运用安全可靠。

在此阶段，逐步认识到因高速水流产生的气蚀破坏危害，通过理论分析和试验研究，也找到了“掺气”这一主要的防气蚀措施，掺气减蚀设施的应用也取得了显著的减蚀效果和社会经济效益。但此阶段的理论研究还不够深入，施工水平参差不齐，导致泄洪洞的设计、质量等方面还存在缺陷。发展阶段部分泄洪建筑物破坏案例见图1.2-2。

（a）边墙衬砌混凝土气蚀破坏

（b）泄洪洞底板混凝土破坏

图1.2-2　发展阶段部分泄洪建筑物破坏案例图

（3）成熟阶段。在这一阶段，泄洪洞的水头、流量、流速等技术指标不断被刷新，最大流速等级逐步从30m/s增长至50m/s，枢纽的泄洪能力得到全面提升，气蚀破坏的风险也相应增加。我国对泄洪洞掺气设施的体型、结构以及掺气来源等因素进行了系统研究，其成果被广泛应用于国内的重大工程建设，取得了良好的效果。此阶段代表性泄洪洞工程有洪家渡、小湾、二滩、溪洛渡、锦屏一级等水电站泄洪洞工程。

洪家渡水电站泄洪洞采用有压接无压的布置形式，断面平均流速沿程增大，设计流速超30m/s，校核工况下流速接近35m/s。在泄洪洞内设置了3道简单易行的单一挑坎底掺气型式的掺气坎，运行监测结果表明，在校核、设计和百年水位工况下除工作弧门突扩后的侧壁压力出现低压力区外，其余部位均为正压分布。泄洪洞达设计最大下泄流量1643m^3/s时，水流流态较好、水面平稳，掺气坎有稳定空腔，空腔长度和冲击压力随库水位升高而增大，工况良好，可以有效保护泄洪洞底板及鼻坎段。

小湾水电站泄洪洞由进水口、龙抬头段、直槽斜坡段及出口挑流鼻坎组成。泄洪洞在设计和校核洪水工况下泄量分别为 $3535m^3/s$ 和 $3811m^3/s$，最大泄洪水头约 212m，最大流速达 44.60m/s，具有泄量大、流速高等特点。为改善水流流态，防止高速水流导致的气蚀破坏，经模型试验研究，在洞内明流段设置 1 道有小挑坎的掺气坎和 6 道无挑坎的掺气坎，原型试验表明，掺气坎后能形成完整有效的掺气空腔，坎下无积水，回溯水流较弱，各道掺气坎的通风孔通风顺畅，掺气减蚀效果良好。

二滩水电站的两条龙抬头式泄洪洞平行布置在右岸，单洞泄流量为 $3800m^3/s$，洞内水流最大流速高达 45m/s。二滩水电站泄洪洞于 1998 年投入使用，至 2000 年 1 号泄洪洞累计泄洪 2631h，2001 年 1 号泄洪洞在高水位下连续泄洪 62d，汛后检查发现，自龙抬头反弧段末端 2 号掺气坎以下总长约 400m 的底板与侧墙衬砌混凝土遭受严重损坏，并在基岩上形成数个冲坑。水力学模型试验表明，反弧末端掺气坎的侧壁通气孔顶缘高于底挑坎末端约 55cm，致使挑流水舌局部脱壁，射流扩散冲击通气孔下游侧壁面形成分离流，从而诱发空化气蚀。2002 年 10 月—2003 年 6 月按照设计体型对泄洪洞修复后，并将侧壁通气孔顶缘降低至挑坎以下 10cm，1 号泄洪洞于 2003 年 8—9 月累计运行 322h，底板未发生破坏，但反弧段末端 2 号掺气坎以下约 43m 范围内侧墙出现了约 25 处大小不一的气蚀坑，其中最严重一处气蚀发生在 2 号掺气坎以下 40m、距底板 3.5m 高的左边墙上，为 4 个连续分布的气蚀坑，最大尺寸 120cm×30cm×10cm（长×宽×深），2005 年将 2 号掺气坎改造成反弧末端上游侧墙突扩加凸型跌坎的三维掺气形式，之后未再发现明显的气蚀破坏。

溪洛渡水电站左右岸各布置 2 条泄洪洞，洞长 1.4~1.8km 不等，进口位于厂房进水口与大坝之间，随后采用有压段进行平面转弯、绕过坝肩，后经地下工作闸门室接顺直的无压段，无压段采用“龙落尾”型式，最后通过出口明渠和挑坎，采用挑流消能将水流挑射于尾水洞下游河道。泄洪洞单洞设计流量约 $4000m^3/s$，总泄量超过 $16600m^3/s$，最大设计流速 47m/s，具有高水头、大流量、高流速等特点，其泄洪功率、工程规模和技术难度均居世界前列。龙落尾段采用全断面立体掺气的方式，底掺气结合侧掺气，有效避免了高速水流气蚀破坏。

锦屏一级水电站泄洪洞由进水塔、有压段、工作闸室、无压上平段、龙落尾段、出口挑坎段组成。设计最大流速达 50m/s，最大泄量达 $3320m^3/s$，最大单宽流量 $254m^2/s$，具有“高水头、高流速、大泄量”的特点，高速水流空化气蚀问题非常突出。针对泄洪洞泄洪水头高、流速大的特点，采用有压段后接无压龙落尾段的隧洞布置型式，将 75% 左右的总水头差集中在占全洞长度 25% 的龙落尾段，洞内流速由 25m/s 增至 50m/s。在采取掺气减蚀措施之前，龙落尾反弧段末端水流最小空化数仅为 0.097。因此，泄洪洞高流速龙落尾段的体型优化和掺气减蚀措施，是泄洪洞安全运行的重要保障。

锦屏一级水电站泄洪洞首次应用了掺气减蚀及消能防冲关键技术，包括有压接无压高位明流隧洞控制水流流速的龙落尾型整体布置方式、反弧末端三维掺气设施、燕尾坎挑流消能与河岸防护技术等，系统开展了超高流速泄洪洞压力、掺气、噪声、空化气蚀等全套水力学原型观测。成果表明，锦屏一级水电站泄洪洞洞顶余幅、龙落尾体型、出口燕尾坎消能工等设计合理，掺气设施掺气保护满足要求，补气及通气系统效果良好，未发生空化气蚀。

在这个阶段中，对泄洪洞的研究已经逐步成熟，工程建设经验也逐渐积累。但是，从二滩水电站的破坏情况中也可以看出，由于对泄洪洞气蚀现象的研究还不够深入，在泄洪洞建成、投入运行后仍有掺气设施及流道其他部位破坏的问题，需要对泄洪洞进行后期修补，耗费人力物力，且会影响大坝泄洪。因此，需要从已建成、运行的泄洪洞工程中汲取经验，提高设计及施工水平，争取提高高流速泄洪洞运行的可靠性，做到少修少补。

锦屏一级水电站和溪洛渡水电站泄洪洞的成功建设经验说明当时的施工方法、建设管理水平已经达到了世界前列水平，但由于未经历过设计洪水的考验，仍有潜在的发生气蚀破坏的可能。

（4）巩固阶段。继锦屏一级、溪洛渡水电站泄洪洞的建设之后，泄洪洞的发展步入了巩固阶段，即先进的设计和高质量、无缺陷建造阶段。该阶段的代表性工程为白鹤滩水电站泄洪洞。在白鹤滩水电站泄洪洞的建设中，设计、施工及管理水平均达到了新的高度，在施工装备、施工方法、管理措施等方面实现了创新性突破。

白鹤滩水电站共布置有3条泄洪洞，均位于左岸山体，与大坝表孔、深孔共同组成了白鹤滩水电站泄洪设施。泄洪洞的单洞设计流量为4083m^3/s，最大总泄量约12250m^3/s，最大设计流速为47m/s。由进水塔、上平段、龙落尾段、挑流鼻坎及掺气补气系统等组成，平均洞长约2.23km。在龙落尾段设置三道掺气坎，均采用“底掺气+侧掺气”的结构型式，以此保证了洞内气压和水流掺气浓度，掺气坎侧墙采用突扩式掺气，最大限度地减少了水流扰动，避免了“水翅”现象发生，这是掺气坎形式的重要改进，提高了泄洪安全的可靠性。在泄洪洞建设过程中，建设者们在混凝土材料、施工方法、施工装备、管理方法等方面做出了创新，通过采取合理设置掺气系统、控制温度裂缝、零缺陷施工缝等技术与工艺措施，完成了全流道的良好设计及高质量的建造，建立了镜面混凝土质量控制标准体系；创建了底板“五步法”精细收面、施工缝无缝衔接等成套镜面混凝土施工工法，实现了混凝土的体型精准、平整光滑、无缺陷建造，消除了在高速水流作用下发生气蚀破坏的可能性，有效解决了气蚀问题，全面提升了泄洪安全可靠性，最终实现了衬砌混凝土无缺陷建造，保证了泄洪洞的安全稳定运行，树立了行业标杆。白鹤滩水电站泄洪洞经过了正常蓄水位825.00m工况下的原型试验，实测最大流速55m/s，创下世界之最。经过了上游水位815.00m工况下的长时间独立运行，运行后检查过流面完好无损，镜面如初，证明了泄洪洞的高可靠性。

1.3　白鹤滩水电站泄洪洞建设中的挑战与策略

泄洪洞作为水电工程的三大建筑物之一，承载泄水保安全的重要功能，对混凝土衬砌结构全生命周期的质量要求极高，而高速水流作用下国内外泄洪洞被破坏事例屡见不鲜。白鹤滩水电站泄洪洞具有“三高三大”的显著特征，在设计、建造过程中的诸多挑战及对应的策略，主要有以下几个方面。

（1）气蚀破坏。白鹤滩水电站泄洪洞的单洞设计流量为4083m^3/s，最大总泄量12250m^3/s，最大设计流速为47m/s。泄洪洞运行时，易发生空化气蚀破坏，虽然国内外学者已经就空化气蚀破坏机理进行了大量研究，但是受空化气蚀破坏机理认知的局限，目前在科学上还未能给出非常明确的定义。根据 Reyleigh 等人提出的压力波模式，认为空泡溃灭时从溃灭中心辐射出来的压力波具有很高的压力，传到壁面上的压力最大可能会达到 7000 个大气压。同时 Kornfeld 等人提出了微射流冲击造成气蚀的设想。经 Shima 等人通过激光和高速摄影的联合运用发现，冲击波和微射流两种破坏机理都存在，其主次程度视空泡溃灭过程与壁面的相对距离而定。结合高速摄影和理论计算的研究结果，近壁区的单个气泡的不对称溃灭形成的微射流流速可高达 170~230m/s，足以对衬砌混凝土造成破坏。因此需要从设计结构体型和混凝土施工质量上下功夫，尽量避免气蚀破坏。

（2）无缺陷建造。白鹤滩水电站泄洪洞断面大（15m×18m）、体型复杂，尤其是龙落尾段和挑流鼻坎段，其底板过流面型式有圆弧面、抛物面、双扭面、陡坡面、陡坎等，边墙也有 4 种断面，在如此复杂的地下洞室内，要保证混凝土体型精准、平整光滑，依靠传统的施工手段难以满足上述要求，另外，工艺不先进、管理不善，还易产生缺陷，比如施工缝错台、混凝土表面蜂窝麻面、有害裂缝等，调研发现，对于高速水流的泄洪洞的这类缺陷，目前国内外还没有成熟的经验予以彻底修复，因此，需要在施工装备、施工工艺以及管理上进行全方位创新，以满足泄洪洞高质量建造需要。

（3）抗冲耐磨。白鹤滩水电站泄洪洞的最大设计流速为 47m/s，实测最大流速为 55m/s。高速水流对泄水建筑物衬砌混凝土冲刷、磨蚀作用明显，特别是当水中含沙率较高时，其冲刷磨蚀作用会加剧，当冲磨到一定程度后便形成缺陷，进而诱发气蚀破坏。传统的解决办法主要是提高混凝土强度等级以及在混凝土内掺硅粉、钢纤维解决，但会因此导致混凝土和易性较差、收面困难以及大量的表面龟裂纹，需要研制新型的高性能混凝土。

（4）温控防裂。“无衬不裂”是地下水工衬砌混凝土的一个普遍特征，也是一项世界性难题，对于复杂结构的白鹤滩水电站泄洪洞更是如此。混凝土产生裂缝原因复杂，与泄洪洞混凝土自身结构、围岩约束、原材料、施工工艺、混凝土温度控制、养护、气候变化以及施工环境等诸多因素密切相关。要解决这一难题，需要从混凝土结构分序分段施工、原材料、混凝土施工环节等各方面加以研究，摸清混凝土结构的应力与应变规律，采取智能化的精细控温手段等措施，避免混凝土施工期出现温度裂缝。

（5）巨型弧形工作门安装。白鹤滩水电站泄洪洞工作闸门承受的最大水推力约 11000t，采用三支臂弧形工作门，为世界最大的弧形闸门，其构件复杂庞大，安装精度要求很高。如何在狭小空间内起吊安装且保证安装精度，是一个棘手的问题，需要研究新型起吊方式，构建 BIM 模型，演示安装顺序。

（6）出口消能技术。巨型泄洪洞泄洪流量大，流速高，其出口消能技术亦十分关键，既要保护枢纽建筑物的运行安全，又要防止河道过度冲刷是泄洪洞工程的重难点之一。因此需要建立大型水工模型，探索泄洪洞运行后的河床演变规律，找到最佳设计方案。

第2章　泄洪洞工程设计

综合考虑白鹤滩水电站的泄洪能力需求，泄洪洞的最大泄量为12250m³/s，约占总泄洪能力的30%，最大设计流速为47m/s，单洞设计流量为4083m³/s，各项指标均位居世界前列。为了防止泄洪洞衬砌混凝土在高速水流作用下发生气蚀破坏，需针对泄洪洞的结构型式进行系统的研究和改进。

2.1　设计原则与方法

白鹤滩水电站枢纽由混凝土双曲拱坝、泄洪消能设施、引水发电系统等主要建筑物组成。白鹤滩水电站具有“窄河谷、高水头、巨泄量”的特点，泄洪功率高达90000MW，泄洪消能设计是整个枢纽布置中十分关键的问题。根据白鹤滩水电站工程特点，泄洪消能建筑物按照“分散泄洪、分区消能”的原则来布置，采用坝身孔口、岸边泄洪洞联合泄洪。岸边泄洪建筑物是白鹤滩水电站工程的主要泄洪设施之一。根据坝身最大泄量的研究，坝身合理可行的最大泄量为30000m³/s，枢纽总泄量约42300m³/s，尚需布置一定规模的坝外泄洪设施承担约30%的泄洪任务。坝外泄洪设施可增强枢纽泄洪运行的灵活性和可靠性，同时可减少坝身泄量，减轻坝下消能防冲的负担，因此水电站的泄洪洞布置及体型设计对解决“窄河谷、高水头、巨泄量”的泄洪消能有重要意义。

（1）设计原则。按照白鹤滩水电站泄洪洞的工程地质、地形以及枢纽布设特点，确定泄洪建筑物设计原则如下。

1）需明确水位、流量，泄洪洞工程组成、泄洪洞孔口形式与尺寸、轴线等，全面满足枢纽安全、正常泄洪需求与超泄能力需求。总泄流量、水利枢纽建筑承担泄流量、尺寸与形式，按照地区地质条件、水文情况、地形特点设计。

2）设计时需联合泄洪洞工程水文条件、工程造价进行分析。高水头、多目标、大流量水利枢纽中多采用表孔、中孔、深孔形式，也可以采用坝身、坝体外泄流等联合泄水建筑物。

3）综合考虑枢纽工程实际任务（包括防洪任务、发电任务等）和运行要求（如排砂、放空等），明确布设泄水建筑物。

4）泄水建筑物按照地形、地质条件，选择适宜的消能防冲方式，确保下游流态平稳，防止过度冲刷两岸，减少防护工程量。

5）工程须运行安全、管理便捷。

（2）设计方法。在白鹤滩水电站泄洪洞的设计过程中，需要采用理论联系实际、借鉴以往工程经验、模型试验与理论分析并重等方法。

2.2 白鹤滩水电站泄洪洞的规模及布置方案研究

2.2.1 单洞规模及布置方案

综合国内外科研试验成果和工程实践经验，根据白鹤滩水电站泄洪洞泄量的总规模（最大设计泄量约 12250m³/s）要求，对泄洪洞单洞泄洪规模设计了 3 个方案进行比选，分别为：

方案 1：3 条常规泄洪洞，单洞最大泄量 4000m³/s 左右；

方案 2：4 条常规泄洪洞，单洞最大泄量 3000m³/s 左右；

方案 3：3 条常规泄洪洞+1 条非常泄洪洞（导流洞改建），单洞最大泄量 3200m³/s 左右，非常泄洪洞最大泄量 2400m³/s 左右。3 个方案泄洪洞特征参数见表 2.2-1。

表 2.2-1 3 个方案泄洪洞特征参数表

特 征 参 数	方 案 1	方 案 2	方 案 3
平面布置	左岸 3 条	左岸 2 条、右岸 2 条	左岸 3 条+右岸 1 条非常泄洪洞
型式	有压接无压泄洪洞	有压接无压泄洪洞	左岸 3 条有压接无压泄洪洞 右岸 1 条竖井洞塞泄洪洞
孔口尺寸/m	3 孔-16×10	左岸 2 孔-13×9 右岸 2 孔-13×11	左岸 3 孔-13×10 右岸 1 孔-11×14
弧门水平推力/t	8800	左岸 6493.5 右岸 7793.5	左岸 7150.0 右岸 4312.0
泄洪总长度/m	5195	8834.7	5195+883
单洞最大泄量/(m³/s)	4086	3069	3200（左岸）/2400（右岸）
单宽流量/(m²/s)	258	236	246
最大流速/(m/s)	47	45	45

3 个方案枢纽其他建筑物的布置均相同，仅方案 3 因右岸增加了 1 条非常泄洪洞进口，其右岸发电进水口需向上游大寨沟推进，为保证进流条件，需增加马脖子山的开挖量约 290 万 m³。泄洪洞洞身运行风险主要在于泄量和流速，流速取决于水头。3 个方案都属于 200m 级水头的泄洪洞，最大流速均在 45m/s 以上，对高速水流的处理难度和处理措施基本相当。方案 2 和方案 3，常规泄洪洞单洞最大流量 2400~3200m³/s，单宽流量降低，掺气减蚀效果略有改善；由于 4 条洞方案（即方案 2 和方案 3）多了一条长度超过 2km 的泄洪洞，右岸地形受大寨沟影响，在拱坝与发电进水口之间布置泄洪洞进口难度大，工程投资增加；方案 3 利用导流洞改建为非常泄洪洞，但大规模的竖井式改建泄洪洞工程实例并不多见，存在一定风险。方案 1 枢纽布置较为合理，工程量最省，虽然单洞流量为 4086m³/s，但通过加大洞宽可适当减小单宽流量，提高掺气减蚀效果，降低洞身运行风险。因此结合类似工程经验，白鹤滩工程泄洪洞单洞泄洪规模以 4000m³/s 左右为宜。

综合国内外的工程实践经验和科研成果，根据白鹤滩水电站泄洪洞泄洪能力

12250m^3/s 的要求，重点比较了单洞泄流能力 4083m^3/s（方案 1）和 3069m^3/s（方案 2）两个方案。

泄洪洞洞身的运行风险主要来源于高流速和大泄量，高流速来源于高水头。两个方案的泄洪水头都属于 200m 级，最大流速均在 45m/s 以上，对高速水流的处理难度和处理措施基本相当。

单洞泄流能力 4083m^3/s 方案（方案 1）相比同类水电站泄流能力偏大，可通过适当加大洞宽以减小单宽流量，提高掺气减蚀效果，保证泄洪洞的可靠运行。该方案需布置 3 条泄洪洞，既可左右岸分开布置，也可全部布置在左岸，全部布置在左岸工程量最省。若在右岸布置泄洪洞，水电站进水口需整体往上游方向前移，增加约 290 万 m^3 的开挖量，还需解决附近的泥石流沟等地质条件带来的水电站运行风险，工程投资偏大。

单洞泄流能力 3069m^3/s 方案（方案 2）的单宽流量稍低，掺气减蚀效果略优，但需布置 4 条泄洪洞，左右岸均需布置。

从地形、地质条件方面分析，左右岸均具备布置大型泄洪洞的条件。右岸岩体卸荷风化浅，自然边坡稳定条件及成洞条件均优于左岸，但因位于河道的凹岸，只能采用有压接无压泄洪洞的型式，利用有压段平面转弯使其进出口水流顺畅，但有压段存在明满流交替的不利流态。左岸可利用有利地形“裁弯取直”，将隧洞布置成直线，使水流平直顺畅，具备布置无压隧洞和有压接无压隧洞两种型式泄洪洞的条件，考虑到左岸泄洪洞位于层间错动带部位，岩体性状较差，进口段部位又是大坝抗力体范围，若采用有压接无压泄洪洞布置型式，有压段的高压渗水不利于左岸边坡强卸荷区的稳定，需采取有效的防渗措施。采用无压直泄洪洞型式，经济指标具有比较优势。

基于上述分析，综合考虑布置条件、对电站进水口的影响，及运行风险控制、配套处理工程的工程量、泄洪洞自身的运行可靠性，白鹤滩水电站工程泄洪洞选择了方案 1，即单洞泄洪规模为 4086m^3/s，3 条泄洪洞全部布置在左岸，均为无压直泄洪洞。

2.2.2　单洞单孔闸门设计

泄洪洞为深水泄水通道，工作水头较高，孔口尺寸与闸门形式有关。在白鹤滩水电站的泄洪洞闸门设计工作中，对单洞单孔闸门和单洞双孔闸门进行了比选。

若采用单洞单孔闸门，弧形工作闸门承受的作用水头为 55m，水平水推力达 88000kN，闸门推力超出大多数已建工程的参数，仅略小于溪洛渡水电站工程的 90720kN。若采用单洞双孔闸门，虽可降低单座闸门所承受的推力，但中隔墩和两侧边墙处的结构体型收缩使水流在墩尾处产生菱形波，恶化了洞内水流的流态。

在白鹤滩水电站泄洪洞有压进水口处，水流过闸门的流速已超过 25m/s，流态的突然改变，将产生不利的水力现象。泄洪洞如按单洞单孔闸门设计，可避免因中隔墩引起水流流态的恶化，同时可通过采用多支臂弧形闸门解决单孔弧形闸门推力过大的问题。通过单洞单孔闸门与多支臂弧形闸门的组合优势，可适当增大孔口宽度，降低泄洪洞的单宽流量，减轻下游河道消能防冲难度。

综合考虑水流流态控制、闸门推力消解等方面的因素，白鹤滩水电站泄洪洞采用单洞单孔闸门的形式。

2.2.3 纵剖面体型的选择

无压泄洪洞的常见体型有“一坡到底”“龙抬头”和“龙落尾”等型式。在“龙抬头”型式中，有较长的隧洞洞段承受高速水流，尤其是反弧段下游的流速高、压力不连续，易产生气蚀破坏，不利于泄洪洞的安全运行，不予采用。因此，白鹤滩水电站泄洪洞重点比较了“一坡到底”和“龙落尾”两种体型，其纵剖面对比见图 2.2-1。

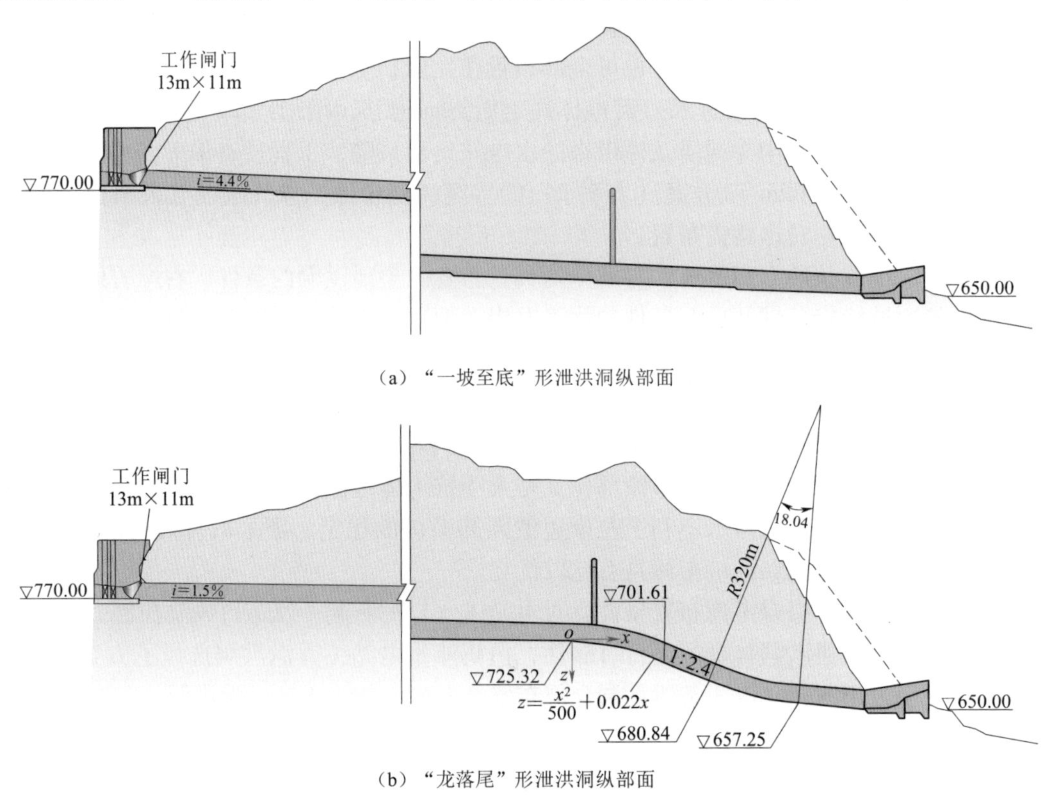

图 2.2-1 “一坡到底”和“龙落尾”型式泄洪洞纵剖面对比示意图

（1）“一坡到底”的泄洪洞体型。“一坡到底”型泄洪洞的进口采用有压短管进水口，进口高程为 770.00m，出口高程为 650.00m。3 条无压直洞均采用 15m×18m（宽×高）的城门洞型断面，初步设计时底坡分别为 5.5%、5.3% 和 5.2%。在该方案中，单条隧洞的长度均超过 2km，洞内流速从进口的 28.53m/s 增至出口的 40m/s，属高速水流，气蚀破坏的可能性较大，需采取掺气减蚀措施。由于泄洪洞单宽流量大、底坡缓、水深厚、水流弗劳德数（*Fr*）低，若采用一般的坎槽型掺气设施，可能因严重的空腔回水导致掺气效果不佳。经水力学数值计算分析并参考类似工程经验，采用“小挑坎+跌坎”的掺气体型较为合适。设计最终初拟沿程每隔 150m 跌落 1.5m 并设 1 道掺气跌坎，3 条无压直洞每级底坡为 4.4% 左右，出口采用挑流消能。

（2）“龙落尾”的泄洪洞体型。“龙落尾”型泄洪洞的进口采用有压短管进水口，进口高程为 770.00m，出口高程为 650.00m。3 条无压直洞均采用 15m×18m（宽×高）的城门洞型断面，单洞长度均超过 2km。在正常蓄水位、设计洪水位、校核洪水位下，进口闸门处的流速分别为 26.4m/s、27.3m/s、28.6m/s。无压洞上平段的底坡为 1.5%，校核洪水时沿程基本保持均匀流，最大流速不超过 29m/s。若采用“龙落尾”体型，可在洞尾 400m 范围内集中降低落差，缩短高速水流段的长度。龙落尾段由渥奇曲线段、斜坡段和反弧段组成，反弧段的半径为 320m，反弧段末端的最大流速为 45m/s。在“龙落尾”斜坡段和反弧段的末端分别设置 2~3 道掺气设施，避免产生空化水流与气蚀破坏。出口采用挑流消能。

（3）两种泄洪洞体型的比较。两种泄洪洞体型各具特点。“一坡到底”型泄洪洞的流速相对较低，洞内最大流速小于 40m/s，但底坡缓、水流 *Fr* 低，高速水流的掺气效果难以保证。模型试验和工程运行经验表明：当底坡小于 0.08 时，掺气设施很难形成稳定空腔和良好的掺气效果。白鹤滩水电站泄洪洞的模型试验表明：即使采用“坎下变底坡”的掺气坎，泄洪洞缓坡段的掺气设施积水仍然比较严重，在库水位 818.00m 以下无法形成掺气空腔，库水位 818.00m 以上形成空腔的有效长度较小。这表明掺气设施不能确保在所有泄洪工况下均能正常工作，只能通过限制泄洪洞运行状况（如限制在较高水位运行），以保证掺气设施的有效性，否则掺气坎将成为空化气蚀破坏的潜在位置。

“龙落尾”型泄洪洞将总水头的 85% 集中在尾部 15% 的洞长范围内消落。可将占总洞长 85% 的上平段的流速控制在 29m/s 以内，空化数约为 0.5，发生气蚀破坏的风险较小，可通过严格控制过流面的不平整度加以避免。龙落尾段的流速高、流程短、坡度陡，虽然容易产生空化水流，但掺气设施效果明显，通过采用掺气减蚀设施和高强抗蚀耐磨混凝土，可以避免高速水流的气蚀破坏，洞身运行安全度相对较高。

综合考虑以上因素，白鹤滩水电站无压泄洪洞选择“龙落尾”的纵断面体型。

2.2.4　进口高程的选择

由于白鹤滩水电站水库具有防洪度汛要求，在汛期的特定时间段内，要求将库水位降低至防洪限制水位 785.00m 以下。作为泄洪的主要通道之一，须保证在各级运用水位（785.00~832.34m）下，泄洪洞均能正常运行，因此采用深孔泄洪洞，水头与国内外已有的深水闸门挡水水头相当。拟定了 4 个不同进口高程的无压泄洪洞方案，并与泄洪洞布置方案比较阶段的有压接无压泄洪洞方案对比。各方案均按单洞最大泄量 4000m^3/s 左右确定孔口尺寸，泄洪洞进口高程方案比选见表 2.2-2。

表 2.2-2　泄洪洞进口高程方案比选表

项　　目	无压直洞				有压接无压泄洪洞
	方案 A	方案 B	方案 C	方案 D	
进口底板高程/m	760.00	765.00	770.00	775.00	770.00
工作闸门控制高程/m	760.00	765.00	770.00	775.00	765.00
闸门孔口尺寸/(m×m)	13×10	13×10.5	13×11	13×11.7	16×10
弧形闸门水平水推力/kN	78000	74740	70790	67150	88000
工作闸门流速/(m/s)	31.45	30.02	28.50	26.90	25.60

续表

项　目	无压直洞				有压接无压泄洪洞
	方案 A	方案 B	方案 C	方案 D	
均匀流临界底坡 i	0.0312	0.0277	0.0238	0.0211	0.0176
上斜坡段水深/m	10.0~9.7	10.5~10.2	11.2~10.8	11.7~11.3	10.1~9.5
上平段平均空化数	0.35	0.43	0.50	0.57	0.58
水流 Fr	3.18	2.96	2.71	2.51	2.59
最大流量/(m^3/s)	4088	4098	4085	4091	4096
最大单宽流量/(m^2/s)	314	315	314	315	256
防洪限制水位 785.00m 时的流量/(m^3/s)	2087	1779	1218	760	1218

由表 2.2-2 可知，与有压接无压泄洪洞方案相比，在泄流能力相同的情况下，闸门孔口尺寸和弧形闸门推力均有所减小。孔口尺寸的减小降低了闸门的制作安装难度，提高了闸门运行的安全度，但流速和单宽流量有所增大，泄洪洞的掺气减蚀难度增大。

在无压直泄洪洞方案中，方案 A、方案 B 的工作闸门流速（即“进口流速”）分别为 31.45m/s、30.02m/s，均已超过 30m/s，由于底坡缓（小于 5%）、单宽流量大、水流 Fr 低，很难在掺气坎后形成稳定的空腔，掺气效果较差，泄洪洞气蚀风险增大；方案 D 的进口高程为 775.00m，防洪限制水位 785.00m 时的泄流量过小，泄洪洞的运行条件受到限制。

综合泄洪洞自身的运行安全要求和水库的防洪度汛要求，选定方案 C，即无压直洞进口高程为 770.00m。此时上平段洞内流速保持在 29m/s 以内，闸门推力相较于有压接无压泄洪洞方案降低了 20%。

2.3 水力特性研究

在白鹤滩水电站泄洪洞的单洞规模、布置方案、闸门形式、纵向体型、进口高程等确定后，针对水力计算，水流流态，水流流速、压强及空化数，气蚀、减蚀等方面进行了系统研究，为泄洪洞的结构设计提供理论依据。

2.3.1 水力计算

1. 泄流能力

（1）单洞模型试验成果。1∶40 比尺泄洪洞单体水工模型试验中测得的泄洪洞单洞流量 Q 与库水位 Z 的关系曲线见图 2.3-1，防洪限制水位 785.00m 以上流量系数 m 的平均值为 0.895。

1 号泄洪洞的单洞泄流能力对比见表 2.3-1。试验值略大于计算值，最大相差不超过 1%，表明泄洪洞的泄流能力满足要求。

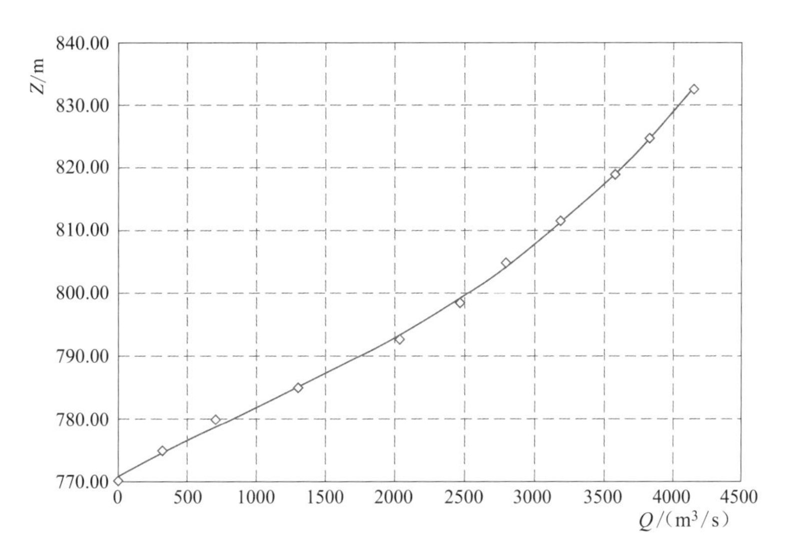

图2.3-1　泄洪洞单洞流量 Q 与库水位 Z 的关系曲线图

表2.3-1　1号泄洪洞的单洞泄流能力对比表

工况	库水位/m	试验值/(m^3/s)	计算值/(m^3/s)	(试验值-计算值)	
				差值/(m^3/s)	差值百分比/%
校核洪水位	832.34	4105.9	4083	22.9	0.56
设计洪水位	827.83	3928.3	3905	23.3	0.60
正常蓄水位	825.00	3819.9	3781	38.9	1.00

(2) 泄洪洞局部开启的泄流能力。泄洪洞局部开启的泄流能力见表2.3-2，泄洪洞三洞局部开启的水位-流量关系见图2.3-2。

表2.3-2　泄洪洞局部开启的泄流能力表

开度/m	开启百分比/%	库水位/m	流量系数	流量/(m^3/s)
2	21	832.70	0.839	2602
		827.50	0.827	2454
		819.40	0.823	2259
		805.70	0.807	1869
		791.10	0.801	1397
		782.50	0.780	1007
		773.50	0.767	374
4	42	828.40	0.752	4420
		817.80	0.746	3932
		805.70	0.739	3315
		797.80	0.732	2844

续表

开度/m	开启百分比/%	库水位/m	流量系数	流量/(m^3/s)
4	42	790.50	0.744	2405
		783.00	0.714	1706
		777.70	0.680	1040
6	63	824.80	0.762	6370
		814.20	0.763	5638
		803.70	0.751	4728
		793.10	0.756	3737
		781.60	0.721	2047
8	84	832.60	0.766	9018
		821.20	0.762	7978
		812.60	0.764	7166
		801.40	0.750	5785
		791.00	0.734	4225
		782.30	0.717	2372
		779.90	0.687	1511
		775.10	0.212	486

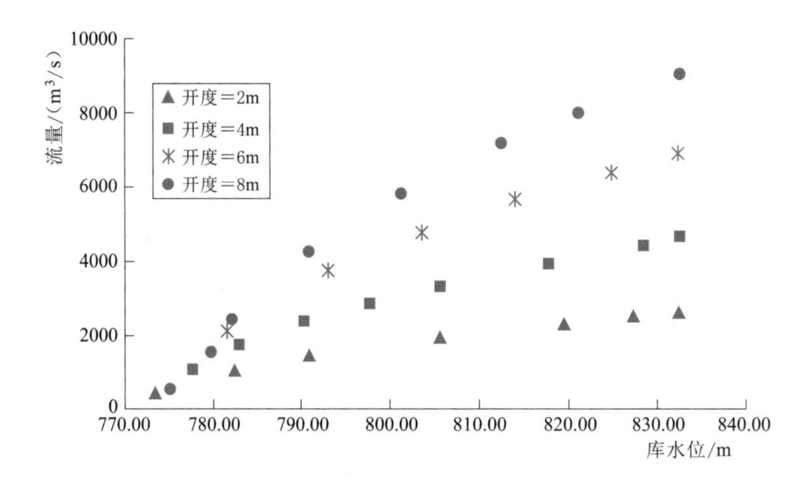

图 2.3-2　泄洪洞三洞局部开启的水位-流量关系图

根据水力学计算成果，当泄洪洞开度为 2m 时，泄洪洞的流量系数为 0.767~0.839；当泄洪洞开度为 4m 时，泄洪洞的流量系数为 0.680~0.752；当泄洪洞开度为 6m 时，泄洪洞的流量系数为 0.721~0.763；当泄洪洞开度为 8m 时，泄洪洞的流量系数为 0.212~0.766，流量系数为 0.212 时的库水位为 775.10m，水流为明流。

（3）泄洪洞全部开启的泄流能力。库水位在 785.00m 以上时，泄洪洞为满流状态。三条泄洪洞全部开启的水位-流量关系及关系曲线见表 2.3-3 及图 2.3-3。各水位下的泄流能力试验实测值与计算值拟合良好，相对误差在0.7%以内。在校核水位832.34m时，泄洪洞三洞全部开启的试验实测流量为12288m³/s，在设计水位827.83m时，泄洪洞三洞全部开启的试验实测流量为11607m³/s，与计算值相对误差均在0.1%左右。

表2.3-3 三条泄洪洞全部开启的水位-流量关系表

库水位/m	流量系数	实测流量/(m³/s)	计算流量/(m³/s)	相对误差/%
775.10	0.212	486	485.99	0
778.30	0.230	1098	1097.97	0
781.30	0.253	1917	1916.94	0
785.00	0.859	4095	4110.82	-0.4
793.57	0.870	6175	6128.43	0.7
803.56	0.875	8125	8168.02	-0.5
814.98	0.885	9977	9958.41	0.2
826.84	0.888	11569	11525.47	0.4
827.83	0.884	11607	11624.18	-0.1
832.34	0.891	12288	12281.03	0.1

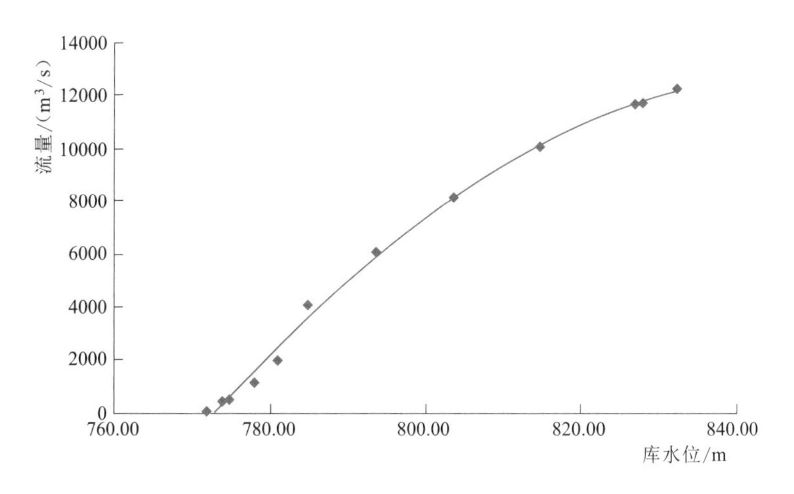

图2.3-3 三条泄洪洞全部开启的水位-流量关系曲线图

2. 洞身与出口消能水力计算

(1) 洞身水力计算。泄洪洞的洞身水力计算内容包括清水水深、流速、掺气水深、空化数等。依据《水工隧洞设计规范》(DL/T 5195—2004)，洞内水深以及流速均采用分段求和法计算。以3号泄洪洞为例，泄洪洞洞身水力计算成果见表2.3-4。

(2) 出口消能水力计算。出口消能水力计算的内容主要包括水平挑距、出坝流速、冲坑深度等。1号泄洪洞出口消能水力计算结果见表2.3-5。

表 2.3-4　3 号泄洪洞洞身水力计算成果表

工况	泄流量/(m^3/s)	泄洪洞桩号	高程/m	流速/(m/s)	清水水深/m	空化数	掺气水深/m	洞顶余幅/%
校核水位 832.34m	4083.3	泄 0-015.00 工作门始端	770.00	28.64	9.50	0.45	—	—
		泄 0+000.00 工作门末端	770.00	28.52	9.54	0.45	10.48	37.7
		泄 1+709.58 上平段末端	744.36	26.23	10.37	0.56	11.21	33.3
		泄 1+768.33 渥奇段末端	736.57	28.33	9.60	0.46	10.54	37.3
		泄 1+994.40 陡坡段末端	670.56	44.65	6.09	0.15	7.94	52.8
		泄 2+048.33 反弧段末端	661.24	44.86	6.07	0.15	7.92	52.9
		泄 2+170.00 下平段末端	650.00	45.55	5.97	0.14	7.88	53.1
正常蓄水位 825.00m	3781.1	泄 0-015.00 工作门始端	770.00	26.58	9.50	0.52	—	—
		泄 0+000.00 工作门末端	770.00	26.47	9.54	0.52	10.35	38.4
		泄 1+709.58 上平段末端	744.36	25.32	9.97	0.58	10.73	36.2
		泄 1+768.33 渥奇段末端	736.57	27.56	9.16	0.47	10.02	40.4
		泄 1+994.40 陡坡段末端	670.56	44.15	5.72	0.15	7.47	55.6
		泄 2+048.33 反弧段末端	661.24	44.36	5.69	0.15	7.46	55.6
		泄 2+170.00 下平段末端	650.00	45.01	5.61	0.14	7.42	55.9

表 2.3-5　1 号泄洪洞出口消能水力计算结果表

工况	上游水位/m	下游水位/m	出坎流速/(m/s)	出坎水深/m	水平挑距/m	冲坑深度/m
校核水位	832.34	627.87	38.88	6.4	225.06	0
正常蓄水位	825.00	605.40	38.34	6	235.32	9.73

注　冲坑深度为基岩冲深，基岩面高程按 560.00m 计。

2.3.2　水流流态

（1）短有压进口段。根据试验观测成果，当库水位低于795.00m时，泄洪洞进口段的水流为明流，水流平顺。当库水位超过795.00m时，进口段的水流为有压流，水流顺畅、没有出现分离现象，经工作闸门的压坡后，洞内流态为明流。

（2）上平段。根据试验观测成果，上平段水流沿程流态平稳，未出现明显的水面波动现象。从试验结果来看，当库水位在805.00m以下时，水深沿程逐渐降低；当库水位在805.00m以上时，受闸门孔口的收缩，上平段起始处的水面线略有降低，随后沿程逐渐上升，沿程660m后的水面线变化很小，水流呈现出近似均匀流的流态。因此，可以认为当上平段底坡的坡度为0.015时，下泄水流要达到均匀流状态需约600m的长度。

（3）龙落尾段。由于设置有掺气设施，在射流和挑跌坎的作用下，龙落尾段局部范围内的水面线略有壅高。从整体来看，水深沿程逐渐减小，洞内流态平稳，流线较平顺，无不利流态出现。

根据霍尔（L. S. Hall）公式计算掺气水深，上平段的最大掺气水深为11.73m，龙落尾段的最大掺气水深为9.52m，均低于直墙高度。考虑掺气水深后的上平段洞顶余幅最小约为30%，龙落尾段洞顶余幅为37%~53%，均大于高速水流无压隧洞对洞顶余幅15%~25%的要求。

2.3.3　水流流速、压强及空化数

（1）有压进口段。正常蓄水位工况下有压进口段的断面平均流速、压强及空化数见表2.3-6。

表2.3-6　正常蓄水位工况下有压进口段的断面平均流速、压强及空化数表

桩号	断面平均流速/(m/s)	底板中心线		洞顶中心线		边墙高程775.00m处	
		压强/(1×9.8kPa)	空化数	压强/(1×9.8kPa)	空化数	压强/(1×9.8kPa)	空化数
0-39.50	16.32	510.6	5.94	401.2	4.88	424.1	5.10
0-36.50	19.22	416.4	2.80	256.7	1.93	276.2	2.04
0-31.10	21.57	345.9	1.92	165.5	1.14	261.1	1.55
0-25.20	19.26	303.7	2.18	196.6	1.60	247.5	1.87
0-18.30	24.37	248.6	1.17	180.3	0.94	189.6	0.97
0-13.30	27.57	191.2	0.76	49.3	0.39	131.7	0.61

1）水流流速。进口段的水流流线平顺，流速分布合理，随着压坡段断面的收缩，流速逐渐加大；有压段出口断面处的流速分布均衡，表明进口段的曲线及体型布置合理。在设计洪水工况下，泄洪洞工作闸门出口处的流速为27.57m/s。

2）压强及空化数。有压进口段为一喇叭口形状，沿程压强逐渐降低，至工作闸门前

的压坡段末端洞顶处的最小压强为 49.3×9.8kPa，各工况下有压进口段边墙上均未出现负压。

在进口段，底板的空化数最大，边墙次之，洞顶最小，最小值 0.39 出现在校核水位时压坡段末端的洞顶。在所有运行工况下，有压进口段的水流空化数均大于 0.3，说明有压进口段发生空化现象的可能性较小，体型设计合理。

（2）上平段。各工况下上平段沿程断面平均流速、底板压强及空化数见表 2.3-7。

表 2.3-7　各工况下上平段沿程断面平均流速、底板压强及空化数表

工况	流量/(m^3/s)	位置	桩号	底板高程/m	断面平均流速/(m/s)	底板中心线	
						压强/(1×9.8kPa)	空化数
校核洪水位	4083.3	首端	0+000.00	770.00	29.85	9.52	0.41
		中间段	0+426.70	763.60	28.59	9.00	0.44
			0+826.70	757.60	26.90	10.32	0.53
			1+226.70	751.60	26.18	10.28	0.56
		末端	1+626.70	745.60	25.30	10.96	0.62
正常蓄水位	3781.1	首端	0+000.00	770.00	28.01	9.52	0.47
		中间段	0+426.70	763.60	26.26	9.12	0.52
			0+826.70	757.60	24.24	10.12	0.64
			1+226.70	751.60	24.24	10.08	0.64
		末端	1+626.70	745.60	23.87	10.76	0.69
防洪限制水位	1405.0	首端	0+000.00	770.00	11.71	7.68	2.41
		中间段	0+426.70	763.60	15.21	5.72	1.26
			0+826.70	757.60	16.61	5.60	1.05
			1+226.70	751.60	16.85	5.36	1.00
		末端	1+626.70	745.60	18.01	5.40	0.88

1）水流流速。库水位在 805.00m 以下时，上平段水深沿程逐渐降低，流速逐渐增大。库水位在 805.00m 以上时，水深沿程壅高，流速逐渐降低。宣泄校核洪水时，工作闸门下游收缩断面处的平均流速为 29.85m/s，沿程逐渐降至 25.30m/s。在防洪限制水位工况下，上平段末端受渥奇曲线段水面跌落的影响，流速增大。

2）压强及空化数。上平段沿程压强分布均匀，底板动水压强均为正压，校核洪水工况下的压强在（9.0~10.96）×9.8kPa 区间变化。在三种工况下，除校核洪水位时闸门下游收缩断面附近为 0.41 外，沿程空化数基本在 0.44~2.41 范围内，均大于 0.3，说明上平段发生空化现象的可能性较小。

（3）龙落尾段。以 3 号洞为例，各特征工况下龙落尾段沿程各断面平均流速、底板压强与空化数见表 2.3-8。

表 2.3-8　龙落尾段沿程各断面平均流速、底板压强与空化数表

工况	流量 /(m^3/s)	位置	桩号	底板高程 /m	水深 /m	断面平均流速 /(m/s)	底板中心线	
							压强 /(1×9.8kPa)	空化数
校核洪水位	4083.3	渥奇段起点	1+709.58	744.36	9.72	28.01	7.18	0.41
		渥奇段末端	1+768.33	736.57	8.96	30.38	10.48	0.42
		陡坡段末端	1+994.40	670.56	7.20	34.58	5.48	0.24
		反弧段末端	2+048.33	661.24	6.36	39.15	2.64	0.15
		下平段末端	2+170.00	650.00	6.24	38.27	10.40	0.26
正常蓄水位	3781.1	渥奇段起点	1+709.58	744.36	9.40	26.82	7.11	0.44
		渥奇段末端	1+768.33	736.57	8.92	28.26	10.02	0.47
		陡坡段末端	1+994.40	670.56	7.00	32.94	5.08	0.26
		反弧段末端	2+048.33	661.24	5.72	40.31	2.60	0.14
		下平段末端	2+170.00	650.00	5.92	37.35	5.16	0.20
防洪限制水位	1405.5	渥奇段起点	1+709.58	744.36	5.52	16.97	5.57	1.00
		渥奇段末端	1+768.33	736.57	4.28	21.88	5.88	0.62
		陡坡段末端	1+994.40	670.56	2.52	34.00	2.64	0.20
		反弧段末端	2+048.33	661.24	2.60	32.95	1.48	0.19
		下平段末端	2+170.00	650.00	2.24	36.68	2.64	0.17

1）水流流速。在校核水位工况下，龙落尾段流速均处于高流速范围，渥奇曲线段起点断面的平均流速约为 28.01m/s，沿程流速随高程降低而逐渐增大，至泄洪洞出口最大流速超过 45m/s。

2）压强及空化数。校核洪水位时龙落尾段沿程压强分布见图 2.3-4。由监测数据可知：龙落尾段沿程压力整体呈逐渐降低的趋势；受挑射水流冲击，坎后落点处的压力局部升高；反弧段受离心力作用，压力逐渐升高，但因反弧半径较大，压力的增幅较小。

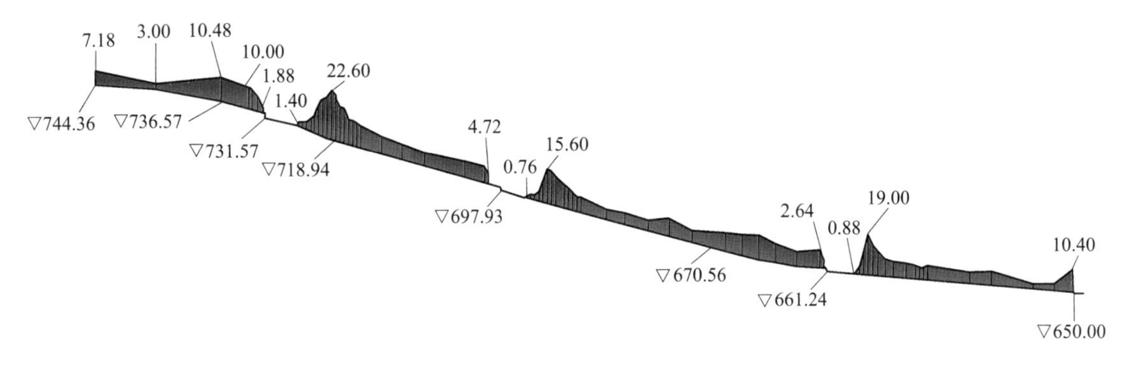

图 2.3-4　校核洪水位时龙落尾段沿程压强分布图（单位：1×9.8kPa）

从表 2.3-8 中可以看出，龙落尾段的底板空化数较多处于 0.1～0.3 范围内。根据已建工程的运行经验，水流空化数小于 0.3 时，仅仅依靠优化过流表面的体型和控制表面的

不平整度，难以避免泄洪建筑物的气蚀破坏，故需要选择适当的位置布置掺气设施，以解决白鹤滩水电站泄洪洞高速水流的空化气蚀问题。

2.3.4 气蚀、减蚀研究

1. 上平段气蚀、减蚀特性研究

白鹤滩水电站泄洪洞为短有压进口的无压直洞。泄洪洞上平段体型单一、流道顺直，运行条件简单，最大流速小于29m/s，水流空化数在0.41~0.62之间，出现气蚀破坏的可能性较小。通过数值分析、大比尺掺气模型试验以及各种不平整度下的减压模拟试验等多种方式，对上平段的空化、气蚀特性进行了研究，并提出了控制气蚀风险的措施。

(1) 上平段掺气减蚀设施研究。利用1∶28比尺模型进行了上平段的掺气试验研究。由于上平段底坡缓、水深厚、单宽流量大，*Fr*小于3.0，若在此流段上采用常规的底掺气型式掺气，坎后会形成严重的回水，堵塞通气空腔，无法形成稳定而贯通的掺气底空腔，掺气坎不能正常工作，难以起到掺气减蚀的目的。试验采用“坎下变底坡”的底掺气型式，通过多个体型参数方案的试验表明：上游水位在785.00~818.00m范围内时，掺气坎下游无法形成稳定的掺气底空腔，通气孔完全被回溯水流封堵，不能正常工作。对于高速泄洪建筑物，掺气设施若不能正常工作，则很可能成为产生空化气蚀破坏的潜在风险源。为此，试验结果分析表明：上平段不宜设置掺气设施。

(2) 不平整度的减压试验研究。以往的泄洪洞气蚀破坏工程实例表明：气蚀破坏通常发生在反弧段及其下游，流速大于30m/s。对于结构体型简单、流速小于30m/s、过流面不平整度满足要求、运行调度合理的泄洪建筑物，一般不会发生气蚀破坏。白鹤滩水电站泄洪洞的上平段流速处于25~29m/s之间，在不设置掺气设施的条件下，过流面不平整度的控制显得尤为重要。

为此，开展了1∶25的大比尺单体减压模型试验。通过在模型上设置条形凸体、圆柱形凸体及凹坑、方形凸体、柱状凹坑、方形凹坑、凹槽凸体等不同形状与尺寸的凸体，模拟施工中可能会出现的错台、残留钢筋头、残留灌浆孔洞等壁面不平整问题，分析多种过流面不平整度情况下泄洪洞上平段在25~29m/s流速运行条件下发生气蚀破坏的风险性。试验结果表明：

1) 条形凸体为最易空化体型，其次为圆柱形凸体及凹坑，再次为方形凹坑及凹槽。施工错台、残留钢筋头类似于条形凸体及圆柱形凸体，均易形成空化源，应极力予以避免。

2) 随着流速的增加，各种凸（凹）体初生空化数增大，空化气蚀风险也随之增加。经模型试验测得：高度为1mm的不同形状凸体（或凹坑）在25m/s和27m/s流速下的初生空化数分别为0.15~0.37和0.15~0.44。

(3) 上平段气蚀风险评价。白鹤滩水电站泄洪洞上平段的距离长、流速大，存在一定的发生空化气蚀破坏的风险。上平段的坡度为1.5%，沿程断面平均流速逐渐减小，从工作门后的29m/s左右减小至26m/s左右；沿程断面水流空化数逐渐增大，从0.41增大至0.62。1∶25比尺的泄洪洞上平段减压模型试验成果表明：只要满足一定的体型及不平整度要求，控制施工质量缺陷，上平段的水流空化数将大于凸（凹）体对应的初生空化数，基本上可保证上平段不产生空化现象和气蚀破坏。

综合以上研究成果，白鹤滩水电站泄洪洞的上平段不设置专门的掺气、减蚀设施，防止气蚀破坏的工作重点为施工过程中对过流面不平整度的控制。

2. 龙落尾段掺气减蚀试验研究

白鹤滩水电站泄洪洞具有流速高、单宽流量大的特点。高速水流过流面易发生气蚀破坏，特别是龙落尾段，水流空化数随着水流沿程流速的增大而减小，当过流面体型和不平整度稍有不适，将发生气蚀破坏。设置掺气设施是减轻或避免气蚀破坏最简便而经济的措施之一。

为建立安全可靠的掺气设施型式和布置方案，在可研阶段和招标设计阶段，通过多个单体模型试验优化了掺气设施体型。在可研阶段，先后开展了 1 号泄洪洞 1∶40 单体模型试验和数值模拟分析，以及 2 号泄洪洞 1∶28 局部模型试验的掺气减蚀研究。在招标设计阶段，开展了 3 号泄洪洞 1∶40 掺气减蚀试验，对掺气设施作进一步优化，重点解决了 1 号掺气坎底空腔回水和侧墙掺气的水翅问题，并将优化的 1 号掺气坎和侧掺气体型在 1∶28 比尺的模型上进行试验验证。

通过以上试验，不断优化了掺气设施的布置和结构型式，最终确定了 3 条泄洪洞各布置 3 道掺气坎的减蚀方案。第 1 道掺气坎布置于龙落尾段渥奇曲线的末端；第 2 道掺气坎布置于斜坡段的中部；1 号和 2 号泄洪洞的第 3 道掺气坎布置于反弧段的前 40m 处，因 3 号泄洪洞由于反弧段与出口挑坎之间有一段长约 120m 的下平段，第 3 道掺气坎布置在反弧段末端。

由于白鹤滩水电站泄洪洞的单宽流量大、水深厚，底部空腔掺气后无法迅速形成全断面掺气水流，坎后侧墙存在局部掺气盲区，并且底部空腔的存在会引起坎后侧墙压力降低，更易产生空化。因此，在龙落尾段的高流速区，推荐“底部掺气+侧墙掺气”的复合掺气型式，形成底部和侧面贯通的掺气空腔，达到全断面掺气减蚀的效果。

白鹤滩水电站泄洪洞的 3 道掺气坎均为“底掺气+侧掺气”的组合形式。根据水工模型研究成果，底掺气采用“跌坎+坎后变底坡”型式，1 号掺气坎处因 Fr 小，采用“坎后变底坡”的形式，减小了掺气射流的冲击角，从而有效地解决了 1 号掺气坎的底部空腔回水问题，侧掺气采用两侧边墙各突扩 0.35m 的型式，3 号泄洪洞各道掺气坎的底掺气结构型式及参数见表 2.3-9。

表 2.3-9　3 号泄洪洞各道掺气坎的底掺气结构型式及参数表

编号	挑坎高度/m	挑坎坡比	跌坎高度/m	上游底坡	下游底坡	坎顶桩号
1	0.32	1∶32	2.00	1∶4	1∶3.72	泄 1+788.33
2	0.40	1∶15	1.50	1∶3.72	1∶3.72	泄 1+898.33
3	0.40	1∶10	1.50	R300 反弧	1∶12.5	泄 2+048.33

水流通过边墙突扩处时，流向发生改变，易在掺气坎后出现水翅，恶化下游的水流流态。通过模型试验建立的改进方案为：采用侧掺气坎与底掺气坎不在同一断面位置的掺气坎型式，第 1 道和第 2 道侧掺气坎位置分别向上游后退 0.8m 和 1.2m，第 3 道侧掺气坎则不后退，能有效解决侧掺气坎引起的水翅问题。

根据水工模型试验成果，掺气设施的射流掺气空腔特征参数见表2.3-10，掺气坎后底板和侧墙掺气浓度沿程分布见表2.3-11。3道掺气设施在各运行工况下均能形成稳定而完整的底部空腔，空腔长度合理。经模型试验检测，在校核水位情况，在各道掺气设施保护段的末端，底板掺气浓度约为1.0%~1.4%，侧墙掺气浓度约为0.4%~3.3%，可有效发挥掺气减蚀的保护作用，保护段长度设置合理。

表2.3-10 掺气设施的射流掺气空腔特征参数表

泄洪洞编号	特征参数	防洪限制水位	正常蓄水位	校核洪水位
1	底空腔长度/m	12.80	16.80	23.60
	最大回水长度/m	0	3.20	3.20
	通气井风速/（m/s）	4.08	10.22	12.94
2	底空腔长度/m	21.20	22.80	23.20
	最大回水长度/m	0	12.00	8.80
	通气井风速/(m/s)	11.25	23.66	25.44
3	底空腔长度/m	23.20	26.40	27.20
	最大回水长度/m	0	0	0
	通气井风速/(m/s)	26.54	42.66	50.36

表2.3-11 掺气坎后底板和侧墙掺气浓度沿程分布表

桩号	底板掺气浓度分布/%			侧墙掺气浓度分布/%		
	防洪限制水位	正常蓄水位	校核水位	防洪限制水位	正常蓄水位	校核水位
泄1+788.33 第一道掺气坎	100.0	100.0	100.0	99.30	96.40	95.40
泄1+810.33	9.1	21.3	28.5	3.00	4.80	4.40
泄1+832.33	6.8	8.2	11.2	1.50	1.20	1.50
泄1+854.33	1.7	1.9	2.6	1.20	0.80	0.90
泄1+876.33	1.6	1.6	2.1	—	0.50	0.60
泄1+891.33	1.1	0.9	1.0	—	0.60	0.40
泄1+898.33 第二道掺气坎	100.0	66.7	77.7	88.40	90.00	90.30
泄1+919.53	63.8	48.9	49.7	10.60	16.00	22.30
泄1+940.73	3.0	3.7	3.5	4.70	6.20	6.50
泄1+958.73	3.5	3.2	2.8	3.70	5.00	5.10
泄1+975.93	2.3	2.4	2.4	3.40	3.80	3.90
泄1+989.93	2.0	1.9	2.3	—	3.10	3.60

续表

桩　号	底板掺气浓度分布/%			侧墙掺气浓度分布/%		
	防洪限制水位	正常蓄水位	校核水位	防洪限制水位	正常蓄水位	校核水位
泄 2+003.93	1.7	1.5	1.5	—	2.60	2.50
泄 2+017.93	1.7	1.4	1.4	—	2.30	2.30
泄 2+031.93	1.8	1.3	1.4	—	2.10	2.10
泄 2+045.93	1.5	1.3	1.4	—	1.80	1.90
泄 2+048.33 第三道掺气坎	91.6	87.7	19.5	95.80	95.60	95.00
泄 2+072.33	21.7	21.4	15.4	32.10	11.40	8.50
泄 2+096.33	3.7	3.5	4.7	2.60	4.40	4.40
泄 2+120.33	2.5	2.7	3.9	—	3.90	4.20
泄 2+144.33	2.3	2.1	1.6	—	3.70	3.90
泄 2+168.33	1.1	1.3	1.2	—	2.30	3.30

2.4　下游消能防冲刷试验研究

2.4.1　水舌落点

在泄洪洞模型工况下，各水舌入水参数见表 2.4-1，水舌空中形态及入水归槽见图 2.4-1，水舌落点形态见图 2.4-2。在防洪限制水位 785.00m 工况下，水舌落水点距离本岸岸坡仍有一定的距离，不会冲砸左岸岸坡。在其他高水位工况下，水舌落水点也基本分布在河道中心，空间分布合理。

表 2.4-1　泄洪洞模型各工况水舌入水参数表

上游水位 /m	下游水位 /m	泄洪洞编号	左侧挑距 /m	右侧挑距 /m	最大挑距 /m	入水宽度 /m	最大挑高高程 /m
785.00	599.70	1	132.1	135.2	164.3	31.2	683.3
		2	121.7	145.6	176.8	41.6	684.9
		3	163.3	161.2	164.3	41.6	683.8
825.00	604.50	1	210.1	202.8	210.1	41.6	692.2
		2	210.1	218.4	218.4	36.4	701.0
		3	220.5	171.6	223.6	41.6	714.5
832.30	627.10	1	210.1	192.4	218.4	36.4	698.9
		2	210.1	202.8	218.4	36.4	698.9
		3	215.3	187.2	218.4	36.4	690.6

图 2.4-1　泄洪洞模型水舌空中形态及入水归槽
（防洪限制水位）

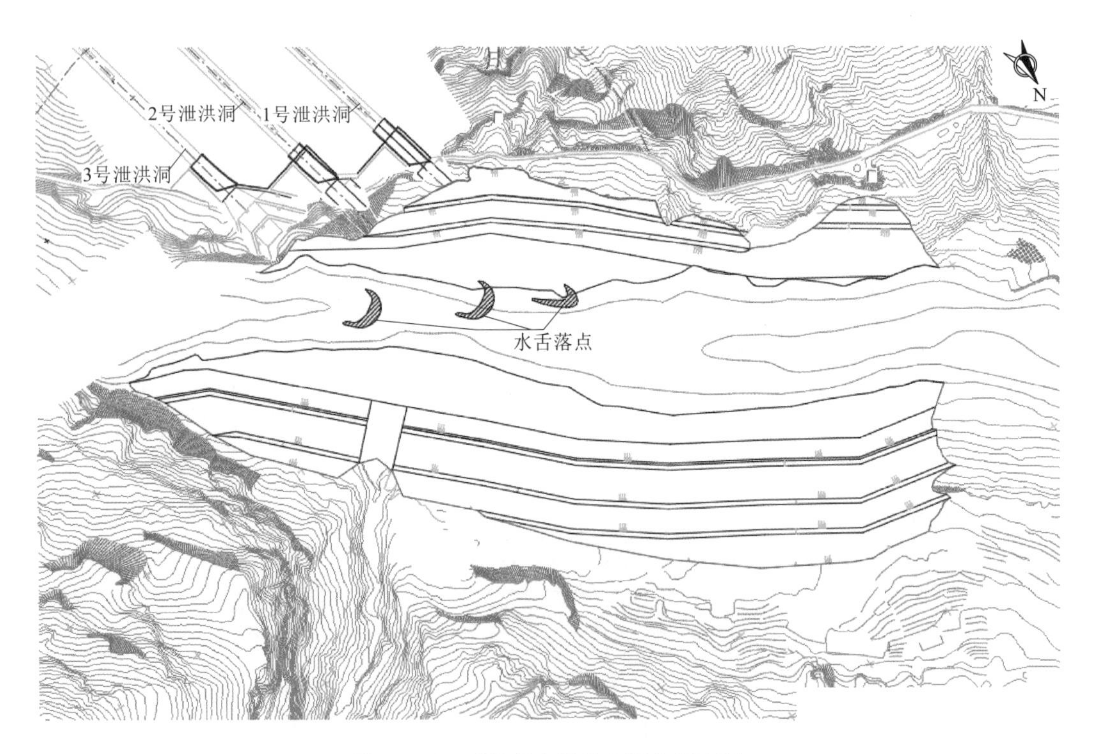

图 2.4-2　泄洪洞水舌落点形态示意图
（防洪限制水位）

2.4.2　下游河道冲淤

不同泄洪工况下泄洪洞出口河道冲刷情况模型试验结果见表 2.4-2。在正常蓄水位工况下，三条洞全部开启时会在下游河道形成几乎横亘整个河道的堆丘，正常蓄水位工况冲淤形态和下游河道河床冲刷地形见图 2.4-3 和图 2.4-4。当 16 台机组同时发电时，白鹤滩水电站尾水水位将会壅高 1.9m。若将堆丘清挖至高程 590.00m 后，水位壅高仅为 0.1m，可基本消除对发电尾水位的影响。从单洞全部开启的冲坑及堆丘参数来看，几条洞之间并无显著差异，1 号泄洪洞和 2 号泄洪洞的冲刷情况略好于 3 号泄洪洞。

表 2.4-2　不同泄洪工况下泄洪洞出口河道冲刷情况模型试验结果表

泄洪工况	冲坑底高程 /m	堆丘顶高程 /m	堆丘沿河道宽度 /m	堆丘形态
校核水位 3 号泄洪洞全开	—	—	—	—
设计水位 3 号泄洪洞全开	564.90	595.20	约 60	冲坑下游左侧月牙形堆丘
消能设计水位 3 号泄洪洞全开	561.70	601.20	约 110	冲坑下游左侧月牙形堆丘
正常蓄水位 3 号泄洪洞全开	552.90	596.20	约 170	方形堆丘，几乎堵塞河道
防洪限制水位 3 号泄洪洞全开	—	—	—	无明显堆丘
正常蓄水位 1 号独立泄洪	554.80	591.40	约 150	冲坑右侧上游回流区堆丘
正常蓄水位 2 号独立泄洪	553.10	587.70	约 130	冲坑右侧上游回流区堆丘
正常蓄水位 3 号独立泄洪	551.00	587.10	约 160	冲坑下游狭长堆丘

图 2.4-3　正常蓄水位工况冲淤形态（试验）

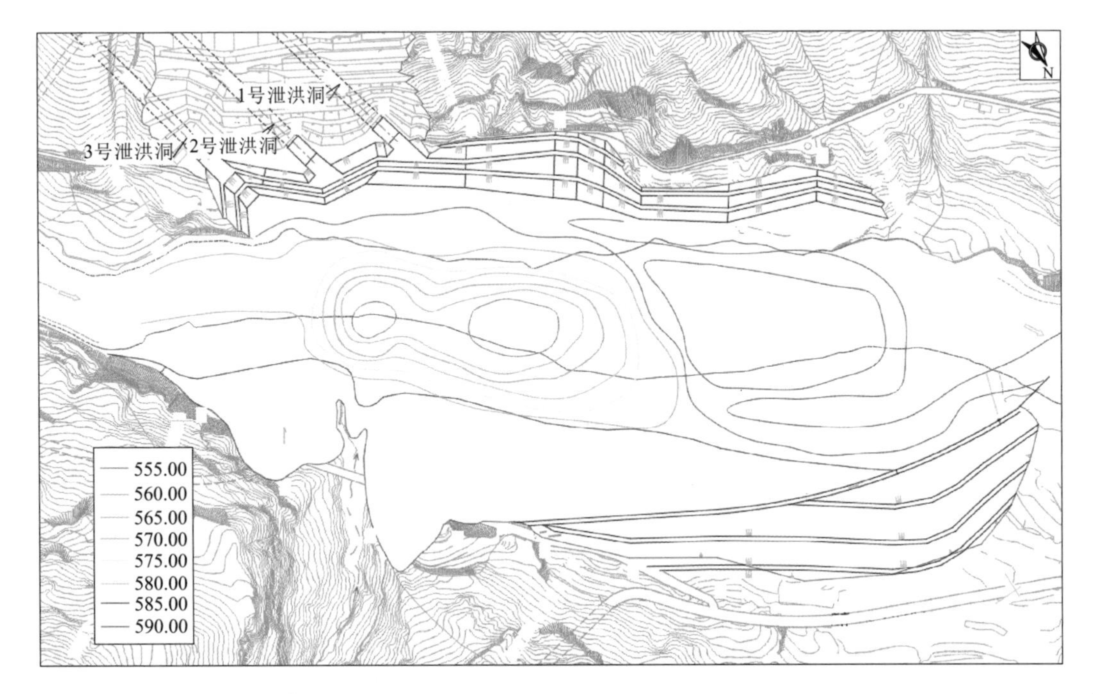

图 2.4-4　正常水位工况下游河道河床冲刷地形示意图（试验）

2.5　弧形工作闸门设计研究

白鹤滩水电站泄洪洞的弧形工作闸门具有孔口尺寸大，特别是孔口宽高比及总水压力大的特点。若采用常规的两支臂结构，在支铰设计、顶水封设计、闸门整体刚度方面存在难题，因此提出多支臂的设计思路。采用多支臂弧形闸门具有如下优点：①当闸门承受的总水压力为一定值时，采用多支臂结构可以降低单个支铰承受的荷载，适当减小支铰总成的设计、制造及安装难度；②闸门门叶结构主梁为多点支撑型式，可有效提高闸门的整体刚度，从而提高闸门的抗振能力和顶水封的封水效果；③支铰单点荷载有所降低，改善了水工承载结构的受力条件；④可适当增大孔口宽度，减小泄洪洞的单宽流量，降低下游消能防冲刷难度。

国内尚无多支臂弧形闸门的应用实例，为了进一步验证多支臂弧形闸门的可行性，以及确定支臂的数量，研究比较了两支臂、三支臂和四支臂 3 个方案。其中，两支臂弧形闸门采用三根主横梁，上下两根主横梁断面为双腹板箱形梁，中间一根主横梁断面为单腹板工字形梁，支臂断面为箱形结构；三支臂弧形闸门和四支臂弧形闸门均采用箱形断面双主横梁，支臂断面为箱形结构。各方案的弧形闸门主要特性参数见表 2.5-1。对 3 个方案进行了静力结构分析和有限元结构分析。

（1）静力结构分析。静力计算结果见表 2.5-2。

表 2.5-1　各方案的弧形闸门主要特性参数表

特 性 参 数	方 案 类 型		
	两支臂方案	三支臂方案	四支臂方案
孔口尺寸（宽×高）/(m×m)	16×10.5		
弧形闸门半径/m	21.9		
支铰高程/m	871.50		
支铰轴承型式	自润滑关节轴承		
启闭机容量/kN	2×6300		
吊点距/m	9.0	11.0	12.3
闸门估算重量/t	844.5	782.4	774.1

表 2.5-2　各方案的弧形闸门主要构件静力计算结果表

特 性 参 数		方 案 类 型		
		两支臂方案	三支臂方案	四支臂方案
面板折算应力/MPa		170.64	166.6	153.4
水平次梁折算应力/MPa		123.4	108.8	117.8
纵隔板折算应力/MPa		113.6	142.8	146.8
主横梁折算应力/MPa		110.2	120	117.3
支臂	弯矩作用平面内的稳定性/MPa	136.4	146.8	156.7
	弯矩作用平面外的稳定性/MPa	130.3	132.3	131.4
单个支铰径向推力/kN		71845	49600	37362
挠度	主横梁悬臂段挠度/mm	16.6	17.2	16.8
	主横梁跨中挠度/mm	18	16.4	16.8

根据计算结果可知：①单个支铰的受力将随着支臂数量的增多而减小，三支臂方案比两支臂方案单个支铰所受的最大正压力减小了 22245kN，四支臂方案比三支臂方案单个支铰所受的最大正压力减小了 12238kN。②在使用相同材料、且计算应力值接近的情况下，闸门自重随着支臂数量的增多而减小，三支臂方案比两支臂方案减小了 62.1t，四支臂方案比三支臂方案减小了 8.3t。③支臂数量从两个增加到三个时，单个支铰的受力和闸门自重减小的幅度相对较大，而支臂数量从三个增加到四个时，单个支铰的受力和闸门自重减小的幅度明显减小。④两支臂方案的主横梁悬臂段与跨中挠度差值达 1.4mm，三支臂方案中的该数值仅为 0.8mm，四支臂布置方案的主横梁悬臂段与跨中挠度相同，说明主横梁的挠度随着支臂数量的增加趋于稳定。⑤从弧形闸门的制作和安装难易程度分析，随着支臂数量的增多，对弧形闸门的结构尺寸精度、各支铰轴中心线的同轴度等要求也随之提高，对制作、安装的要求相应提高。

综合以上比较，三支臂弧形闸门的综合技术指标相对较优。

（2）有限元结构分析。根据有限元计算结果，各方案在设计洪水位下开启瞬间的闸门变形见图 2.5-1。

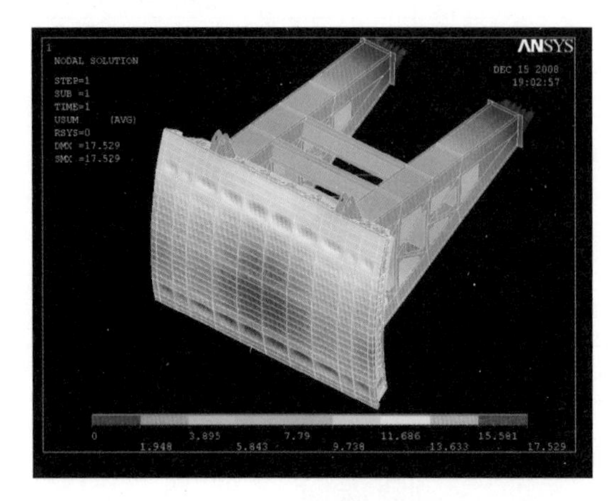

（a）两支臂

（b）三支臂

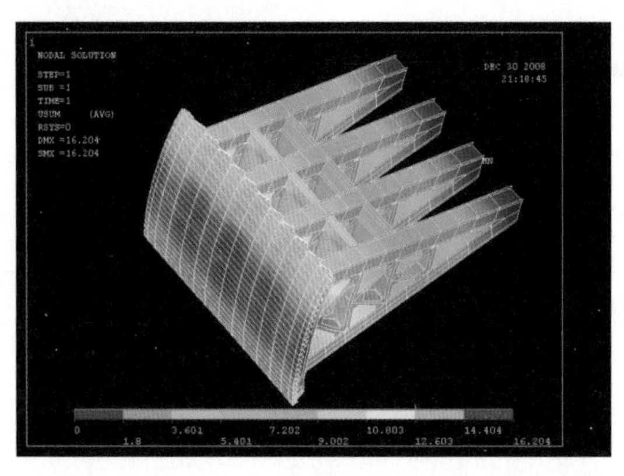

（c）四支臂

图 2.5-1　各方案在设计洪水位下开启瞬间的闸门变形云图

由以上结果可知：各方案的应力均满足强度要求，但随着支臂数量的增加，各横梁的静态应力分布更趋均匀，不易出现局部屈曲，弧形闸门的结构稳定性得到提高；同时，结构变形横向分布渐趋均匀，弧形闸门的整体性有很大的提高。但随着支臂数量的增加，弧形闸门的制造、安装精度要求提高，且由于实际制造、安装的精度偏差，导致实际条件与计算假定条件不完全一致，运行若干年后门叶、支座的变形与应力分布等可能偏离设计状态，故一味增加支臂数量并非最佳选择。综合考虑以上相关因素，拟采用三支臂弧形闸门。

最终确定的三支臂弧形闸门主要技术参数见表 2.5-3，三支臂弧形闸门三维效果见图 2.5-2。

表 2.5-3　最终确定的三支臂弧形闸门主要技术参数表

项　目	参　数	项　目	参　数
孔口形式	潜没式	闸门形式	主横梁，三直支臂，球铰弧形闸门
孔口宽度/m	15	孔口数量/个	3
孔口高度/m	9.5	闸门数量/个	3
面板曲率半径/m	19	操作方式	动水启闭
底坎高程/m	770.00	启闭机型式	液压启闭机
设计水头/m	58	启闭机容量/kN	2×5000
总水压力/kN	104400	启闭机扬程/m	15.4

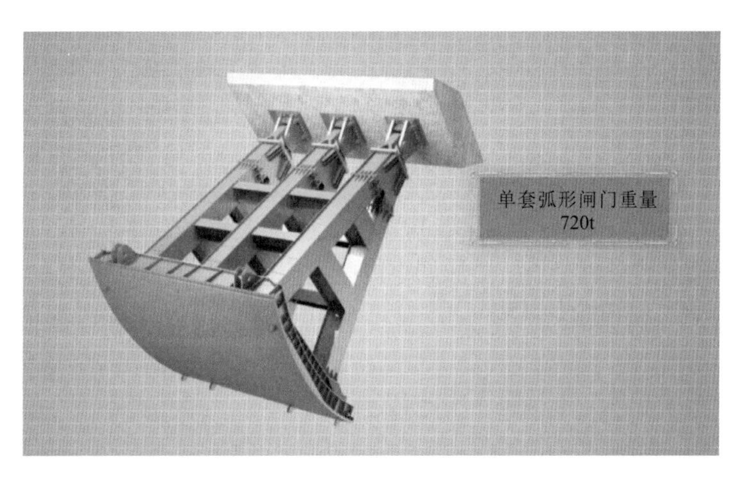

图 2.5-2　三支臂弧形闸门三维效果图

2.6　结构布置及特性

白鹤滩水电站 3 条泄洪洞均为无压直洞，岸塔式进水口，“一”字齐平布置，位于左岸发电进水口与大坝之间，出口位于白鹤滩村滩地对岸，采用挑流消能。3 条泄洪洞的洞轴线呈直线形发散布置，进口处的洞轴线相距 50m，出口处的洞轴线相距 100m，单洞长度分别为 2307m、2248.5m、2170m。3 条泄洪洞均由进水塔（闸门室）、上平段、龙落尾段和挑流鼻坎段组成。1 号泄洪洞、2 号泄洪洞龙落尾段的反弧段直接与挑流鼻坎相接，3 号泄洪洞因地形条件限制，反弧末端接一段坡度为 8% 的下平段，再与挑流鼻坎相接。白鹤滩水电站泄洪洞的整体空间形态见图 2.6-1。

2.6.1　进水塔

白鹤滩水电站泄洪洞的进水塔形式为岸塔式。3 条泄洪洞的进水塔从靠山侧至临江侧依次编号为 1 号进水塔、2 号进水塔和 3 号进水塔。3 个进水塔之间相对独立，轴线依次相距约 51m。塔顶高程为 834.00m，塔顶与坝顶齐平，塔体尺寸 40m×28m×69m（长×宽×

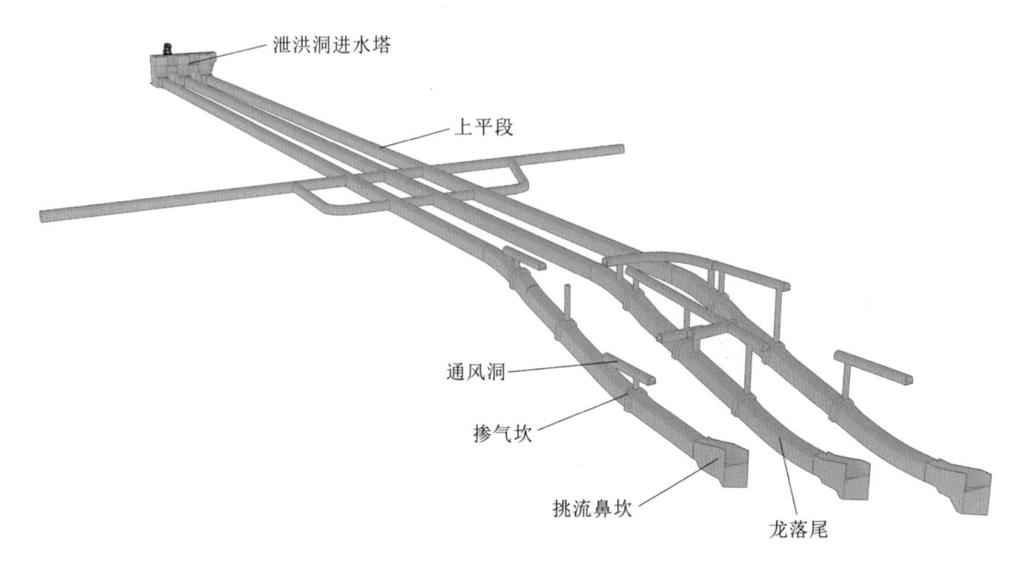

图 2.6-1　白鹤滩水电站泄洪洞的整体空间形态示意图

高），塔基高程为 760.00~765.00m，塔基置于微风化玄武岩岩体上。各进水塔之间通过混凝土平台连接交通和门机轨道。塔后回填混凝土，与坝顶 834.00m 平台衔接。1 号进水塔与发电进水口下游侧相距约 130m，3 号进水塔与大坝拱肩槽之间预留岩埂的厚度约为 58m。

进水塔的典型剖面及三维模型见图 2.6-2。

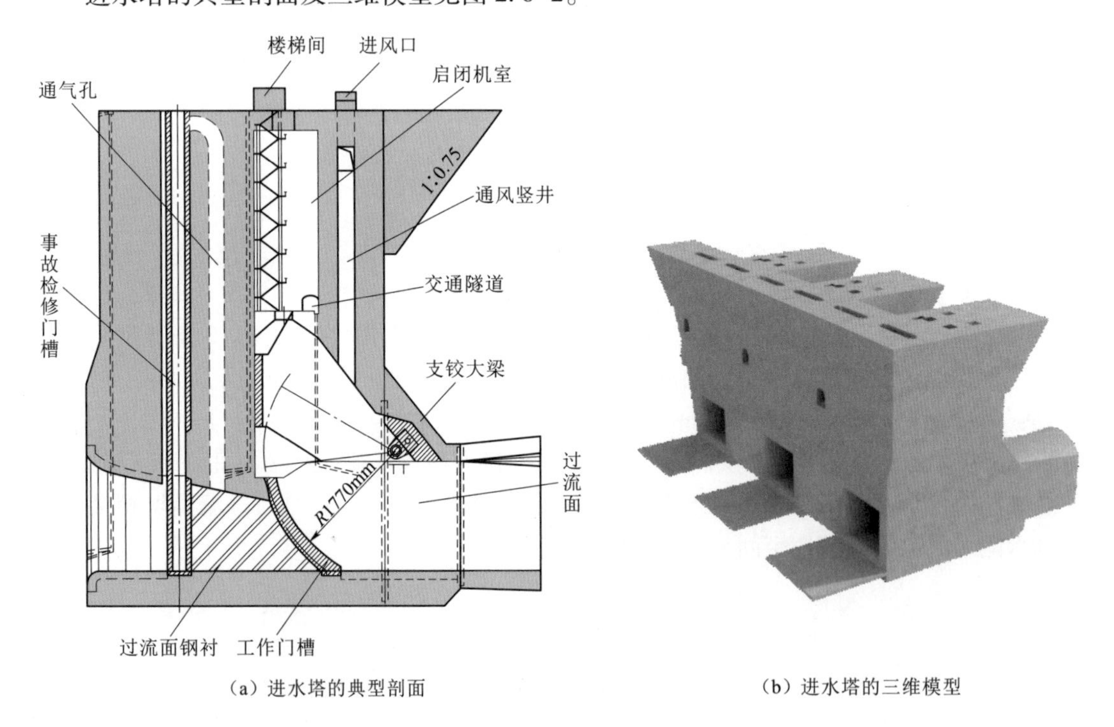

（a）进水塔的典型剖面　　（b）进水塔的三维模型

图 2.6-2　进水塔的典型剖面及三维模型示意图

白鹤滩水电站泄洪洞进水口为短有压进水口，进水口底板高程为 770.00m，满足水库汛期防洪限制水位 785.00m 的运行要求，塔前进水渠底高程为 768.00m。进水口呈喇叭形，顶曲线采用非完整的 1/4 椭圆曲线，椭圆方程为 $\frac{x^2}{12^2}+\frac{y^2}{4^2}=1$，事故闸门后接 1∶5 压坡段；侧曲线方程为 $\frac{x^2}{9^2}+\frac{y^2}{3^2}=1$，事故闸门下游设 2 个直径 2m 的通气孔。

进水塔内设有 3 个事故检修闸门和 3 个工作闸门。事故检修闸门的孔口尺寸为 15m×12m（宽×高），由塔顶门机启闭，塔体布置有 3 个独立的检修门库。弧形工作闸门的孔口尺寸为 15m×9.5m（宽×高），工作闸门支铰固定于与塔后山体连接的二期混凝土上，由液压启闭机启闭。工作闸门下游设通风竖井通向进水塔顶，通风竖井尺寸为 7m×2.5m，顶部分隔为 2 部分，每部分尺寸为 3.5m×2.5m。塔内设工作闸门室及启闭机室，工作闸门室上游为短有压进水口，下游接无压泄洪洞，启闭机室位于工作闸门室的上方，其楼面高程为 806.00m，工作闸门启闭机室内设两台液压启闭机和控制系统，启闭机室内设楼梯分别向上通向塔顶、向下通向工作闸门室。在桩号泄 0+014.00 与桩号泄 0+003.00 处设置塔体结构缝，缝内在流道侧和基岩侧各设两道 W 形紫铜止水。桩号泄 0+014.00～0+003.00 为洞内段，上部为弧形闸门三支臂支铰大梁。进水塔与联系平台间、进水塔与塔后回填混凝土之间设结构缝，缝内不设止水。

进水塔塔体混凝土一般部位采用 $C_{90}30$（三级配），过流面 1.2m 范围内采用 $C_{90}40$（二级配），高程 806.00m 楼板采用 C35（二级配），楼梯采用 C30（二级配），支铰大梁采用 C35（二级配），塔后回填混凝土采用 C15（四级配），塔前进水渠底板和贴坡混凝土墙采用 $C_{90}25$（二级配）。考虑到事故检修闸门在动水启闭过程中存在的不利流态和较大的脉动压强，以及门槽附近存在易气蚀的负压区，事故检修闸门和工作闸门之间的过流面采用不锈钢复合钢板衬砌。

2.6.2 上平段

泄洪洞上平段为进口工作闸门至渥奇曲线起点处，其中桩号 0+014.00～0+040.00 为渐变洞段，由矩形渐变至城门洞型，高度由 15.21m 渐变至 18m。上平段底坡为 0.015，洞内流速为 29～25.2m/s，清水水深为 9.5～10.96m。考虑到掺气后的水深及通气面积要求，上平段的断面尺寸为 15m×18m（宽×高），直墙高 14m。1～3 号泄洪洞上平段的长度分别为 1908.03m、1846m 和 1709.58m。上平段洞身见图 2.6-3。

根据水工模型试验和水力特性专题研究成果，泄洪洞上平段不布置掺气设施，抗气蚀措施主要为严格控制过流面的不平整度，防止施工错台、残留钢筋头、残留灌浆孔洞、模板定位销孔等原因导致的气蚀破坏。

上平段采用全断面钢筋混凝土衬砌，其中底板和边墙下部 12m 范围内采用 $C_{90}40$ 混凝土，边墙上部 2m 及顶拱范围采用 $C_{90}30$ 混凝土。衬砌厚度按围岩类别分为 1.5m（$Ⅲ_2$ 类）、1.2m（$Ⅲ_1$ 类）及 1.0m（Ⅱ类），其中帷幕线之前的衬砌承担全水头外水压力，厚度为 2.5m。

上平段共设置 3 条结构缝，分别在渐变段与进水塔衔接处（桩号 0+014.00）、渐

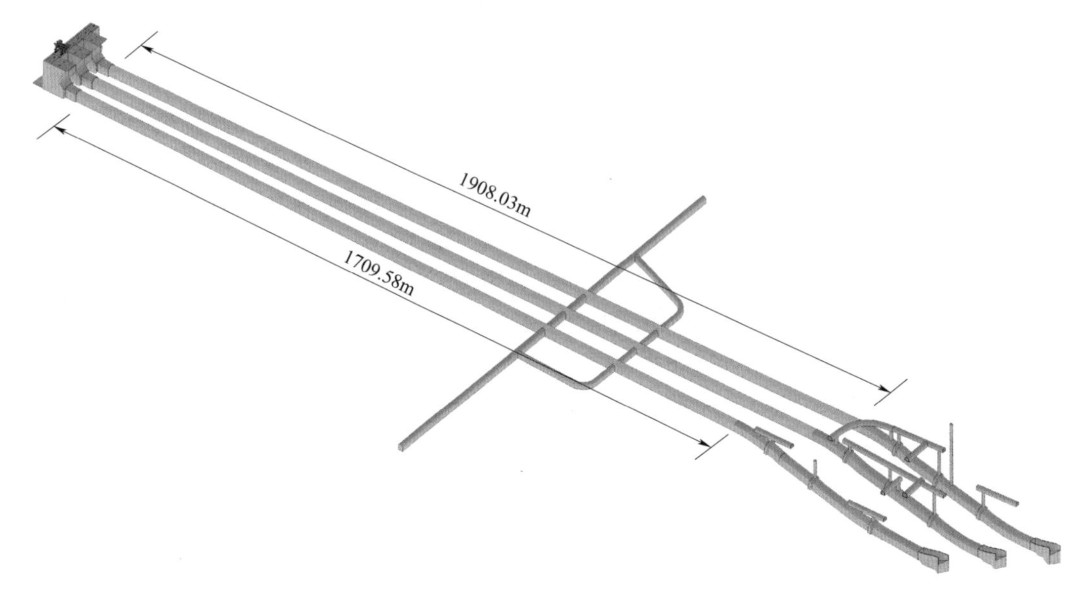

图 2.6-3　上平段洞身示意图

变段与厚 2.5m 衬砌衔接处（桩号 0+040.00）、厚 2.5m 衬砌与厚 1.5m 衬砌衔接处。其余洞段均按每 12m 设置 1 道施工缝，钢筋过缝。桩号 0+014.00 与桩号 0+040.00 处的结构缝全断面布置 2 道 W 形紫铜止水；厚 2.5m 衬砌与厚 1.5m 衬砌的衔接处、拱脚以下范围布置 1 道 W 形紫铜止水。各条施工缝处均设置 1 道橡胶止水，其中帷幕线前的施工缝全断面布置橡胶止水，帷幕线后的施工缝在拱脚以下的边墙与底板处布置橡胶止水。

2.6.3　龙落尾段

泄洪洞龙落尾段由渥奇曲线段、斜坡段、反弧段组成，1 号、2 号泄洪洞反弧段接挑流鼻坎，3 号泄洪洞受地形条件限制在反弧末端与挑流鼻坎之间增加了一段下平段，下平段的底坡为 8%。

渥奇曲线根据抛物线运动方程设计，曲线方程为 $z=\frac{x^2}{500}+0.0150x$，渥奇段空化数大于 0.3，压力变化平缓、水流流动顺畅。斜坡段为渥奇曲线段与反弧段之间的连接过渡段，1 号和 2 号泄洪洞的斜坡坡度为 1∶4，3 号泄洪洞的斜坡坡度为 1∶3.72，较缓的坡度有利于缩短反弧段长度。反弧段位于斜坡段下游，由于反弧段流速高，宜采用较大的反弧半径。根据数值分析和模型试验成果，反弧半径为 300m，具有较稳定的水流流态和压力分布，与上下游斜坡的压力变化梯度小。

掺气设施的布置和体型采用模型试验的成果，每条洞均布置 3 道掺气设施，分别位于渥奇曲线段末端、斜坡段中部和反弧段末端，3 条泄洪洞均布置 3 道底掺气+侧掺气组合，侧掺气采用两侧边墙突扩的方式。其中 1 号掺气坎突扩 0.35m、2 号掺气坎突扩 0.60m、3 号掺气坎突扩 0.75m，具体参数见表 2.6-1。

表 2.6-1　龙落尾段设计结构参数表

部　位	总长/m	渥奇曲线	斜坡段		反弧段		下平段	
		长度/m	坡比	长度/m	半径/m	长度/m	坡比	长度/m
1 号泄洪洞龙落尾段	408.97	58.75	1∶4	267.46	300	72.76	—	10
2 号泄洪洞龙落尾段	412.70	58.75	1∶4	271.19	300	72.76	—	10
3 号泄洪洞龙落尾段	460.42	58.75	1∶3.7	281.65	300	53.93	1∶12.5	122.18

经侧掺气突扩后，1~3 号洞的龙落尾段洞身断面尺寸均为（15~16.5）m×18m（宽×高），边墙高 14m。龙落尾段采用全断面钢筋混凝土衬砌，其中底板及边墙下部 12m 范围采用 $C_{90}60$ 抗冲耐磨混凝土，边墙上部 2m 及顶拱范围采用 $C_{90}30$ 混凝土。龙落尾段出口 30m 范围衬砌厚度为 1.5m，其余洞段衬砌厚度均为 1.2m。除掺气坎上下游各设置一道结构缝外，其余洞段均按每 9m 设置一道施工缝，钢筋过缝。结构缝在拱脚以下范围布置一道 W 形铜止水；施工缝在拱脚以下范围布置一道橡胶止水。龙落尾结构见图 2.6-4。

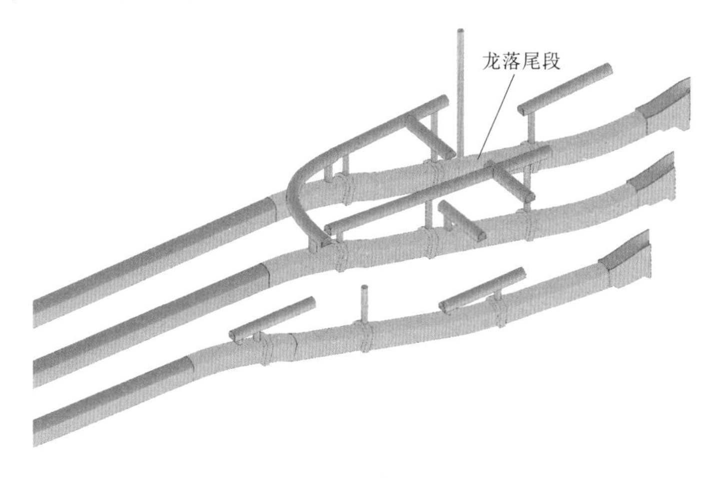

图 2.6-4　龙落尾结构图

2.6.4　挑流鼻坎段

1 号挑流鼻坎与龙落尾反弧段相接，为斜切坎。起挑高程为 650.00m，平面长度为 47m。边墙为左长、右短斜切布置，其中左边墙长度为 46m，顶部高程为 665.00~676.50m，右边墙长度为 32.5m，顶部高程为 665.00~670.44m，底板采用曲率半径为 80m 的曲面，坎顶高程为 664.55m。

2 号挑流鼻坎与龙落尾反弧段相接，为扭曲鼻坎。起挑高程为 650.00m，平面长度为 45m。两侧边墙均为曲面，左边墙曲率半径为 400m，长度为 44m，顶部高程为 665.00~676.20m；右边墙曲率半径为 200m，长度为 32m，顶部高程为 665.00~671.68m。底板采用曲率半径为 65.64m 的曲面，坎顶高程为 664.26m。

3 号挑流鼻坎与龙落尾下平段相接，为双扭曲鼻坎。上游与底坡 8% 的直线段衔接，起挑高程为 649.60m，平面长度为 60m。两侧边墙均为曲面，左边墙曲率半径为 400m，长度为 59m，顶部高程为 665.66~674.40m；右边墙曲率半径为 250m，长度为 47.97m，顶部高程为665.42～671.00m。底板采用双曲扭面，坎顶高程为662.45m。

3个挑流鼻坎的边墙均为梯形断面，顶宽为2m，底宽为4m/4.5m，背坡为1∶0.3。过流面1.5m范围内采用$C_{90}60$抗冲耐磨混凝土，其他部位为$C_{90}30$混凝土。3号挑流鼻坎较长，在中间设置一道结构缝，1号、2号挑流鼻坎仅设施工缝。各结构缝、施工缝处均设置一道W形铜止水。挑流鼻坎混凝土浇筑时，先浇筑边墙，后浇筑底板，在边墙与底板衔接处设置一道W形纵向铜止水，并与环向止水焊接封闭。

图2.6-5　1号挑流鼻坎三维模型示意图

挑流鼻坎底板最低处设置两根DN200不锈钢排水管，下引至排水廊道，排水廊道为1.5m×2m（宽×高）城门洞型。右边墙外侧面设置之字形永久检修通道，采用$C_{90}20$混凝土浇筑形成。1号挑流鼻坎三维模型见图2.6-5。

2.6.5　通风补气系统

为满足补充高速水流拖曳带走的空气和掺气槽补气的需求，在龙落尾段设置了两套相互独立的通风补气系统，均由洞外独立供气。一套为洞顶补气系统，补充高速水流拖曳带走的空气；另一套为掺气槽（掺气坎）补气系统，由洞外直接向掺气槽补气。龙落尾段补气系统结构见图2.6-6。

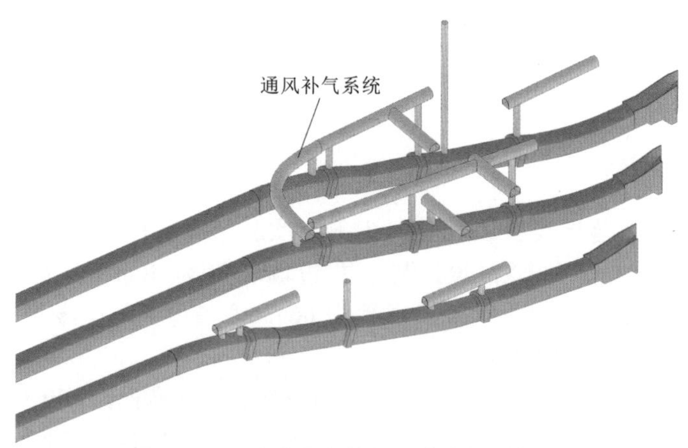

图2.6-6　龙落尾段补气系统结构示意图

（1）洞顶补气系统。为补充高速水流拖曳及掺气带走的空气，分别在进口段、上平段和龙落尾段设置4道补气系统。

第一道为通风竖井，设置在工作闸门下游至塔顶平台处，向闸室和洞内补气。

第二道为通风洞，考虑到泄洪洞上平段长达1900m，在上平段中部结合上层施工支洞布置 1 条通风洞，通风洞按施工支洞断面设计，为 9m×7m（宽×高）的城门洞型断面。通风洞位于泄洪洞掺气水深水面以上，洞底与泄洪洞直墙顶同高，后期可兼做检修通道。通风洞右侧与外部连通，左侧连通 1 号交通洞，与交通洞的连接处进行封堵，以免泄洪产生的高速风影响交通安全。

第三道为通风洞和竖井，在龙落尾段渥奇曲线部位设置通风洞和竖井向龙落尾段洞顶补气，1 号、2 号、3 号泄洪洞的通风竖井与通向泄洪洞 11 号堆积体边坡高程 755.00m 的通风洞相连。

第四道为通风竖井，在龙落尾段 2 号掺气坎与 3 号掺气坎之间。1 号、2 号泄洪洞的通风竖井与通向泄洪洞出口边坡 730.00m 的通风洞相连，3 号泄洪洞的通风竖井与通向 11 号堆积体边坡高程的通风洞相连。洞顶通风洞的断面尺寸为 8m×7m（宽×高），通风竖井采用圆形断面，开挖直径为 6m，衬后直径为 5m。

（2）掺气槽（掺气坎）补气系统。龙落尾段沿程布置有 3 道掺气坎，考虑到高速水流段洞顶空气可能充满水汽混合物，影响掺气坎的通气效果，因此每道掺气坎均设置独立通风系统由洞外补气。1 号、2 号泄洪洞分别在洞顶设置主通风洞，并由竖井连通至各掺气坎，通风线路顺畅，保证掺气坎的掺气效果；主通风洞进口布置于泄洪洞 11 号堆积体开挖边坡高程 755.00m 处，主通风洞断面尺寸为 8m×7m（宽×高）；通风竖井采用圆形断面，开挖直径为 5m，衬砌后直径为 4m。3 号泄洪洞 1 号掺气坎通风竖井与通向 11 号堆积体高程 755.00m 平台的通风洞相连；2 号掺气坎直接通向 11 号堆积体高程 755.00m 处的通风竖井；3 号掺气坎与通向 11 号堆积体边坡的通风洞相连。为保证掺气坎的通气效果，每道掺气跌坎处进行局部扩挖、利用混凝土衬砌形成两侧独立进气的结构型式，两侧通气孔的断面尺寸为 1.5m×2m（宽×长）。龙落尾段泄洪洞与通风洞掺气坎及洞顶连接型式见图 2.6-7。

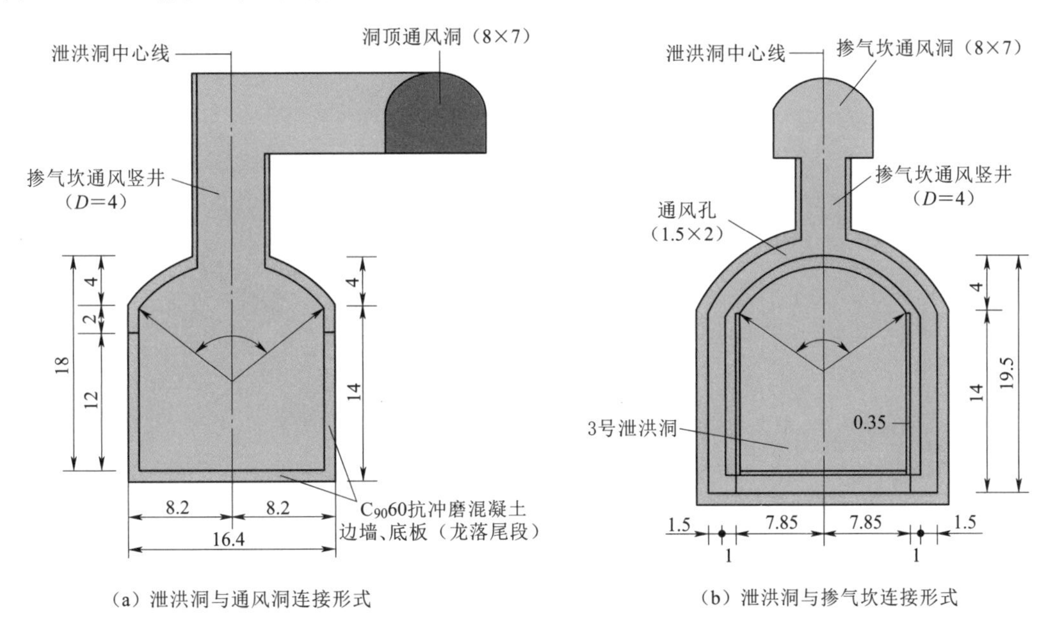

图 2.6-7　龙落尾段泄洪洞与通风洞及掺气坎连接形式示意图（单位：m）

2.7 下游河道防护

为提高下游河道消能防护安全度，方便施工，并降低尾水位提高发电效益，在模型试验研究基础上，泄洪洞出口下游河道防护采用预挖冲坑的泄洪消能方式。

对右岸白鹤滩滩地上的崩坡积物进行预挖，形成消能冲坑，预挖冲坑底高程585.00m，防护范围纵向长1000m，横向开挖宽度约85m，开挖后河床宽度增至170~280m。2021年实际施工时利用初期蓄水下游水位最低时段，将右岸滩地局部范围开挖至高程583.00m。

滩地上游段挖除高程585.00m以上覆盖层至基岩面，并在白鹤滩沟沟口设置拦渣坝，避免沟内物源进入消能防冲区域。

滩地中游段覆盖层较深，无法全部挖除，采用挡墙+混凝土护坡。挡墙基础坐落在基岩上，墙底以下至高程585.00m清除覆盖层至基岩面，墙顶以上采用钢筋混凝土护坡。高程635.00m以上根据泄洪雾化影响分区防护，雨强不小于50mm/h的坡面采用厚1m混凝土护坡，雨强小于50mm/h坡面采用框格梁植草护坡。

如图2.7-1所示，滩地下游段覆盖层深厚，坡脚处基岩面高程位于水下，在坡脚处开挖齿槽，齿槽底高程596.00m，底宽5m、深4m；齿槽内浇筑C25混凝土齿墙护脚，由于覆盖层深厚，齿墙基础无法坐落于基岩上，在齿墙及施工平台顶面和外侧坡面采用粒径不小于1m、厚2m的大块石保护。高程635.00m以下采用混凝土护坡，高程635.00m以上采用框格梁植草护坡。

左岸对临江较破碎岩体和崩坡积物进行开挖清除，高程640.00m以下采用混凝土护坡，高程640.00m以上开挖边坡采用系统喷锚支护。

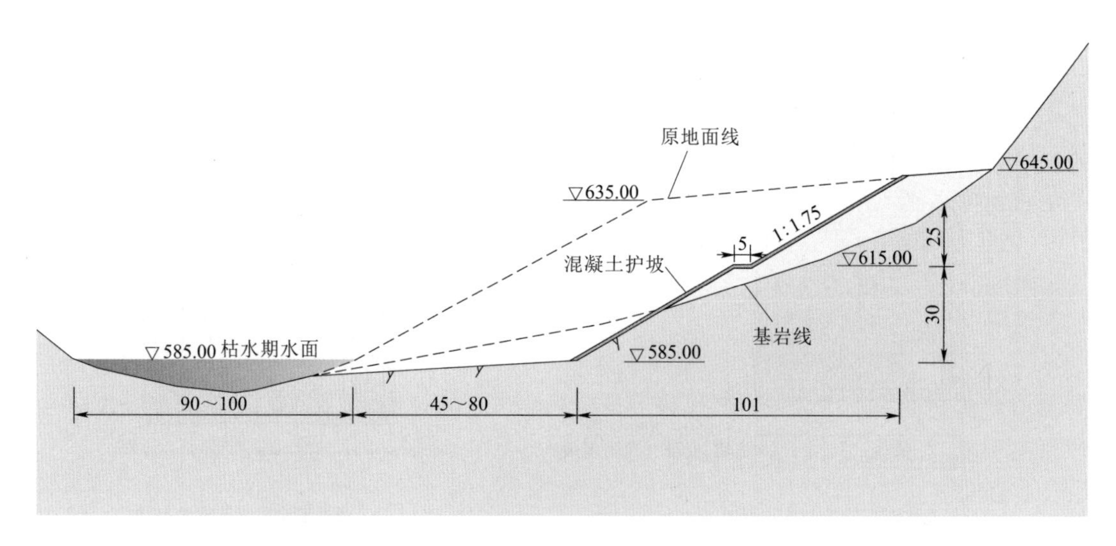

图2.7-1 下游河道防护方案示意图（单位：m）

2.8　思考与借鉴

（1）泄洪洞总体布置，需充分利用天然河道有利地形，选择宽阔河段设置消能区，尽量使水流平直顺畅，出口处远离大坝、尾水出口等建筑物，避免泄洪对相邻建筑物造成影响。白鹤滩水电站泄洪洞采取了“截弯取直”的办法，将消能区引出峡谷河段。

（2）设计需充分考虑工程地质条件，对于强卸荷山体宜采取无压洞的布置型式，避免有压洞高压渗水对强卸荷区岩体造成不利影响，降低洞身防渗难度。

（3）泄洪洞流道较长时，为降低气蚀破坏风险，其高速水流区域宜尽量缩短，可采取“龙落尾”结构型式。白鹤滩泄洪洞采用了“龙落尾”结构型式，将高速水流区总水头的 85% 集中在尾部 15% 的洞长范围内消落，利于集中布置掺气设施，上平段底坡相对平缓，水深厚，不设掺气设施。

（4）为确保掺气减蚀效果，宜采取独立通道洞外补气掺气的方式，可有效保障掺气量和掺气浓度。白鹤滩水电站泄洪洞设置了无交叉式独立通风补气系统，部分补气洞与施工支洞布置相结合，可减少施工成本。鉴于泄洪洞运行期间，与洞室相连通的启闭机、检修通道风速较大，需考虑相应的阻断和封闭措施。

（5）关于洞身结构缝、施工缝设置，白鹤滩水电站泄洪洞仅在地质条件变化较大、体型变化较大部位设置了结构缝，其他衬砌单元均为施工缝且钢筋过缝，将“活动宽缝”变为“稳定细缝”，有效避免了环境温度变化对衬砌混凝土施工缝处造成的挤压、拉裂破坏。

（6）泄洪洞顶拱设置了系统排水孔，水流直接滴落在底板上，长时间可能会产生“水滴石穿”的现象，建议后续类似工程可采用排水盲管方式将水引排至洞外。

（7）白鹤滩水电站泄洪洞在防气蚀方面做了大量的研究工作，其先进的设计理念，龙落尾段完备的掺气补气系统已被实践证明是行之有效的，是保证泄洪洞长期安全稳定运行的重要成果。泄洪洞建造体型、平整度、表面光滑度也是高速水流防气蚀的重要内容，在此方面的量化研究尚存不足，尤其是混凝土表面光滑度（粗糙度）还没有清晰的定义，也没有检测手段和检测工具，还需进一步开展相关试验研究，优化设计参数。

（8）泄洪洞运行时，闸门启闭机室的风速过大，廊道平均风速为 27m/s，闸室楼梯间的平均风速达 34m/s，不利于运行人员行走，也不利于运行安全，说明进水塔通风设施设计容量偏小，建议在今后的泄洪洞工程设计中，结合泄洪洞上层开挖施工支洞，研究布置大型通风洞的可行性。

第3章　开挖与支护施工

白鹤滩水电站泄洪洞工程的主要开挖部位有进水塔、上平段、龙落尾段及出口工程边坡，其开挖施工具有断面大、洞线长、工期紧、开挖精度要求高等特点。施工中的重难点有：施工通道布置、进口支铰大梁部位反坡段（简称“支铰段”）与龙落尾段等部位的开挖体型控制与爆破损伤控制、超大断面的合理开挖分区与分序、出口边坡治理以及支护工程施工等主要问题。

3.1　地质条件

泄洪洞隧洞沿线围岩为次块状/块状玄武岩、夹角砾熔岩，层间错动带发育有凝灰岩，岩体以微新、无卸荷状、次块状结构为主，发育有 C_3、C_{3-1}、C_2 等多条层内错动带及断层。隧洞上平段地质条件较好，以Ⅱ～$Ⅲ_1$ 类围岩为主，$Ⅲ_2$ 类、Ⅳ类围岩较少，各类围岩占比见表3.1-1；龙落尾段地质条件相对较差，以 $Ⅲ_2$～Ⅳ类围岩为主，其中3号泄洪洞无Ⅱ类围岩，各类围岩占比见表3.1-2。出口边坡岩体卸荷严重，主要为 $Ⅲ_2$ 类或Ⅳ类围岩，其中边坡下部弱风化下段围岩以 $Ⅲ_2$ 类为主，上部弱风化上段围岩以Ⅳ类为主，边坡整体稳定。

表3.1-1　上平段各类围岩占比表　　%

围岩位置	围岩类别			
	Ⅱ	$Ⅲ_1$	$Ⅲ_2$	Ⅳ
1号泄洪洞	54.25	37.62	0	8.13
2号泄洪洞	51.52	40.02	0	8.46
3号泄洪洞	45.40	38.86	4.07	11.67

表3.1-2　龙落尾段围岩占比表　　%

围岩位置	围岩类别			
	Ⅱ	$Ⅲ_1$	$Ⅲ_2$	Ⅳ
1号泄洪洞	6.47	83.53	3.82	6.18
2号泄洪洞	20.78	68.98	4.18	6.06
3号泄洪洞	0	16.72	45.89	37.39

3.2 施工布置

3.2.1 施工通道

在地下洞室的开挖过程中，施工通道的布置对施工效率、施工安全、洞内的作业环境等均有重要影响。白鹤滩水电站泄洪洞为直线形结构，具有上平段洞室长、龙落尾段坡度大、出口处边坡高陡等特点。基于泄洪洞沿线及出口边坡的地形与地质条件，根据对白鹤滩水电站泄洪洞工程的进度要求，经综合研究，确定泄洪洞施工通道布置原则如下：

（1）统筹考虑开挖各阶段以及混凝土浇筑阶段对施工通道与通风的不同需求。

（2）关键线路上的项目宜尽早开工，以确保泄洪洞工程的最终完工时间。

（3）合理规划行车路线和避让点，避免出现车辆通行的相互干扰、施工作业与通行的相互干扰。

（4）已浇筑混凝土底板不作为施工通道。

（5）通过永临结合降低工程建设成本，将洞室上层施工支洞作为运行期通风洞。

（6）为避免滚石等安全风险，边坡等地质灾害风险较高部位尽量采用隧洞通行。

（7）满足各施工阶段设备通行的要求。

3.2.1.1 上平段施工通道

上平段的施工通道主要有1号施工支洞以及进口段联系支洞，两条支洞的基本情况与功能如下。

1号施工支洞：布置在泄洪洞上平段的中部，由 C_3 平台与1号公路连接，对穿3条泄洪洞的顶拱，底部高程在最高过流线以上。施工期作为上平段上层开挖支护通道，运行期作为上平段的补气洞。从1号施工支洞的1号、3号泄洪洞的左右两侧向下游引接横穿3条泄洪洞的1-1号和1-2号施工支洞，作为上平段下层开挖支护和混凝土施工通道。

进口段联系支洞：由于进水口开挖量大，无法与洞内开挖施工同步形成进口通道，为了保障进度要求，解除洞内洞外的施工干扰，在距进口58m处增设进口段联系支洞。上平段的施工通道布置见图3.2-1。

3.2.1.2 龙落尾段施工通道

龙落尾段的施工通道包括2~6号施工支洞，各支洞的基本情况与功能如下：

2号施工支洞：布置在龙落尾段斜坡的中部。从506号交通洞引接并横穿3条泄洪洞中部。其主要功能是解决该支洞上部斜坡段的溜渣出渣、下部斜坡段的开挖支护和混凝土浇筑通道。

3号施工支洞：布置在龙落尾的上游端底板上，并给斜坡段混凝土浇筑设施留有一定空间。从755交通洞与1号泄洪洞的左侧引接至龙落尾的上游端，通过联系支洞连接3条泄洪洞。该支洞是保障龙落尾斜坡段施工进度的重要通道，也是上平段施工的辅助通道。

4号施工支洞：从506号公路引接穿1号与2号泄洪洞之间向下游分别至1号、2号泄洪洞龙落尾反弧段，解除出口边坡施工影响，保障泄洪洞龙落尾段施工进度。

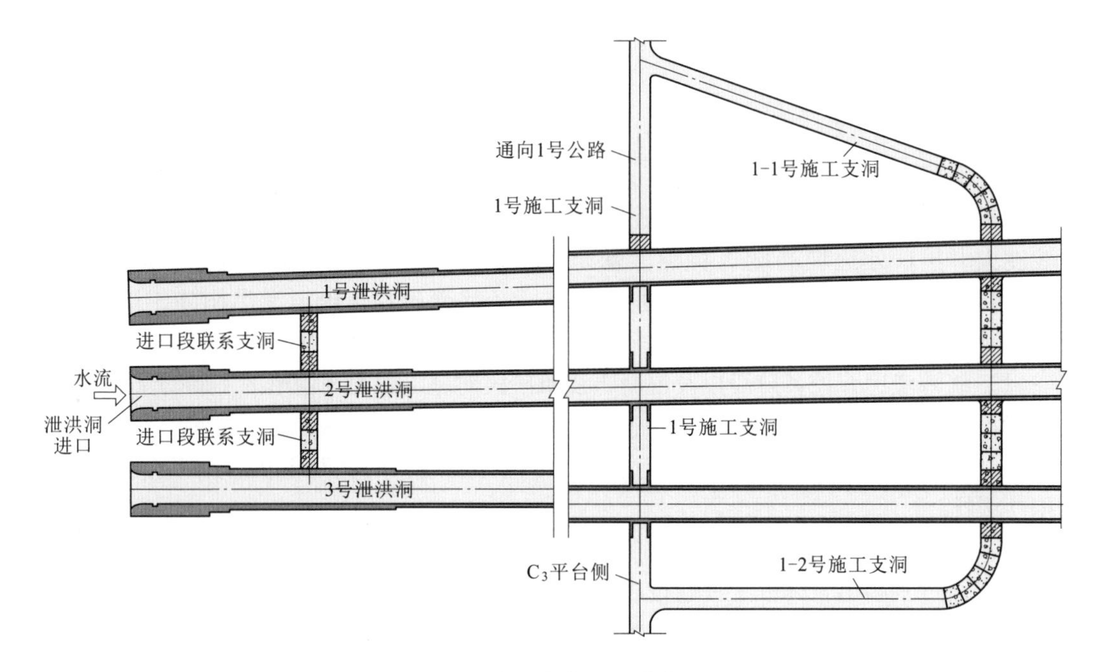

图 3.2-1　上平段施工通道布置图

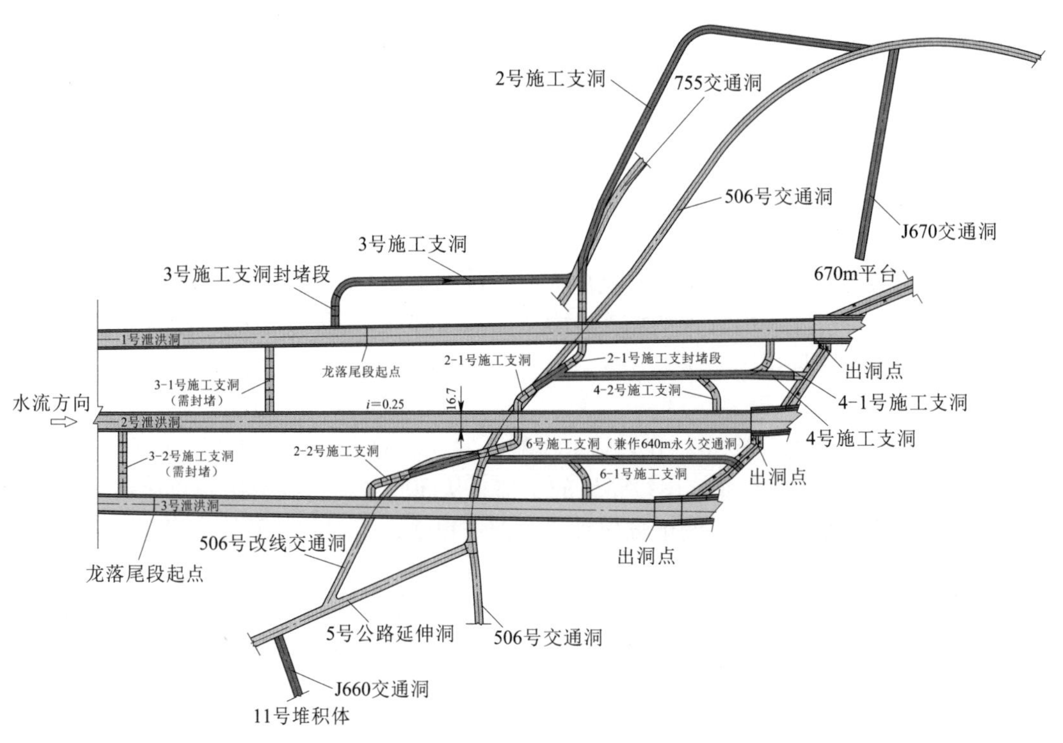

图 3.2-2　龙落尾段施工通道布置图

5号施工支洞：从506号交通洞引至3号泄洪洞龙落尾末端及下平段。其主要功能是解决3号泄洪洞龙落尾末端及下平段施工，为3号泄洪洞龙落尾段的中导洞，开挖完成后，5号施工支洞消失。

6号施工支洞及6-1号施工支洞：6号施工支洞从506号交通洞引接至泄洪洞出口高程640m平台，解决了该平台以下与河道治理施工的矛盾并作为后期运行维护通道；6-1号施工支洞从6号施工支洞中部引至3号泄洪洞下平段，主要功能是确保3号泄洪洞下平段施工，避免其与出口边坡施工之间的干扰。

如图3.2-2所示，结合开挖施工的实际情况，通过逐步完善施工通道的布置，龙落尾段最终形成了上、中、下三层施工通道。在衬砌混凝土浇筑阶段，边墙、顶拱、底板也可分三个独立作业面同步施工，为按期完成关键线路龙落尾段的施工奠定了基础。

白鹤滩水电站泄洪洞工程各施工支洞参数与功能见表3.2-1。

表3.2-1　泄洪洞工程各施工支洞参数与功能统计表

位置	洞室编号	断面尺寸/(m×m)	起　点	终　点	功　能
上平段	进口新增支洞	9×8	3号泄洪洞进口	1号泄洪洞上平段右边墙	上平段进口部位上层开挖通道
	1号施工支洞	10×9	场内1号公路	C_3平台	上平段上层开挖通道
	1-1号施工支洞	9.2×7.3	1号施工支洞	2号上平段左边墙	上平段下层开挖及混凝土施工通道
	1-2号施工支洞	9.2×7.3	1号施工支洞	2号上平段右边墙	上平段下层开挖及混凝土施工通道
龙落尾段	2号施工支洞	8×7	506号交通洞	1号龙落尾段左边墙	龙落尾中段开挖及混凝土施工通道
	2-1号施工支洞	8×7	2号施工支洞	2号龙落尾段左边墙	
	2-2号施工支洞	8×7	2-1号施工支洞	3号龙落尾段左边墙	
	3号施工支洞	8.2×7.1	755交通洞	1号上平段左边墙	上平段及龙落尾段混凝土施工共用通道，洞身混凝土施工退出通道
	3-1号施工支洞	8.2×7.1	3号施工支洞	2号上平段左边墙	
	3-2号施工支洞	8.2×7.1	3-1号施工支洞	3号上平段左边墙	
	4号施工支洞	8.2×7.1	506号交通洞	1号龙落尾段右边墙	1号泄洪洞龙落尾段末端施工通道

续表

位置	洞室编号	断面尺寸/(m×m)	起点	终点	功能
龙落尾段	4-1号施工支洞	8.2×7.1	4号施工支洞	出口边坡	出口工程边坡施工通道及龙落尾段开挖期施工通道
	4-2号施工支洞	8.2×7.1	4号施工支洞	2号龙落尾段左边墙	2号泄洪洞龙落尾段末端施工通道
	5号施工支洞	8.2×7.1	506号交通洞	3号龙落尾段洞内	3号泄洪洞龙落尾段末端施工通道
	6号施工支洞	8.2×7.1	506号交通洞	出口640m平台	出口工程边坡施工通道
	6-1号施工支洞	8.2×7.1	6号施工支洞	3号龙落尾段左边墙	3号泄洪洞下平段施工通道

3.2.2 施工通风

在紧密结合施工通道布置的基础上，合理规划、灵活布置通风散烟系统。根据经验，散烟系统贯通后的通风散烟时间较单一通道要少80%。其布置的基本原则如下。

（1）充分利用施工支洞作为通风通道。

（2）永久通风洞尽早开工，为泄洪洞开挖施工提供良好的通风条件。

（3）尽量以电动设备取代燃油设备，减少洞内空气污染。

施工期各阶段的具体通风形式如下。

前期开挖阶段：主要利用1号、2号、3号施工支洞，采用压入式通风，风机全部布置在洞外，风带随开挖掌子面逐步延长；4号施工支洞较短，直接延伸至洞外，自然通风散烟；5号施工支洞与前期勘探洞连通形成“烟囱效应”，实现自然通排风。

中期开挖阶段：通风补气系统部分竖井与主洞连通，待上层中导洞全部贯通后，形成混合式供风排烟系统，局部辅助通风，可满足通风散烟、改善作业环境的要求。

后期混凝土浇筑阶段：考虑到混凝土温控防裂要求，各施工支洞的洞口均需挂设风帘以控制风速。

3.3 开挖工程施工

3.3.1 进口支铰大梁部位反坡段开挖

1号、2号泄洪洞进口支铰大梁部位为反向斜坡，进口4m段坡比为1∶0.83，坡长为20.50m。3号泄洪洞支铰大梁部位为反向变折斜坡，进口4m段坡比为1∶8，坡长为3.98m，进口5~12m段坡比为1∶0.83，坡长为13.07m。进口支铰大梁部位反坡段（简称“支铰段”）的开挖结构见图3.3-1。

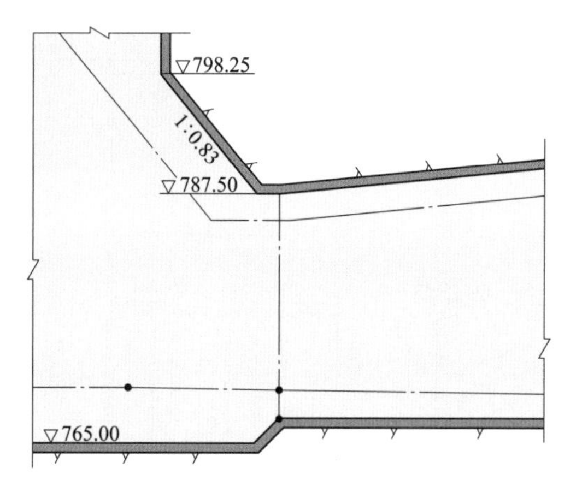

（a）1号、2号泄洪洞进口支铰段纵剖面

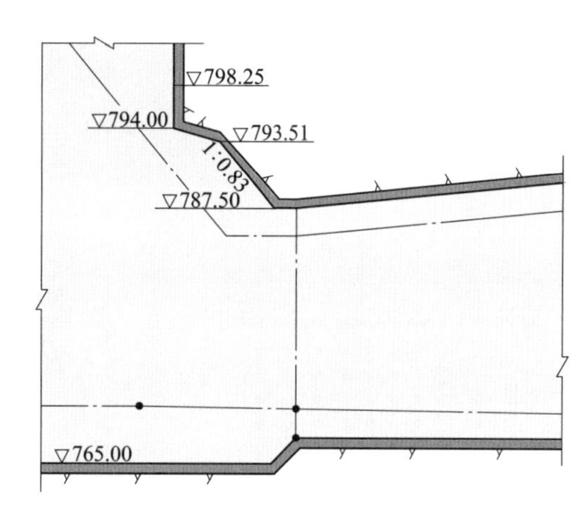

（b）3号泄洪洞进口支铰段纵剖面

图3.3-1 进口支铰段的开挖结构示意图

在同类工程中，支铰段开挖通常采用水平分层（层高3m）、四周设计结构线光面爆破成型的施工方法。这一方法需要搭设大型排架且反复搭拆，施工效率低、安全风险高，且层间容易出现错台，开挖质量难以控制。经多方综合研究，提出并实施了"两层六区"四面光爆开挖方法，实现了施工效率、安全性、开挖质量的综合提升。

（1）"两层六区"的分层分区方式。按照"两层六区"的开挖方案，支铰段第Ⅰ层为支铰段斜坡面以下部分，将已形成的进口新增支洞作为临空面，分成支洞上部开挖区、两侧边墙扩挖区；第二层为支铰段斜坡面，分成三个开挖区，分别为保护层以外开挖区、保护层开挖区及预留保护岩坎开挖区。

（2）支铰段开挖的爆破参数设计。各分层分区的爆破参数如下。

第Ⅰ层开挖钻孔孔径为42mm，深度为3.3m，循环进尺为3m，周边孔孔距为50cm，抵抗线为60cm。其中Ⅰ-1区设3排主爆孔，孔间距为100~80cm、左右侧各设1排周边孔，间距为50cm；Ⅰ-2区、Ⅰ-3区对称布置，设7排主爆孔，孔距为80cm，排距为120cm，设1排周边孔，间距50cm。3号泄洪调支铰段开挖炮孔布置见图3.3-2，3号泄洪洞支铰段开挖爆破参数见表3.3-1。

表3.3-1 3号泄洪洞支铰段第Ⅰ层开挖爆破参数表

部位	炮孔类型	炮孔间距/cm	抵抗线/cm	炮孔直径/mm	药卷直径/mm	装药量
Ⅰ-1区	主爆孔	100~80	80	42	32	1.36kg/孔
	光爆孔	50	60	42	25	140~160g/m
Ⅰ-2区、Ⅰ-3区	主爆孔	80~120	60	42	32	1.36kg/孔
	光爆孔	50	60	42	25	180g/m

第Ⅱ-1区开挖钻孔孔径为90mm，深度为100~718cm，周边孔孔距为50cm，抵抗线为55cm。根据测量放样成果严格控制钻孔深度，确保孔底在同一斜坡面。具体炮孔布置见图3.3-3，爆破设计参数见表3.3-2。

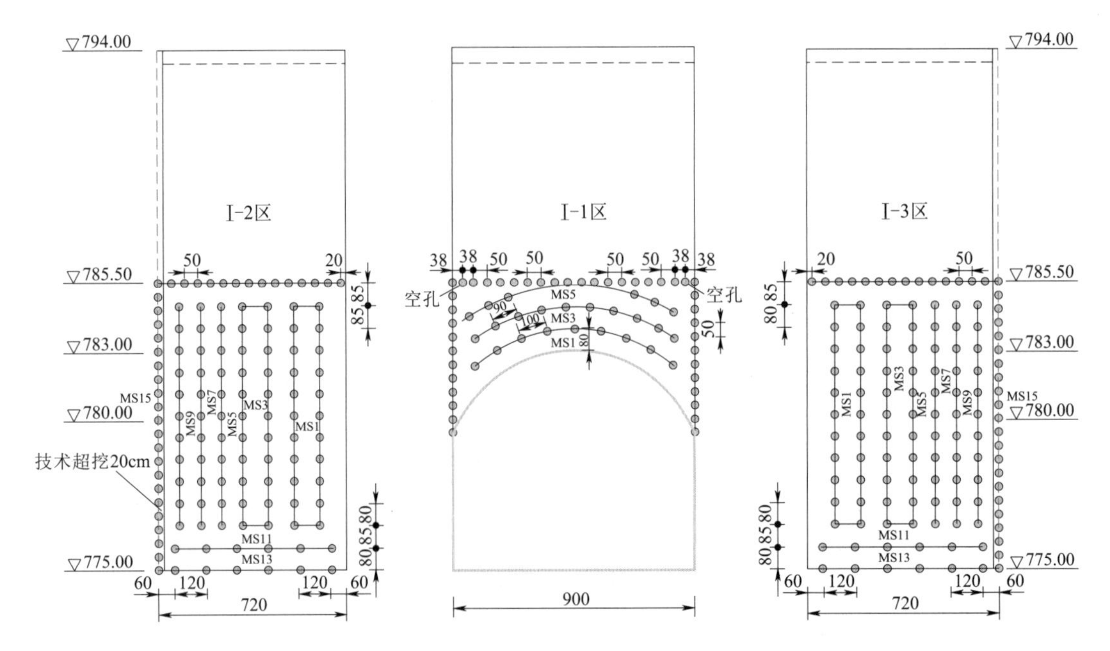

图 3.3-2　3 号泄洪洞支铰段第 Ⅰ 层开挖炮孔布置图（单位：cm）

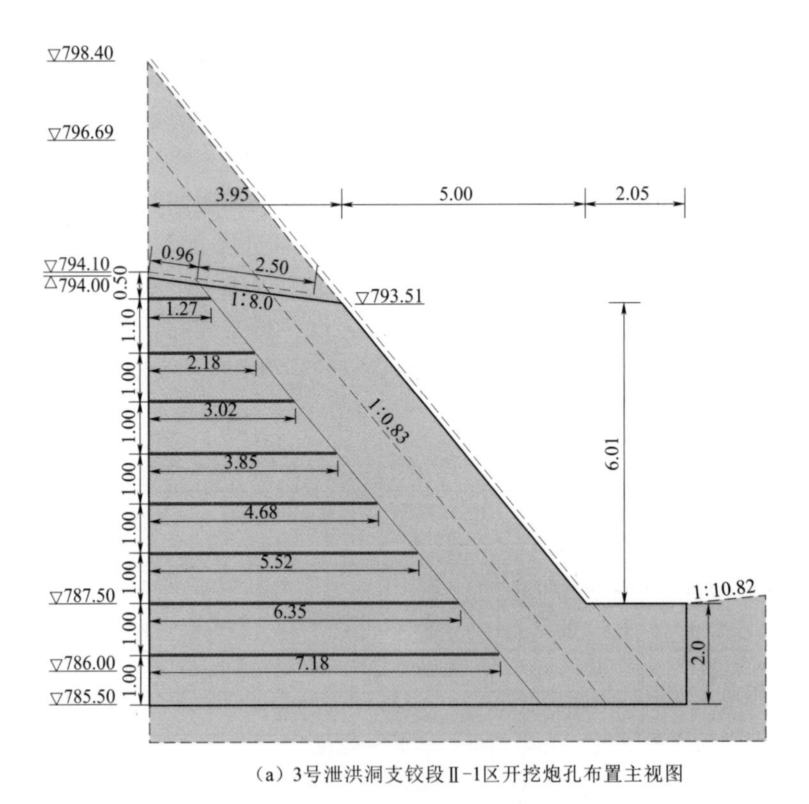

（a）3号泄洪洞支铰段Ⅱ-1区开挖炮孔布置主视图

图 3.3-3（一）　3 号泄洪洞支铰段 Ⅱ -1 区开挖炮孔布置图

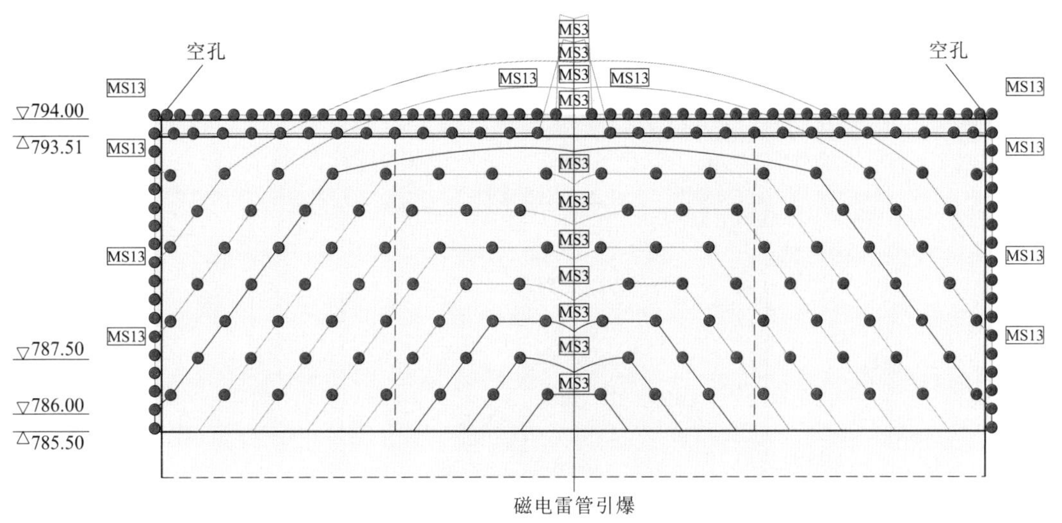

（b）3号泄洪洞支铰段Ⅱ-1区开挖炮孔布置左视图

图 3.3-3（二） 3 号泄洪洞支铰段Ⅱ-1 区开挖炮孔布置图

表 3.3-2 3 号泄洪洞支铰段第Ⅱ层开挖爆破设计参数表

部位	炮孔类型	炮孔间距 /cm	抵抗线 /cm	炮孔直径 /mm	药卷直径 /mm	装药量
Ⅱ-1 区	主爆孔	100	—	90	32	1.96~5kg/孔
	光爆孔	50	55	90	25	180g/m
Ⅱ-2 区	主爆孔	120	—	90	32	8kg/孔
	光爆孔	50	70~100	90	25	180g/m
Ⅱ-3 区	主爆孔	150	100	48	32	180g/孔
	光爆孔	50	100	48	25	180g/m

第Ⅱ-2 区开挖钻孔孔径为 90mm，光爆孔钻孔高程为 798.25m，钻孔坡比为 1：0.83，孔距为 50cm，抵抗线为 100cm。主爆孔钻孔高程为 796.76m，钻孔坡比为 1：0.83，孔距为 120cm。严格按照测量放样成果控制钻孔深度，确保孔底深入到第Ⅰ层 20cm。由于形成了“通孔”，装药时需要对孔底采用锚固剂封堵，封堵长度不小于 100cm，顶部的结构线到开孔孔口处采用细沙子封堵。3 号泄洪洞支铰段Ⅱ-2 区开挖炮孔布置见图 3.3-4，其爆破参数见表 3.3-2。

第Ⅱ-3 区为预留岩坎保护区，布置两排孔，钻孔孔径 48mm，主爆孔间距 150cm，光爆孔间距 50cm，钻孔深度 100~209cm。3 号泄洪洞支铰段Ⅱ-3 区开挖炮孔布置见图 3.3-5，其爆破参数见表 3.3-2。

（3）实施效果。通过采用“两层六区”光面爆破开挖方法，支铰段的整体开挖半孔率达 95.8%，无欠挖、无错台，平均超挖约 9.8cm，开挖体型控制良好，为后续支铰大梁高精度安装创造了有利条件。进口支铰段开挖成型后的现场见图 3.3-6。

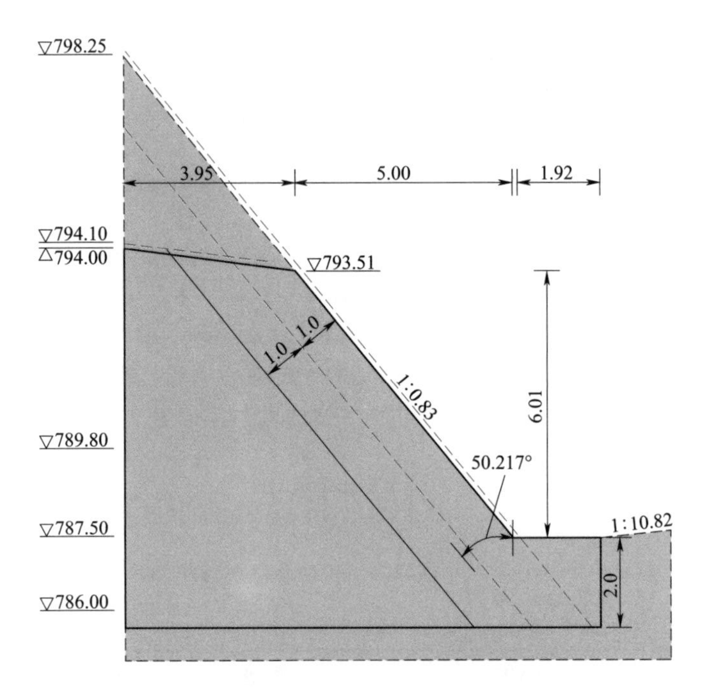

（a）3号泄洪洞支铰段Ⅱ-2区开挖炮孔布置主视图

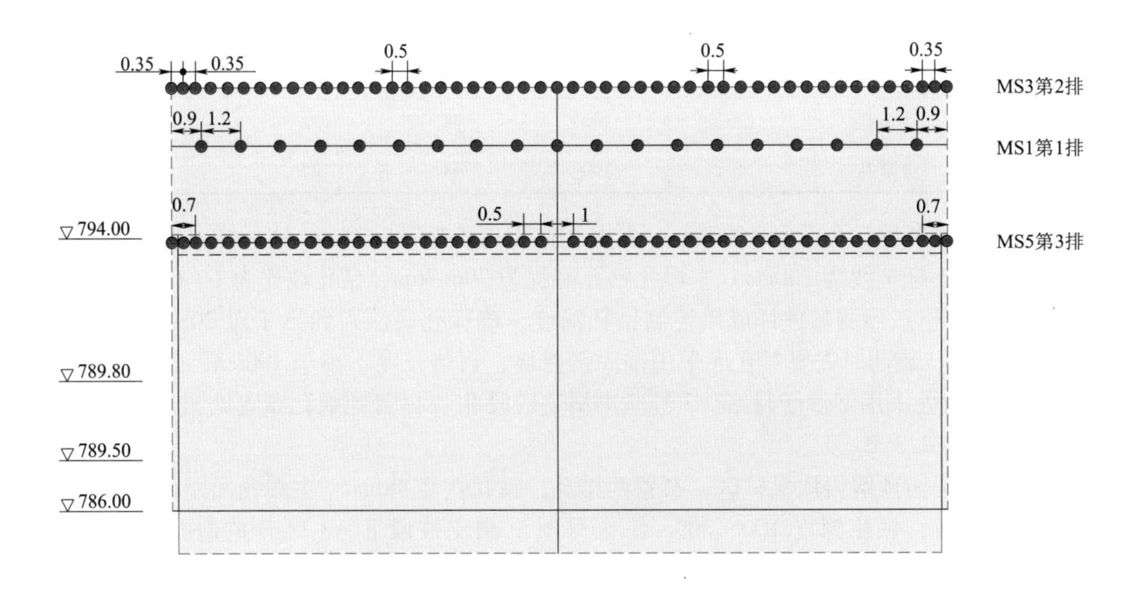

（b）3号泄洪洞支铰段Ⅱ-2区开挖炮孔布置左视图

图 3.3-4　3 号泄洪洞支铰段Ⅱ-2 区开挖炮孔布置图（单位：m）

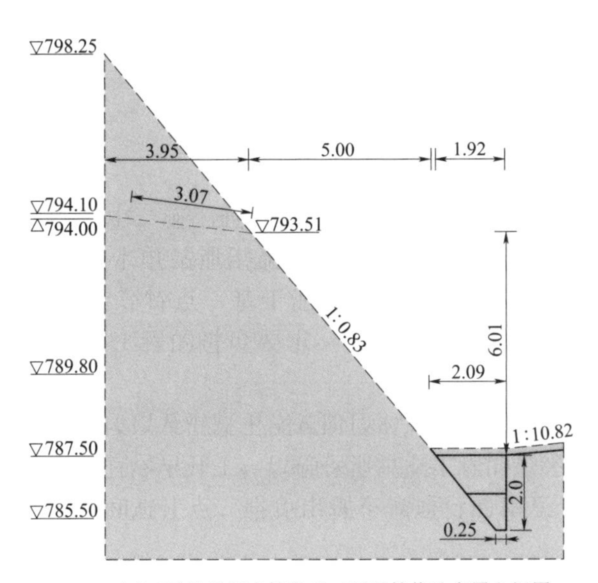

（a）3号泄洪洞支铰段Ⅱ-3区开挖炮孔布置主视图

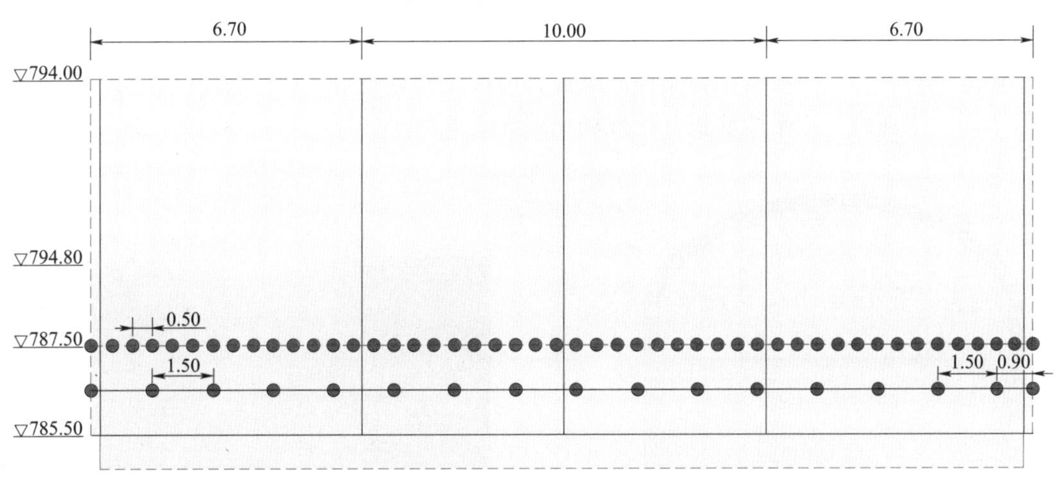

（b）3号泄洪洞支铰段Ⅱ-3区开挖炮孔布置左视图

图 3.3-5　3 号泄洪洞支铰段Ⅱ-3 区开挖炮孔布置图（单位：m）

图 3.3-6　进口支铰段开挖成型后的现场

3.3.2 上平段底板开挖

泄洪洞上平段开挖断面为城门洞型，开挖体型较为单一，开挖断面高度为20~23m，宽度为17~20m，纵向坡度为1.5%。在开挖过程中按照“三个充分”的原则组织施工，即：充分考虑拱肩部位应力集中对开挖分层界限的要求、充分考虑支护施工设备所需操作空间对分层高度的要求、充分考虑爆破对底板基础的影响。高质量的底板开挖，对减少后期混凝土的约束和结构应力至关重要。

如图3.3-7所示，泄洪洞上平段分三层开挖：Ⅰ层开挖高度为9m，采用中导洞先行、左右侧墙随后的施工方案；Ⅱ层（中层）开挖高度为8.0m（柱状节理段为9.0m），采用梯段爆破开挖；Ⅲ层为底板保护层，开挖高度为3.0m（柱状节理段2.0m）。

为了减小底板的超欠挖、清基量以及底板混凝土浇筑量，降低施工成本，并提高底板建基面平整度与围岩稳定性，减少爆破对围岩的损伤，上平段Ⅲ层（保护层）采用底板光面爆破方法开挖。同时，边墙在Ⅱ层开挖时一次预裂至底板建基面。底板保护层开挖技术重点为水平光面爆破孔的孔位放样：采用全站仪对光爆孔逐孔放样定位，根据底板坡度设置钻孔后视点，爆破钻孔采用YT28气腿式风钻并利用样架定位，利用长钻杆受力时的自然挠度进行开孔，三次校钻样架控制纵坡，坡度尺检查倾角，标杆法控制孔向，保证孔底位于同一平面内。上平段底板开挖现场见图3.3-8。

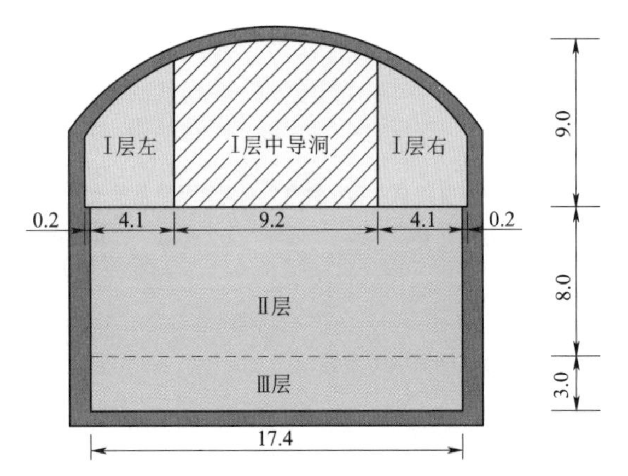

图3.3-7 泄洪洞上平段典型开挖分层图（单位：m）

图3.3-8 上平段底板开挖现场

3.3.3 龙落尾段立体分区分层开挖

龙落尾段具有坡度大（最大坡度达22.6°）、体型复杂的特点。特别是渥奇曲线段底板的开挖施工，各循环的坡度不断变化，开挖断面突变较多，开挖体型控制难度大。此外，龙落尾段仅有上、中、下三个施工通道，斜坡段坡比为1∶4，该坡度既不能满足自然溜渣要求，也不能满足轮胎式设备的通行要求。因此，合理的施工分区分层和施工顺序是保证龙落尾段快速施工的关键。

（1）立体分区分层。龙落尾段开挖立体分区分层见图3.3-9。根据龙落尾段的体型特征及施工道路布置，开挖施工整体划分为三个大区，各大区划分为若干小层，共将龙落尾段划分为Ⅰ～Ⅷ层进行开挖。其开挖分区分层方案为：第一区渥奇曲线段（Ⅰ层、Ⅱ层）；第二区斜坡段（Ⅲ层、Ⅳ层、Ⅴ层）；第三区反弧段及下平段（Ⅵ层、Ⅶ层、Ⅷ层）。

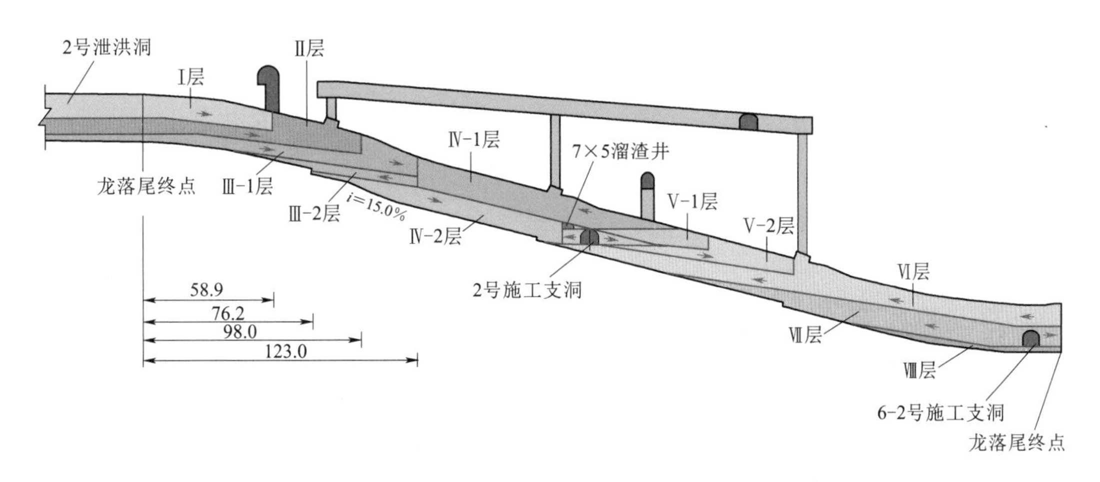

图3.3-9　龙落尾段开挖立体分区分层示意图（单位：m）

（2）施工顺序。白鹤滩水电站3条泄洪洞平行排列，均布置有上、中、下三个施工作业面。3号泄洪洞龙落尾段立体开挖施工顺序见图3.3-10。

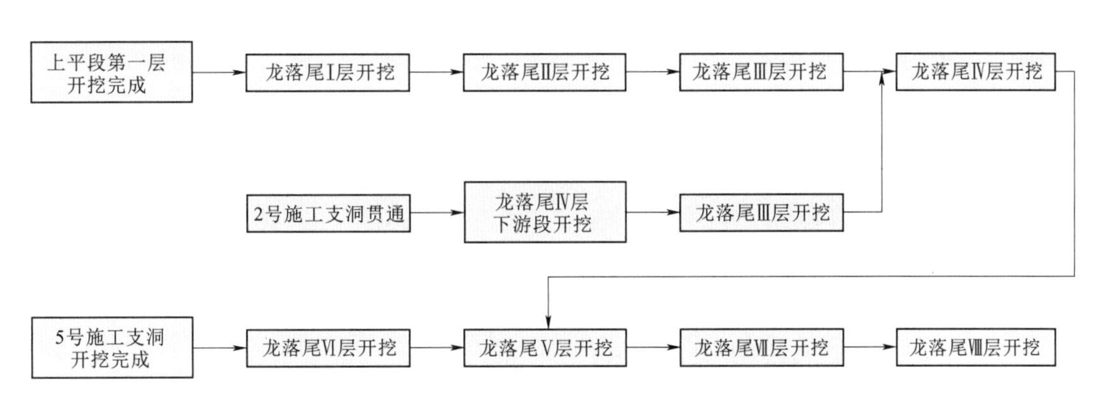

图3.3-10　3号泄洪洞龙落尾段立体开挖施工顺序图

泄洪洞龙落尾段布置有3道掺气坎，掺气坎部位采用槽挖方式与边墙内侧的掺气井连通，为该部位的开挖施工提供通风条件。

（3）开挖效果。根据开挖后测量数据，龙落尾段平均超挖8.6cm，无欠挖，半孔率为88.7%，平均平整度为7.31cm，开挖质量优良。

(a) 治理前

(b) 治理后

图 3.3-11　泄洪洞出口边坡治理前后对比图

3.3.4 出口处高边坡与挑坎基槽开挖

（1）出口处高边坡开挖。白鹤滩水电站泄洪洞出口边坡的顶部高程为1126.00m，底部高程为594.00m，边坡总高度达532m。边坡开挖分为上部危岩体处理区和下部工程边坡开挖区。

下部工程边坡开挖区顶部高程为835.00m，每20m布设1级马道，共计11级马道。采用“自上而下、由外向内、平面分区、立面分层”的原则进行开挖施工，随开挖高程的下降，先进行外侧减量开挖，再进行结构面的预留光面爆破开挖，分层高度与马道匹配。泄洪洞出口边坡治理前后对比见图3.3-11。

（2）挑坎基槽开挖。为避免出口处边坡开挖对龙落尾段出口开挖施工的影响，在挑流鼻坎开挖前，采取龙落尾段出口（洞内）向上反向钻孔的预裂爆破方式，既起到缓冲保护岩体作用，又便于灌浆施工和混凝土工程施工按期启动。

在出口处边坡开挖过程中，为了减少挑流鼻坎开挖量和混凝土浇筑量，并考虑在挑流鼻坎顶部形成施工平台，便于后期混凝土浇筑，在高程670.00m处设置一级马道平台。挑流鼻坎采用槽挖方式自上而下开挖，高程670.00m至高程640.00m分三层开挖，第一层为高程670.00～655.00m（15m），第二层为高程655.00～642.00m（13m），第三层（保护层）为高程642.00～640.00m（2m）。为保证在爆破施工过程中不损坏基槽顶部开口线，先进行锁口锚筋桩加固，采用预裂爆破并间隔装药的形式。

3.4 支护工程施工

3.4.1 支护形式

依据泄洪洞工程各部位的实际情况，Ⅱ类、$Ⅲ_1$类、$Ⅲ_2$类、Ⅳ类围岩洞段的支护形式均有差别，主要采用系统砂浆锚杆$\phi25/L=4.5$m、$\phi28/L=6$m、$\phi32/L=9$m支护，预应力锚杆$\phi32/L=9.0$m/150kN支护，挂网喷护厚10cm或15cm混凝土等形式。喷射混凝土分初喷和复喷，初喷分为喷射钢纤维混凝土CF30及素C25混凝土，复喷主要为喷射素C25混凝土。在具体的施工过程中，支护形式根据揭露围岩情况进行适当调整。

3.4.2 支护施工

白鹤滩水电站泄洪洞洞室断面大，上平段层间错动带、层内错动带、柱状节理发育，龙落尾段Ⅲ类以上围岩占比超过80%，地质条件复杂。为确保围岩的长期稳定，需要做好锚杆、喷混凝土的各项工作。

泄洪洞单根锚杆质量检测标准要高于一般过水洞室的检测标准，须满足Ⅱ级标准，即：密实度不小于80%，长度满足设计要求，无Ⅳ级锚杆。喷混凝土检测厚度平均值不低于设计厚度。

引入第三方检测机制，各方均平行检测。施工单位自检、监理单位抽检、第三方抽检分别不少于设计量的10%、5%、5%，以确保检查结果独立、真实、可靠。统一配备稠度仪、量筒/量杯、电子秤、配合比标牌、材料堆放平台，通过标准化作业以及培养作业人员工匠精神，解决施工质量波动问题。

上扬孔采用“先注浆后插杆”的工艺；边墙水平孔利用带止浆塞的注浆管，采用“先插杆后注浆”工艺；底板垂直孔采用“先洗孔排水、再注浆、后插杆”工艺。

泄洪洞支护工程共检测锚杆28915根，合格28181根，一次检测合格率97.5%；喷射混凝土厚度共检测10807点位，检测合格率100%。白鹤滩水电站泄洪洞工程洞身支护施工完成后的现场实景见图3.4-1。

(a) 上平段　　(b) 龙落尾段

图3.4-1　洞身支护施工完成后的现场实景

3.5　施工工期

泄洪洞开挖工程主要包括进水口、上平段洞身、龙落尾段洞身以及出口工程边坡开挖支护。施工通道形成后，3条泄洪洞具备同时开挖条件。泄洪洞工程开挖支护典型工期见表3.5-1，表中数据包含地质缺陷处理时间。

表3.5-1　泄洪洞工程开挖支护典型工期表

部　位	工程量/万 m^3	开挖支护时间/d
进口支铰大梁（单洞）	1.92	210
泄洪洞上平段（单洞）	61.72	419
泄洪洞龙落尾段（单洞）	18.70	1110
出口边坡	242.50	720

3.6　思考与借鉴

（1）对于大断面、陡坡度、长洞室的施工通道布置，在满足总工期的前提下，应充分考虑开挖阶段与混凝土施工阶段的需要、永久通道与临时通道结合、资源节约等原则，采用立体空间综合布置，关键线路应尽早启动。

（2）开挖过程中，成立参建四方联合地质工作组，根据开挖揭示的地质情况，实时跟进，进行地质预判，调整支护参数，及时跟进支护，确保开挖安全。

（3）龙落尾段施工是关键，洞身长、坡度大、体型复杂，编制施工方案时，可借助BIM技术提前研究分层分序开挖，形成上、中、下游和上、中、下层“三部位、三层级”的立体开挖局面，尽早完成开挖施工向混凝土施工转序。同时，应优先启动通风补气系统开挖，尽早贯通竖井，形成自然通风条件，改善洞内段的作业环境。

（4）洞身底板预留保护层开挖宜采取平推光爆方式，多作业面、小药量、短进尺，减少爆破损伤，严控不平整度，以改善基岩对底板混凝土的强约束；底板开挖后，尽快浇筑垫层混凝土，减少基岩松弛，同时改善洞内交通条件和施工作业环境。

第 4 章　混凝土施工前期研究

白鹤滩水电站泄洪洞具有高流速、大泄量的特点，对衬砌混凝土施工质量要求极高。同时，白鹤滩水电站位于亚热带季风区，干热河谷特征明显，坝址区日照强烈，多年平均蒸发量为 2393.5mm，年均大风（风速≥17m/s）日达 242.8d。为了防止衬砌混凝土开裂，针对原材料优选与配合比优化、混凝土振捣工艺试验、衬砌混凝土浇筑的分段与分序优化、混凝土温度控制（简称“温控”）研究等相关问题开展了系统的前期研究工作。

4.1　原材料优选与配合比优化

4.1.1　原材料优选

白鹤滩水电站泄洪洞挑流鼻坎部位最大设计流速为 47m/s（实测 55m/s），发生冲蚀、磨损和气蚀破坏的风险较高，对衬砌混凝土的性能要求极高。考虑到白鹤滩水电站泄洪洞的进口较高，运行时无推移质，且悬移质较少，混凝土配合比设计遵循抗蚀为主、兼顾抗冲耐磨、考虑施工和易性的原则。

溪洛渡水电站、乌东德水电站泄洪洞衬砌混凝土配合比主要参数见表 4.1-1。其中，溪洛渡水电站泄洪洞衬砌混凝土首次全洞段采用低热水泥，采用硅粉掺量 5%、粉煤灰掺量 30% 的配合比方案。在相同龄期下，该配合比混凝土水化热比中热水泥低 20% 左右，而且水化放热平缓、峰值低，可使混凝土内部最高温度降低 5~6℃，温峰历时延长 12~19h，有利于温控防裂，最终形成了“两低一高”（即低热水泥+低硅粉掺量+高粉煤灰掺量）的抗冲磨混凝土配合比方案。

表 4.1-1　溪洛渡水电站、乌东德水电站泄洪洞衬砌混凝土配合比主要参数表

工程名称	配合比	水泥类型	粉煤灰掺量/%	硅粉掺量/%	纤维掺量/%
溪洛渡	$C_{90}40$、$C_{90}60$	低热水泥	30	5	0
乌东德	$C_{90}30$	低热水泥	25	0	0
	$C_{90}40$	低热水泥	20	0	0

乌东德水电站泄洪洞采用的混凝土配合比主要分两类，无压洞缓坡段边墙、底板及有压洞采用 $C_{90}30$ 混凝土，粉煤灰掺量为 25%；陡坡段边墙、底板及挑流鼻坎底板采用 $C_{90}40$ 混凝土，粉煤灰掺量为 20%，均不掺硅粉和纤维。

借鉴溪洛渡水电站泄洪洞采用低热水泥有利于温控防裂的经验，白鹤滩水电站泄洪洞全洞采用低热水泥。考虑到白鹤滩水电站坝址区为玄武岩地层，洞挖玄武岩料源充足，并且玄武岩强度高、耐磨性好，有利于提升泄洪洞衬砌混凝土的抗冲磨性能，选用玄武岩作

为混凝土骨料。根据配合比试验，不掺硅粉和钢纤维。鉴于低坍落度混凝土较泵送混凝土的强度及抗冲耐磨性能均有提升，因此全过流面采用坍落度为50~70mm的低坍落度混凝土，上平段过流面粉煤灰掺量为25%，龙落尾及挑流鼻坎段过流面粉煤灰掺量20%。

4.1.2 配合比优化

采用低热硅酸盐水泥、玄武岩骨料、Ⅰ级粉煤灰、硅粉、聚羧酸高性能减水剂和引气剂进行白鹤滩水电站泄洪洞龙落尾段$C_{90}60$抗冲磨混凝土性能试验。在经试验确定的配合比中：低坍落度混凝土的中石与小石比例为55∶45，坍落度控制在50~70mm之间；泵送混凝土的中石与小石比例为45∶55，坍落度控制在140~160mm之间；含气量均控制在3.5%~4.5%之间。

抗冲磨混凝土试验配合比具体见表4.1-2，抗冲磨混凝土拌和物性能试验结果见表4.1-3。抗冲磨混凝土抗压强度、劈拉强度、轴拉强度、极限拉伸值、干缩率随龄期变化过程曲线、自生体积变形随龄期变化过程曲线、绝热温升值的试验结果分别见图4.1-1~图4.1-7；混凝土抗冲磨试验结果见表4.1-4，平板法混凝土抗裂性能试验结果见表4.1-5，混凝土抗冲击性能试验结果见表4.1-6。

表4.1-2 抗冲磨混凝土试验配合比参数表

序号	混凝土类型	水胶比	粉煤灰掺量/%	硅粉掺量/%	砂率/%	用水量/(kg/m³)	减水剂掺量/%	引气剂掺量/‰	胶凝材料用量/(kg/m³)		
									水泥	粉煤灰	硅粉
KM1	低坍落度	0.30	10	0	36	123	0.7	0.30	369	41	0
KM2	低坍落度	0.30	10	5	36	128	0.7	0.24	363	43	21
KM3	泵送	0.30	20	0	41	135	0.7	0.20	360	90	0

表4.1-3 抗冲磨混凝土拌和物性能试验结果表

编号	混凝土类型	坍落度		含气量		凝结时间/(h:min)		泌水率/%
		初始/mm	1h经时损失率/%	初始/%	1h经时损失率/%	初凝	终凝	
KM1	低坍落度	65	46	3.6	22	12:01	17:31	0
KM2	低坍落度	65	54	3.6	25	12:07	18:42	0
KM3	泵送	160	50	4.3	30	13:25	18:30	0

从表4.1-2、表4.1-3中可以看出，各个配合比的混凝土拌和物性能良好，无泌水，坍落度和含气量均满足设计要求。低坍落度混凝土单掺粉煤灰时的用水量为123kg/m³，复掺粉煤灰和硅粉时的用水量为128kg/m³；坍落度相同时，复掺硅粉和粉煤灰混凝土的用水量比单掺粉煤灰混凝土多5kg/m³，胶凝材料用量增加17kg/m³；泵送混凝土的用水量为135kg/m³，比低坍落度混凝土单掺粉煤灰时的用水量高12kg/m³，泵送混凝土胶凝材料用量比低坍落度混凝土单掺粉煤灰时高40kg/m³；其他条件相同时，掺入硅粉会增大抗冲磨混凝土的坍落度和含气量经时损失率。

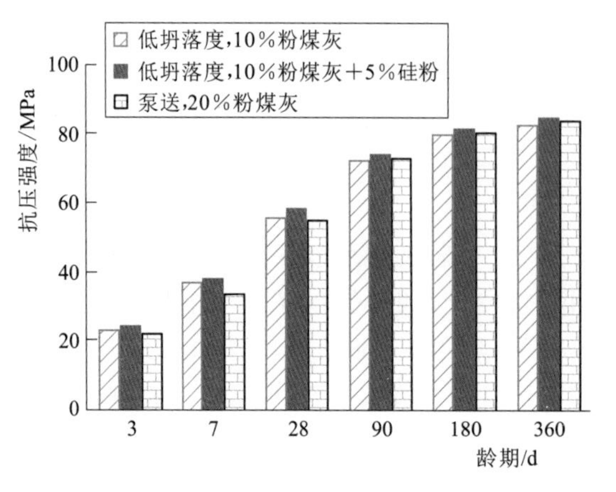

图 4.1-1 抗冲磨混凝土抗压强度

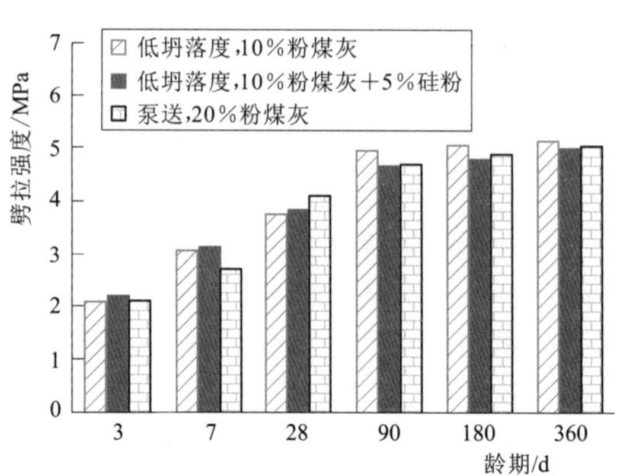

图 4.1-2 抗冲磨混凝土劈拉强度

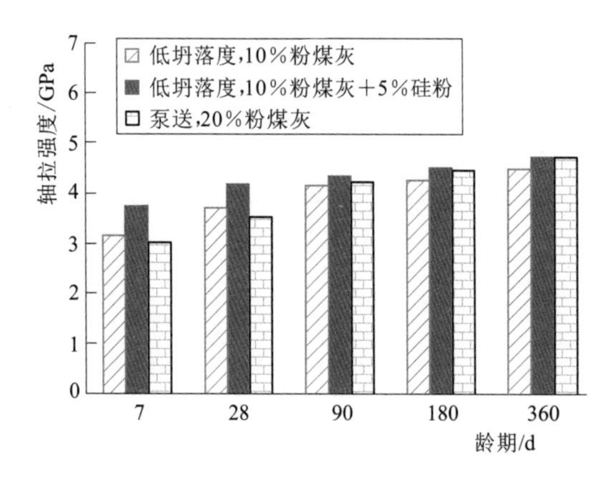

图 4.1-3 抗冲磨混凝土轴拉强度

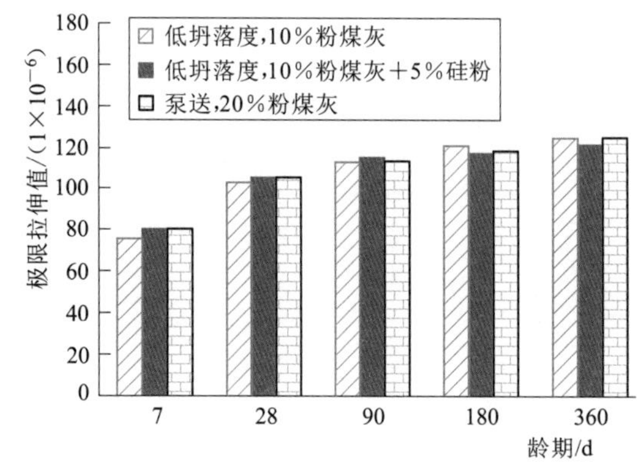

图 4.1-4 抗冲磨混凝土极限拉伸值

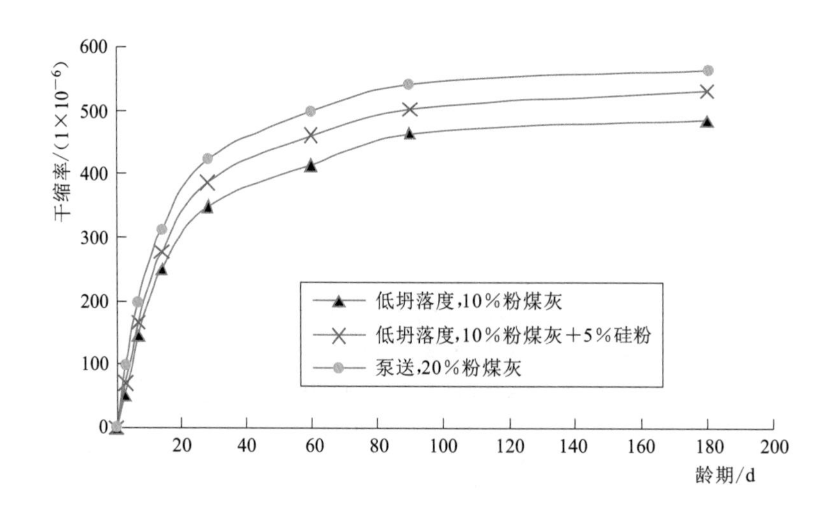

图 4.1-5 抗冲磨混凝土干缩率随龄期变化过程曲线图

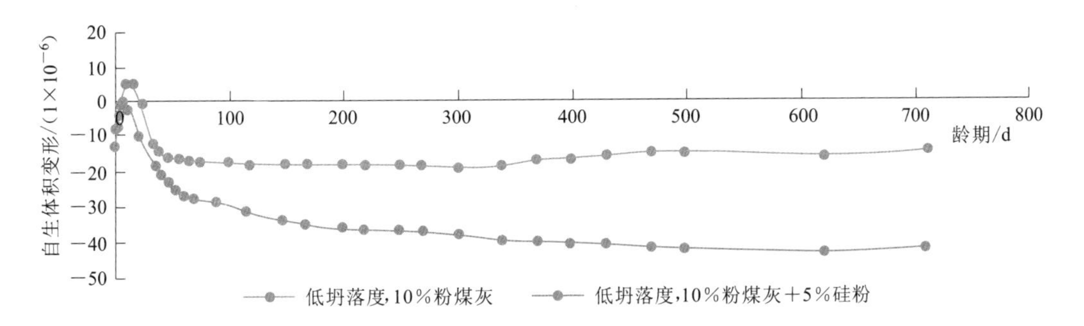

图 4.1-6　抗冲磨混凝土自生体积变形随龄期变化过程曲线图

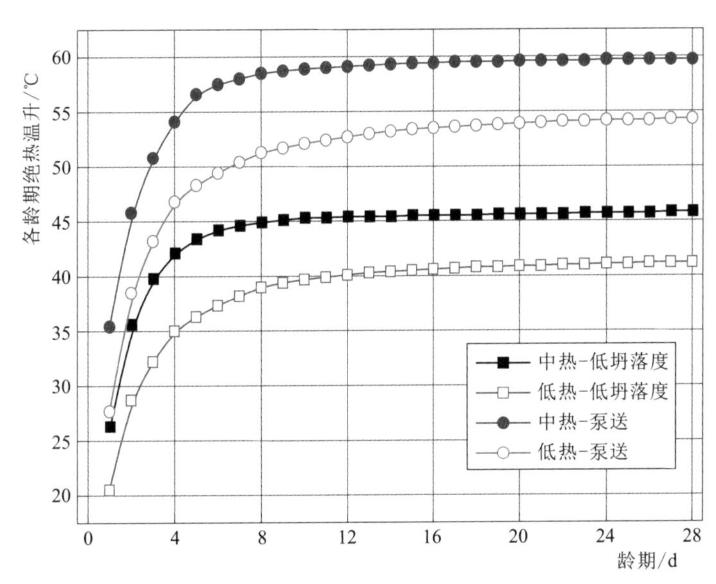

图 4.1-7　抗冲磨混凝土绝热温升值的试验结果图

表 4.1-4　混凝土抗冲磨试验结果表

编号	混凝土类型	水胶比	粉煤灰掺量/%	硅粉掺量/%	水下钢球法				圆环法			
					抗冲磨强度/[h/(kg/m²)]		磨损率/%		抗冲磨强度/[h/(kg/m²)]		磨损率/%	
					90d	180d	90d	180d	90d	180d	90d	180d
KM1	低坍落度	0.30	10	—	9.6	12.7	3.6	2.7	2.5	4.8	0.40	0.21
KM2	低坍落度	0.30	10	5	10.1	13.3	3.4	2.2	3.2	6.0	0.31	0.17
KM3	泵送	0.30	20	—	9.9	13.7	3.5	2.5	3.0	5.2	0.33	0.19

表 4.1-5　平板法混凝土抗裂性能试验结果表

编号	混凝土类型	水胶比	粉煤灰掺量/%	硅粉掺量/%	开裂时间/min	裂缝条数/条	最大裂缝宽度/mm	开裂面积/mm²
KM1	低坍落度	0.30	10	—	257	6	1.0	625
KM2	低坍落度	0.30	10	5	234	6	1.6	665
KM3	泵送	0.30	20	—	218	5	2.3	763

表 4.1-6　混凝土抗冲击性能试验结果表

编号	混凝土类型	水胶比	粉煤灰掺量/%	硅粉掺量/%	抗冲击次数/次	
					90d	180d
KM1	低坍落度	0.30	10	—	285	316
KM2	低坍落度	0.30	10	5	269	293
KM3	泵送	0.30	20	—	235	264

从图 4.1-1～图 4.1-3 中可以看出，相同水胶比条件下，复掺粉煤灰和硅粉混凝土与单掺粉煤灰混凝土相比，90d 龄期抗压强度仅高 2.5MPa（3.5%），3～28d 龄期劈拉强度仅高 2.9%～6.8%，90～360d 龄期劈拉强度反而低 2.3%～6.2%，轴拉强度高 4.3%～19.0%。可见掺入硅粉对提高混凝土的轴拉强度有一定效果。

由图 4.1-4 可知，在相同水胶比条件下，复掺粉煤灰和硅粉混凝土与单掺粉煤灰混凝土相比，7～90d 龄期极限拉伸值略高，180～360d 龄期极限拉伸值基本无变化。水胶比相同时，泵送混凝土与低坍落度混凝土的抗压强度、劈拉强度、轴拉强度、极限拉伸值基本接近。

混凝土干缩率随着龄期增长而增大，早期增长速率快，90d 龄期后的干缩过程曲线趋于平缓；单掺粉煤灰低坍落度混凝土、复掺粉煤灰和硅粉低坍落度混凝土、单掺粉煤灰泵送混凝土 180d 龄期的干缩率分别为 484×10^{-6}、531×10^{-6} 和 563×10^{-6}，复掺粉煤灰和硅粉低坍落度混凝土的干缩率比单掺粉煤灰低坍落度混凝土的干缩率高 9.7%，泵送混凝土的干缩率比单掺粉煤灰低坍落度混凝土的干缩率高 16.3%。

混凝土的自生体积变形整体均呈收缩状态，后期收缩值趋于收敛；复掺粉煤灰和硅粉混凝土自生体积收缩变形收缩值明显增大。

由图 4.1-7 可知，低坍落度混凝土各龄期的绝热温升值均低于泵送混凝土。

由表 4.1-4 可知，3 组混凝土的抗冲磨强度均可满足设计要求。180d 龄期比 90d 龄期混凝土的抗冲磨强度明显提高。复掺粉煤灰和硅粉低坍落度混凝土的抗冲磨强度比单掺粉煤灰低坍落度混凝土的抗冲磨强度略高，水下钢球法检测 90d 龄期高 5.2%，180d 龄期高 4.7%。泵送混凝土比单掺粉煤灰低坍落度混凝土的抗冲磨强度高，水下钢球法检测 90d 龄期高 3.1%，180d 龄期高 7.9%。

从表 4.1-5 中可以看出，与单掺粉煤灰低坍落度混凝土比较，复掺粉煤灰和硅粉混凝土的启裂时间短，最大裂缝宽度大，开裂面积大，早期抗裂性较差；泵送混凝土则启裂时间更短，最大裂缝宽度、开裂面积更大，早龄期抗裂性较差；其他条件相同时，单位用水量和胶凝材料增大不利于混凝土抗裂。

从表 4.1-6 中可以看出，混凝土抗冲击性能随龄期增长而提高；其他条件相同时，单掺粉煤灰低坍落度混凝土的抗冲击次数多于复掺粉煤灰和硅粉低坍落度混凝土，泵送混凝土的抗冲击次数少于低坍落度混凝土，说明掺入硅粉与大坍落度均不利于混凝土抗冲击性能的提升。

根据混凝土生产经验，低坍落度混凝土的单位用水量和胶凝材料用量都低于泵送混凝土，其干缩率和绝热温升值也低于泵送混凝土。试验成果表明，低坍落度混凝土有利于混凝土的温控防裂，综合抗裂性能优于泵送混凝土，在施工条件允许的情况下应优先选用低坍落度混凝土。

水胶比相同的低坍落度混凝土，复掺粉煤灰和硅粉混凝土的早期抗压强度、抗冲磨性能优势明显；但随着龄期的增加，其抗压强度、抗冲磨性能仅略高于单掺粉煤灰混凝土，优势不明显。复掺粉煤灰和硅粉混凝土将提高混凝土单位用水量和胶凝材料用量、大幅增加混凝土干缩率、增大自生体积变形收缩量、提高混凝土绝热温升、缩短启裂时间、增加开裂面积、增加混凝土的干缩开裂风险。复掺硅粉混凝土的黏聚性增大，增大抹面施工难度，对早期养护也提出了更高的要求，不利于混凝土的温控防裂。

通过以上白鹤滩水电站泄洪洞混凝土配合比的系统试验研究，并考虑到泄洪洞运行时水流中无推移质，按照以抗蚀为主、兼顾抗冲耐磨，在满足抗冲耐磨的基础上考虑施工和易性的设计原则，确定了“两低两高”即“低热水泥、低坍落度、高掺粉煤灰、高标号”的混凝土配合比设计方案（非过流面则采用常规泵送混凝土，粉煤灰掺量 35%），白鹤滩水电站泄洪洞工程各部位混凝土配合比参数见表 4. 1-7。

表 4. 1-7　白鹤滩水电站泄洪洞工程各部位混凝土配合比参数表

部　位		混凝土设计指标	水泥类型	级配	坍落度 /mm	粉煤灰掺量 /%	硅粉掺量 /%	纤维掺量 /%
进水塔	流道范围	C_{90}40F150W10	低热水泥	二	50~70	25	0	0
	流道外塔体	C_{90}30F150W10	低热水泥	二	160~180	35	0	0
上平段	顶拱	C_{90}30F150W10	低热水泥	一	160~180	35	0	0
	边墙及底板	C_{90}40F150W10	低热水泥	二	50~70	25	0	0
龙落尾	顶拱	C_{90}30F150W10	低热水泥	一	160~180	35	0	0
	边墙及底板	C_{90}60F150W10	低热水泥	二	50~70	20	0	0
挑流鼻坎	过流面	C_{90}60F150W10	低热水泥	二	50~70	20	0	0
	基础混凝土	C_{90}30F150W10	低热水泥	一	160~180	35	0	0

4. 1. 3　配合比优化思考

（1）根据试验研究和类似工程建设经验，混凝土掺硅粉和钢纤维需要大幅度增加水和胶凝材料用量，水化热大、干缩量大，增加温控难度和抗裂风险，表面易出现龟裂纹。掺入硅粉的混凝土坍落度损失快、黏性大，和易性降低；振捣难度大、气泡难以排出，不利于混凝土收面，工人操作难度大；初凝时间短，施工过程中易出现板结现象，对混凝土振捣要求较高，混凝土施工质量难以持久保证；并且掺入硅粉混凝土的后期强度无明显提升，因此采用不掺硅粉的混凝土较为合适。

（2）针对粉煤灰掺量问题，试验结果表明粉煤灰掺量 15% 时，水化热较大，温控难度大；根据《水工混凝土配合比设计标准》（SL/T 352—2020）推荐，最大掺量 25% 并配合采用低热水泥可满足温控要求；试验室试验理论证实了粉煤灰掺量 30% 的方案可行，由于早期粉煤灰氨含量较大，对于衬砌混凝土狭窄的作业环境，过大的氨气含量会对作业人员产生伤害，结合混凝土强度要求，综合考虑上平段过流面采用 25%、龙落尾及挑流鼻坎段过流面采用 20% 的粉煤灰掺量。

（3）当前抗冲磨混凝土材料配合比方面仍有优化空间，可以通过配合比研究进一步降低温控防裂难度和施工成本，例如研究底板浇筑采用三级配混凝土、粉煤灰掺量采用30%及以上的可行性等。

4.2 混凝土振捣工艺试验

在混凝土配合比室内试验的基础上，为更好地掌握低热水泥、低坍落度混凝土的性能，在混凝土工程转序前开展了混凝土振捣工艺试验。工艺试验分两阶段进行，第一阶段主要针对混凝土和易性、适应性等性能，初拟相关施工参数，确保混凝土浇筑密实；第二阶段主要针对减少混凝土气泡、提升混凝土外观质量等性能，通过可视化振捣试验，直观地展示混凝土振捣过程中外观变化情况，进一步优化施工参数。

4.2.1 第一阶段工艺试验

如表4.2-1所示，第一阶段工艺试验主要设置了模板型式、混凝土级配、坍落度、脱模剂、坯层厚度、振捣设备直径、振捣参数等不同施工参数，按实际仓位布置的钢筋、预埋件等备置试验仓，浇筑完成后按不同拆模时间拆除模板。第一阶段工艺试验参数见图4.2-1。根据试验过程中的可施工性、拆模后的外观质量选择最优的施工参数。

表4.2-1 第一阶段工艺试验参数表

试验块	混凝土级配	坍落度/mm	脱模剂	坯层厚度/cm	振捣设备直径/mm	振捣参数	
						初 振	复 振
1号	三级配	50~70	食用大豆油（上游） 液态脱模剂（下游） 全合成机油（左侧） 粉状脱模剂（右侧）	50 40	100 70	间距40cm 时间50s	—
2号	二级配	50~70	粉状脱模剂（上游） 液态脱模剂（下游） 全合成机油（左侧） 食用大豆油（右侧）	50 40	100 70	间距40cm 时间50s	—
3号	二级配	140~160	使用大豆油（上游） 液态脱模剂（下游） 全合成机油（左侧） 粉状脱模剂（右侧）	50	100 70	间距40cm 时间40s	—
4号	三级配	50~70	粉状脱模剂（上游） 液态脱模剂（下游） 全合成机油（左侧） 食用大豆油（右侧）	50	100 70	间距40cm 时间50s	间隔15min （20min） 间距40cm 时间60s
5号	二级配	50~70	食用大豆油（上游） 液态脱模剂（下游） 全合成机油（左侧） 粉状脱模剂（右侧）	50	100 70	间距40cm 时间50s	间隔15min （20min） 间距40cm 时间60s

注 试验块尺寸为3m×2.0m×1.5m（长×宽×高）；模板由大模板（上下游面）、组合模板（左右侧）组成；试验分两次开展，采取复振工艺的为第二次试验；环境温度30~35℃。

（a）振捣控制标记

（b）试验块拆模后整体效果

（c）泵送混凝土外观存在水波纹

（b）未复振外观存在大量气泡

图 4.2-1　各试验块拆模后的效果

试验完成后，分别在龄期 48h 和 72h 时拆除模板，对 5 个试验块的外观质量进行素描：①5 号试验块在外观气泡数、水波纹、色差方面的参数和效果最优；②3 号试验块在混凝土坍损情况、流动性、和易性方面参数最优，但存在浮浆过多，坯层间有夹浮浆层的情况；③通过对外观质量的综合评价，发现食用大豆油脱模剂效果最好；④复振工艺的效果优于常规单次振捣工艺。根据第一阶段工艺试验初步确定的混凝土施工参数见表 4.2-2。

表 4.2-2　第一阶段工艺试验初步确定的混凝土施工参数表

<table>
<tr><th rowspan="2">序号</th><th rowspan="2">级配</th><th rowspan="2">坍落度
/mm</th><th rowspan="2">脱模剂</th><th rowspan="2">坯层厚度
/cm</th><th rowspan="2">振捣设备
直径/mm</th><th colspan="2">振捣参数（初定）</th></tr>
<tr><th>初振</th><th>复振</th></tr>
<tr><td>1</td><td>二级配</td><td>50~70</td><td>食用大豆油</td><td>50</td><td>100</td><td>间距 40cm
时间 40s</td><td>间隔 20min
间距 40cm
时间 60s</td></tr>
</table>

另外，第一阶段工艺试验发现每个试验块均存在气泡数较多的问题，为能够更直观地观察外观气泡产生、汇集、排出的全过程，需再次开展相关工艺试验，优化试验参数。

4.2.2 可视化振捣试验

可视化振捣试验的目的是在第一阶段工艺试验的基础上，验证振捣设备、混凝土坍落度、振捣参数等对混凝土气泡产生、汇集、排出的影响。试验仓由钢化玻璃和钢模板组成，并用架管及角钢固定。试验仓尺寸为3m×1.5m×1m（长×宽×高），利用白色或者红色油漆在钢化玻璃外侧标记浇筑分层界线，浇筑分层厚度按照30~50cm控制。共制作了2个试验仓进行对比分析，每个试验仓共分两个坯层，混凝土可视化振捣试验现场见图4.2-2。

图4.2-2 混凝土可视化振捣试验现场

为了全面分析各种施工因素对混凝土气泡产生、汇集、排出的影响，进一步细化振捣工艺，与第一阶段工艺试验参数相互印证。各试验块的各层采用了不同的施工参数，1号试验块采用坍落度为50~70mm的二级配混凝土，2号试验块采用坍落度为140~160mm的二级配混凝土，具体试验参数见表4.2-3。

表4.2-3 可视化振捣试验参数表

试验块	混凝土级配	坍落度/mm	脱模剂	坯层厚度/cm	振捣设备直径/mm	振捣参数	
						初振	复振
1号（第一坯层）	二级配	50~70	食用大豆油	50	100 70（复振）	间距40cm 时间50s	间隔15min 间距40cm 时间60s
1号（第二坯层）	二级配	50~70	食用大豆油	40	100	间距40cm 时间40s	间隔20min 间距40cm 时间60s
2号（第一坯层）	二级配	140~160	食用大豆油	40	70	间距30cm 时间40s	间隔15min 间距40cm 时间60s
2号（第二坯层）	二级配	140~160	食用大豆油	50	100 70（复振）	间距40cm 时间40s	间隔20min 间距40cm 时间50s

试验块拆模后对混凝土外观气泡和外观效果进行了详细统计，具体外观效果见表4.2-4和表4.2-5。

表 4.2-4　1 号试验块外观效果汇总表

坯层编号	长×高 /(cm×cm)	模板	工艺	气孔直径≥5mm 部位数量	气孔直径<5mm 部位数量	外观效果
1-A-1	150×53	钢模	无复振	10	554	存在明号显水纹状色差
1-B-1	300×53	钢化玻璃	复振	1	119	无水纹状色差
1-C-1	150×53	钢化玻璃	复振	2	76	少量水纹状色差
1-D-1	300×53	钢化玻璃	复振	2	212	少量水纹状色差
1-A-2	150×47	钢模	复振	0	79	无水纹状色差
1-B-2	300×47	钢化玻璃	复振	1	56	无水纹状色差
1-C-2	150×47	钢化玻璃	复振	0	38	无水纹状色差
1-D-2	300×47	钢化玻璃	复振	1	84	少量水纹状色差

表 4.2-5　2 号试验块外观效果汇总表

坯层编号	长×高 /(cm×cm)	模板	工艺	气孔直径≥5mm 部位数量	气孔直径<5mm 部位数量	外观效果
2-A-1	150×54	钢模	复振	14	125	明显水纹状色差
2-B-1	300×54	钢化玻璃	复振	15	240	无色差
2-C-1	150×54	钢化玻璃	复振	14	270	少量水纹状色差
2-D-1	300×54	钢化玻璃	无复振	23	662	无色差
2-A-2	150×46	钢模	复振	23	105	无色差
2-B-2	300×46	钢化玻璃	复振	16	132	无色差
2-C-2	150×46	钢化玻璃	复振	6	133	无色差
2-D-2	300×46	钢化玻璃	复振	56	380	无色差

试验结果表明：与泵送混凝土相比，低坍落度混凝土的浮浆量可显著降低。根据现场钻孔取芯抗压试验成果，低坍落度混凝土试块强度比泵送混凝土试块高约 5%。低坍落度混凝土虽振捣难度稍大，但施工和易性仍然较好，同时采用低坍落度混凝土便于工人在浇筑坯层上作业，利于施工和质量控制。

针对混凝土表面气泡的问题，从混凝土振捣设备、坍落度、复振及振捣时间、振捣距模板距离等因素进行了对比分析，得出以下结论。

（1）混凝土振捣设备的影响。试验采用了 ϕ70mm、ϕ100mm 两种振捣棒。结果表明，ϕ100mm 振捣棒振捣至 60s 时已无气泡排出，ϕ70mm 振捣棒振捣至 110s 时才无气泡排出，ϕ100mm 振捣棒效果明显优于 ϕ70mm 振捣棒。根据以往复振经验，采用 ϕ70mm 初振、ϕ50mm 复振，振捣时间为 40~50s 时，仍有大量气泡未排出。白鹤滩水电站泄洪洞衬砌混凝土采用高标号混凝土，且保护层厚度为 15cm，气泡不易排出，结合第一阶段工艺试验，采用 ϕ100mm 振捣棒振捣不会对模板产生较大震动，因此选用 ϕ100mm 振捣棒较为合适。

（2）混凝土坍落度的影响。现场试验发现 1 号试验块（坍落度 50~70mm）振捣过程中较 2 号试验块（坍落度 120~140mm）产生的气泡量少很多，但 1 号试验块流动缓慢，气泡排出速度慢。通过观察最终成型的混凝土表面，发现1号试验块的气泡数量不到2号试验块的50%，说明混凝土的坍落度对气泡的影响很大，白鹤滩水电站泄洪洞工程采用低坍落度混凝土对气泡的控制是非常有利的。

（3）复振及振捣时间的影响。未采用复振工艺的1-A-1和2-D-1面气泡数量明显多于采用复振工艺的外露面，最多高出300%以上。根据两次试验观测成果，发现振捣30s时有大量气泡向上排出，复振50s时有少量气泡，且冒出的气泡不易破灭，在复振到90s时仍有气泡冒出，说明高标号泵送混凝土黏性较强、气泡排出难度大，所以复振工艺有利于减少气泡。

（4）振捣距模板距离的影响。根据现场观察，混凝土振捣间距控制在40cm较为合适，振捣时距离模板20cm时气泡排出效果较好。

综合两次试验成果，确定采用大型钢模板，脱模剂采用一级食用大豆油，振捣棒选用ϕ100mm振捣棒，坯层厚度为50cm，振捣工艺为复振工艺，具体工艺参数见表4.2-6。

表4.2-6　混凝土振捣工艺参数表

初振			间隔/min	复振		
间距/cm	时长/s	距模板/cm		间距/cm	时长/s	距模板/cm
40	40	20	20	40	60	20

以上两个阶段的工艺试验表明：采用50~70mm低坍落度混凝土较为合适，混凝土内部的气泡随着振捣时间的加长不断被排出的过程，确定了混凝土施工最佳参数，为工程的高质量建造奠定了基础。此外，白鹤滩水电站泄洪洞衬砌混凝土生产性试验表明：大气泡（气泡直径≥5mm）基本未出现，未出现气泡密集区，少量小气泡直径一般在2mm以下，属于无害气泡，不需要修补且不影响外观。

4.3　衬砌混凝土浇筑的分段与分序优化

衬砌裂缝将影响泄洪洞的运行安全及使用寿命。泄洪洞大断面衬砌混凝土产生裂缝的原因非常复杂，包括结构原因、混凝土质量、围岩约束、温度应力、环境温湿度等。在混凝土配合比优化、浇筑工艺参数优选、温控措施改进等工作的基础上，为减少因结构应力因素导致开裂风险，白鹤滩水电站泄洪洞工程针对衬砌混凝土浇筑的分段与分序开展了系统研究。

4.3.1　模拟计算与分析

对于薄壁混凝土结构，目前行业内并未有明确定义。根据弹性力学对于板壳的定义，当板的厚度t与板的长度或宽度的最小尺寸l比值小于0.2时称为薄板。因此，可将t/l小于0.2的混凝土结构称为薄壁混凝土结构。泄洪洞衬砌厚度一般不超过1.5m，一次浇筑成型的底板、边墙和顶拱长或宽的最小尺寸一般大于8.0m。由此可见，泄洪洞衬砌为典型的薄壁混凝土结构。泄洪洞混凝土衬砌由于其材料和结构特点，相比一般大体积混凝土结构更易开裂。

在白鹤滩水电站泄洪洞工程中，在龙落尾段边墙和底板及出口高速水流部位采用C_{90}60混凝土。为防止衬砌开裂，模拟计算了衬砌分段长度为9m、埋设单层间距为1.0m水管时的衬砌混凝土温度应力，混凝土温度应力过程见图4.3-1。从图4.3-1中可以看出，白鹤滩水电站泄洪洞衬砌采用低热水泥常态混凝土时，可满足衬砌温控抗裂要求。

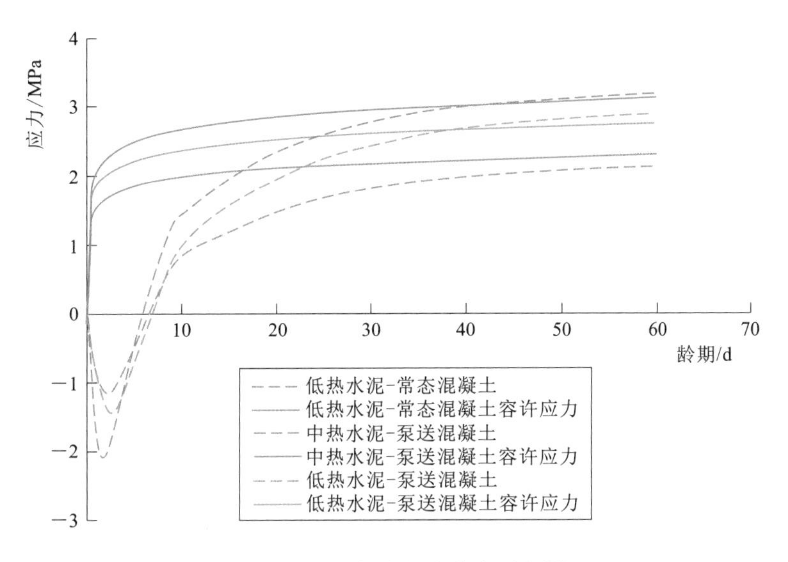

图4.3-1 混凝土温度应力过程图

泄洪洞衬砌开裂还受围岩约束、结构变形应力、温度应力、衬砌各部分相互作用关系等的影响，衬砌各部分浇筑施工需要选择合理的分段与分序方案，以避免因过大结构应力和温度应力而产生裂缝。合理的泄洪洞衬砌浇筑顺序可以从一定程度降低围岩约束对衬砌结构的不利影响，合理的分段长度还可以降低衬砌温度致裂风险。

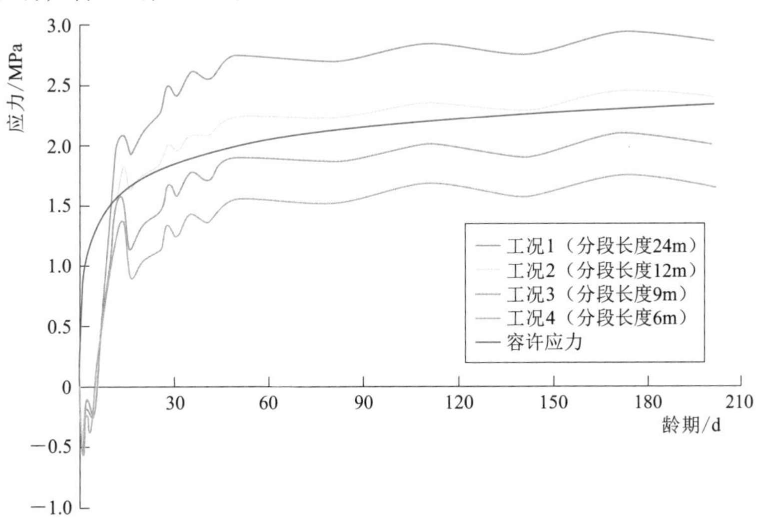

图4.3-2 不同衬砌分段长度下的龙落尾段衬砌轴向应力图

（1）分段研究。白鹤滩水电站泄洪洞单洞长度约为2300m，衬砌沿洞轴线需采用合理的分段长度，以避免围岩或温度变形导致衬砌开裂。在衬砌采用$C_{90}60$低热水泥常态混凝土、布置单层间距1.0m冷却水管的工况下，模拟计算了龙落尾段不同衬砌分段长度下的最大轴向应力见图4.3-2。从图4.3-2中可以看出，当衬砌采用9m分段长度时，中心最大应力满足防裂要求。

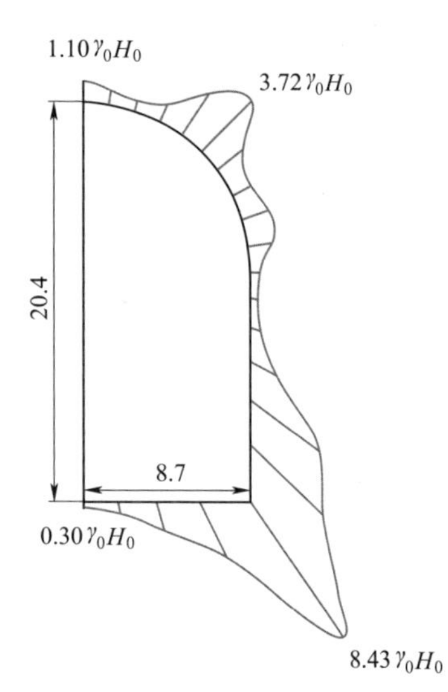

图4.3-3　泄洪洞围岩轴向应力分布图（单位：m）

γ_0—容重；H_0—埋深

（2）分序研究。在白鹤滩水电站泄洪洞工程中，泄洪洞开挖断面尺寸为宽17.4m、高20.4m，顶部为弧形。该体型下的泄洪洞围岩轴向应力分布见图4.3-3，泄洪洞底部转角处的围岩应力最大，该部位处于衬砌边墙和底板的结合处。在横断面上，泄洪洞衬砌结构由底板、边墙、顶拱三部分组成，可选择的浇筑顺序有“底板→边墙→顶拱”、“边墙→底板→顶拱”和“边墙→顶拱→底板”三种。若采用“底板→边墙”或“边墙→底板”连续浇筑，对泄洪洞底部转角处的围岩应力释放不利。采用“边墙→顶拱→底板”的顺序浇筑，即边墙和底板浇筑时间间隔最长，有利于释放围岩应力，避免围岩应力过大产生衬砌的结构裂缝。

白鹤滩水电站泄洪洞工程因上平段较长、流速相对较小，龙落尾段流速较高且衬砌仓数较少，在保证施工进度的基础上，综合考虑理论研究成果和施工经验，上平段采用12m的分段长度，龙落尾段采用9m的分段长度。白鹤滩水电站泄洪洞边墙及底板分块方案见表4.3-1。

表4.3-1　白鹤滩水电站泄洪洞边墙及底板分块方案表

部位类别	边墙			底板		
	垂直高度/m	顺水流宽度/m	长宽比	垂直水流宽度/m	顺水流长度/m	长宽比
上平段	14	12	1.16	15	12	1.25
龙落尾段	14	9	1.55	15~16.5	9	1.67

4.3.2 分段分序确定

（1）整体施工顺序与台车布置。经研究，确定的施工顺序为：开挖完成→底板垫层混凝土→边墙及底板无盖重固结灌浆→边墙混凝土衬砌→顶拱混凝土衬砌→顶拱回填灌浆→顶拱固结灌浆→底板混凝土→施工支洞封堵。

首先利用灌浆台车先行完成边墙和底板处围岩固结灌浆，然后利用钢筋台车完成边墙顶拱钢筋一体绑扎，最后利用边墙衬砌台车紧随其后完成边墙混凝土衬砌，顶拱衬砌在边墙衬砌龄期约90d后同步施工，在顶拱衬砌完成并达到设计强度后利用顶拱灌浆台车完成顶拱混凝土回填、固结灌浆及排水孔施工，在对应部位边顶拱全部施工完成后再完成底板钢筋绑扎及底板混凝土浇筑。

（2）衬砌施工顺序确定。隧洞衬砌混凝土的常规施工顺序为“先底板+矮边墙、后边顶拱”，白鹤滩水电站泄洪洞对此进行了优化，采用“先底板垫层、再边墙、然后顶拱、最后底板”的施工顺序，有利于解除围岩约束变形而产生的裂缝。为保证衬砌混凝土结构尺寸满足要求，隧洞底板较设计体型超挖10cm用于浇筑垫层。采用该施工顺序与方案具有如下效果。

1）底板垫层的浇筑可以避免底板因不良洞段地质超挖超填造成的应力集中而开裂，先浇筑垫层可以尽早完成对基岩面的封闭，防止底板基岩长时间裸露而产生松弛，同时，可以为洞室各工序施工创造良好的安全文明施工环境。

2）边墙、底板和顶拱分开浇筑使得衬砌块长宽比由边顶拱整体浇筑时的3：1变为1.2：1，减小了衬砌混凝土的结构应力，防止裂缝产生。同时，为了进一步降低对衬砌混凝土的约束，在衬砌边墙混凝土龄期达到90d后再开始相应部位顶拱混凝土的浇筑。

3）采用先边墙后底板的施工顺序，与常规的“先底板+矮边墙、后边顶拱”施工顺序相比，可以消除矮边墙的水平施工缝，避免出现缝面缺陷。

4）最后浇筑底板，可避免将已浇筑完成的底板作为施工通道，防止底板混凝土被破坏或底板保护带来的成本增加。

泄洪洞衬砌混凝土施工顺序见图4.3-4，第0序为底板10cm垫层；第Ⅰ序为自底板建基面至起拱线以下2m边墙；第Ⅱ序为侧墙上部2m及顶拱范围；第Ⅲ序为底板。

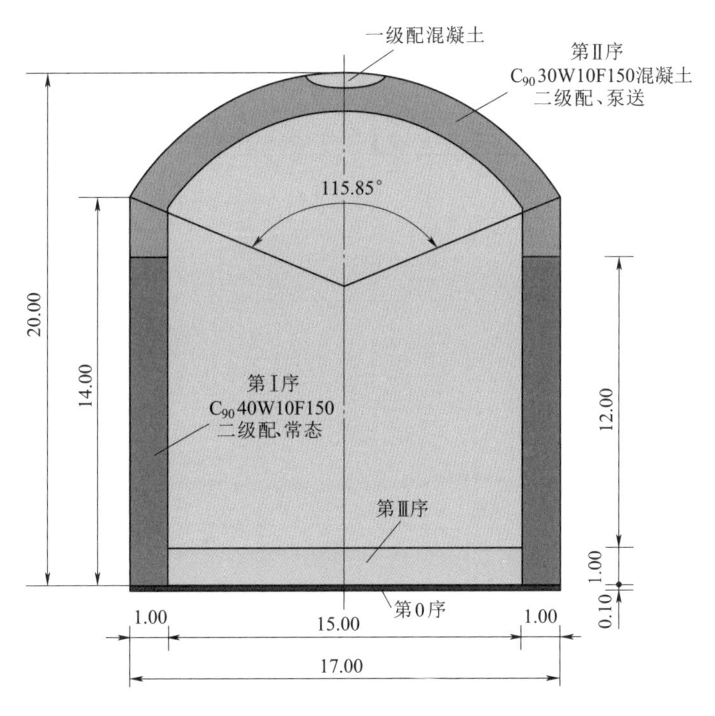

图4.3-4 泄洪洞衬砌混凝土施工顺序图（单位：m）

(3) 实施成效。对于先边墙再顶拱最后底板的施工顺序，底板与边墙之间的施工缝属于相对薄弱的部位，为此在常规配筋的基础上增加了缝面配筋，边墙与底板施工缝面钢筋布置见图 4.3-5。

白鹤滩水电站泄洪运行后的安全监测结果表明：自安装完成后，布置于底板与边墙施工缝部位的钢筋应力计和测缝计读数仅随季节性环境温度略有变化。该部位的典型钢筋应力计、测缝计时程曲线分别见图 4.3-6、图 4.3-7，测缝计最大张开度 0.2mm、钢筋应力计最大 18.39MPa。说明在洞身混凝土衬砌施工时围岩已基本稳定，边墙基本未承受围岩应力，底板与边墙施工缝面无变化。运行后流道的检查结果也表明，边墙与底板连接部位无破坏。

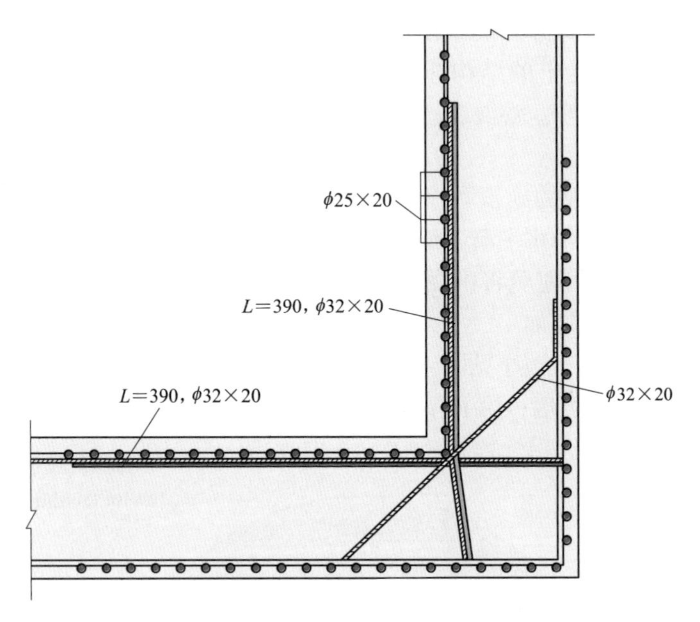

图 4.3-5 边墙与底板施工缝面钢筋布置图（单位：cm）

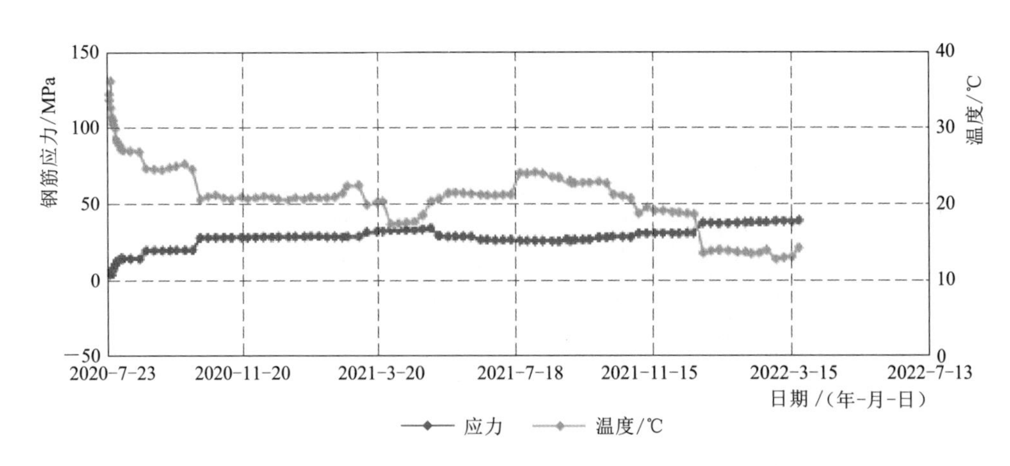

图 4.3-6 泄洪洞底板与边墙施工缝典型钢筋应力计时程曲线图

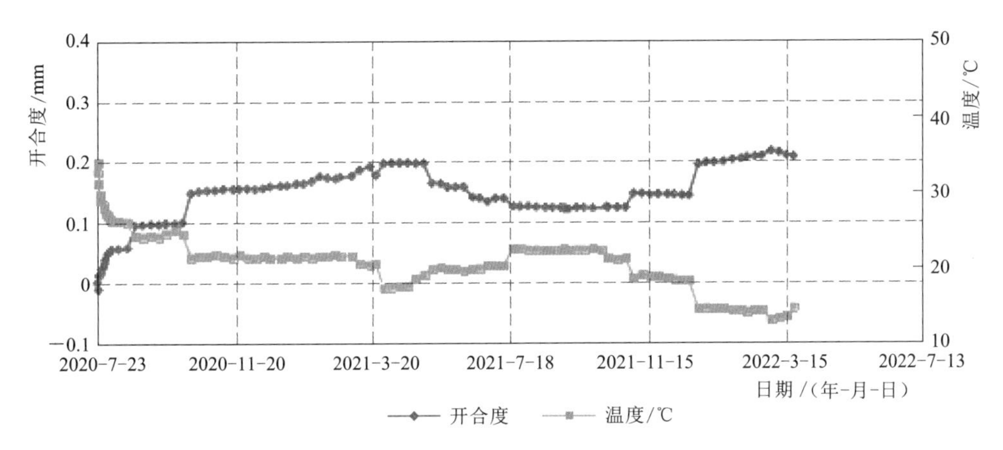

图 4.3-7 泄洪洞底板与边墙施工缝测缝计时程曲线图

4.4 混凝土温控研究

4.4.1 设计技术要求

(1) 内外温差标准。内外温差系指混凝土内部最高温度与混凝土表面温度之差。根据仿真计算成果，并参考类似工程经验及规程规范，白鹤滩水电站泄洪洞衬砌混凝土实际内外温差≤15℃（设计要求≤25℃）。

(2) 允许浇筑温度。泄洪洞衬砌混凝土允许浇筑温度控制标准见表 4.4-1。

表 4.4-1 白鹤滩水电站泄洪洞衬砌混凝土允许浇筑温度控制标准表

部位	允许浇筑温度/℃		备注
	4—9 月	10 月至次年 3 月	
进水口	18	15	12 月、1 月自然入仓
上平段（衬砌厚 1~1.5m）	18	15	
龙落尾段（衬砌厚 1~1.5m）	18	15	
挑流鼻坎	18	15	
堵头	20	18	

(3) 最高温度标准。白鹤滩水电站泄洪洞衬砌混凝土最高温度控制标准见表 4.4-2。

表 4.4-2 白鹤滩水电站泄洪洞衬砌混凝土最高温度控制标准表

部位		混凝土标号	最高温度控制标准/℃	
			4—9 月	10 月至次年 3 月
进水口	底板	$C_{90}30$	40	38
	上部大体积混凝土	$C_{90}30$	40	38
上平段（衬砌厚 1~2.5m）	底板边墙	$C_{90}40$	39	37
	顶拱	$C_{90}30$	37	35

续表

部位		混凝土标号	最高温度控制标准/℃	
			4—9月	10月至次年3月
上平段（衬砌厚1.5m）	底板边墙	$C_{90}40$	40	39
	顶拱	$C_{90}30$	39	38
龙落尾段（衬砌厚1~1.2m）	底板边墙	$C_{90}60$	39	38
	顶拱	$C_{90}30$	38	37
龙落尾段（衬砌厚1.5m）	底板边墙	$C_{90}60$	40	39
	顶拱	$C_{90}30$	39	38
挑流鼻坎	强约束区	$C_{90}30$	37	35
	弱约束区	$C_{90}30$	39	36
	自由区	$C_{90}60$	40	38

（4）养护标准。白鹤滩水电站泄洪洞衬砌混凝土采用延长养护时间的方法降低开裂及龟裂风险，对于上平段养护不少于设计龄期90d，龙落尾段养护至泄洪洞过流前。

4.4.2 温控策略研究

4.4.2.1 温度梯度

混凝土温度梯度是混凝土内部产生不均匀应力的主要原因，主要包括时间温度梯度和空间温度梯度。时间温度梯度指混凝土某一点温度值随时间的变化速率。通常可通过控制“混凝土温度-时间”曲线的斜率来控制。在混凝土升温、降温、控温及自然变化的不同阶段，所体现出来的即是混凝土的升温速率和降温速率。

空间温度梯度包括仓内温度梯度、冷却水管周围温度梯度、混凝土内外温度梯度等，对于衬砌混凝土的温度控制，应该将上述不同类型的空间温度梯度控制在合理的范围内，主要体现在冷却水管布置间距和位置、冷却通水温度和流量、外界环境温度控制等。

由于传热边界面积大，泄洪洞衬砌混凝土温度极易受到洞内气温及基岩温度的影响，衬砌混凝土内表温度梯度不易控制，极易由于温度应力过大而造成开裂。

对于隧洞衬砌混凝土，从垂直于衬砌过流面方向看，依次是围岩-衬砌-空气，这就形成了“围岩-衬砌-环境”三种温度场。一般围岩温度场相对稳定，环境温度场受日温度变幅和季节性温度变化影响较大，具有较大的不均匀性和不稳定性，而衬砌混凝土内部温度场具有温度升降速度快、持续时间短的特点。

衬砌混凝土浇筑后内部温度场急剧上升和下降，中心温度始终显著高于表层温度，在表层附近温度梯度较大，在通水冷却和环境温度持续影响下，衬砌混凝土内外温度梯度逐渐降低，最终衬砌混凝土内温度场趋于均匀，只有表层受环境气温影响。围岩与混凝土接触面附近温度受衬砌混凝土温度上升的影响急剧变化，深层温度基本保持不变，随着混凝土温度逐渐降低至稳定温度，围岩温度场也逐渐稳定。围岩-衬砌-环境三场温度变化见图4.4-1。

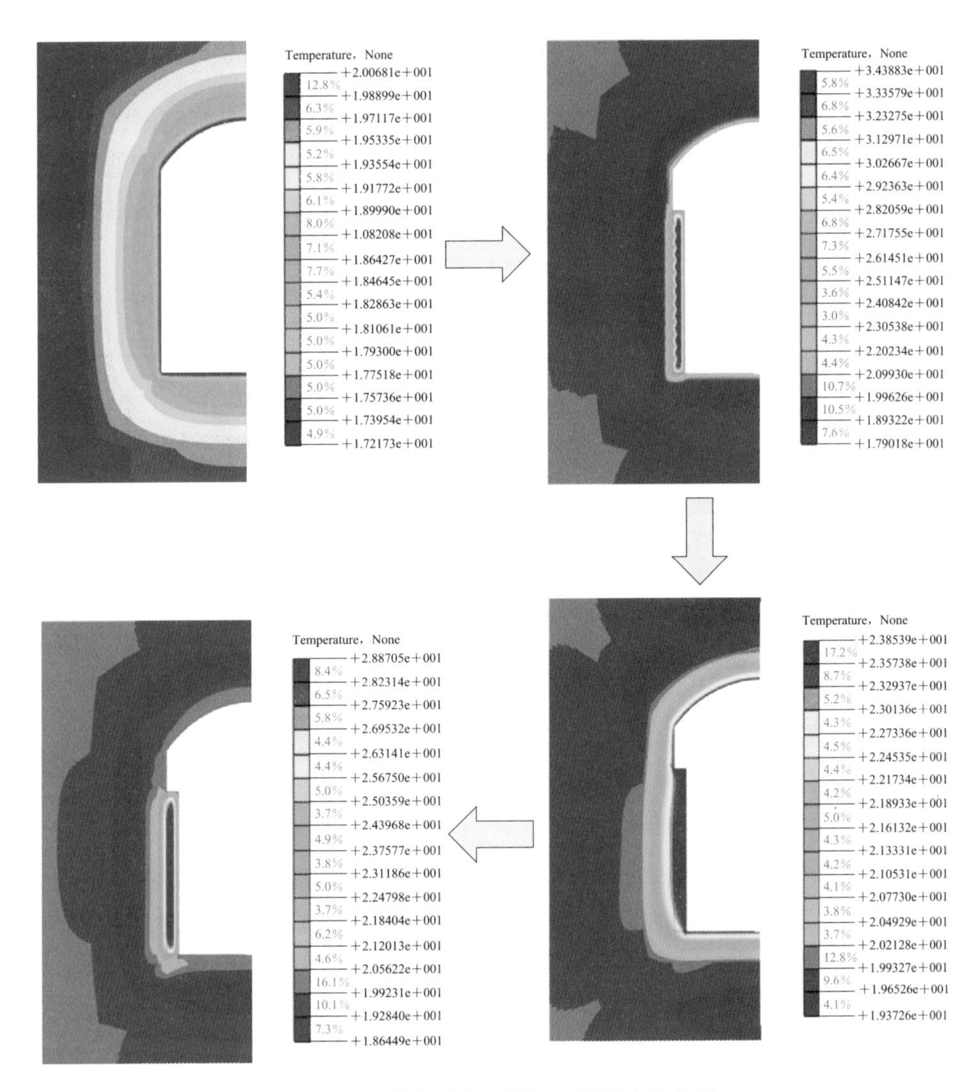

图 4.4-1　围岩-衬砌-环境三场温度变化图

4.4.2.2　温控策略

为了更好地控制薄壁结构衬砌混凝土温度变化，减小温度应力，降低开裂风险，基于温度场演化和温度梯度的研究分析，在白鹤滩水电站泄洪洞工程衬砌混凝土中提出了"四阶段"精细化通水策略。

第一阶段：自混凝土浇筑阶段至混凝土初凝阶段，此时，混凝土呈塑性状态，通水水温 14℃或者更低。

第二阶段：自混凝土初凝阶段至混凝土终凝阶段，此阶段通水水温升高至 18℃，主要控制混凝土内外温差（设计技术要求内外温差控制在 25℃以内，实际内外温差控制在 15℃以内）。

第三阶段：自混凝土终凝阶段至混凝土最高温度阶段，此阶段通水水温继续升高至 21℃，主要控制混凝土升温速率及内外温差。

第四阶段：自混凝土最高温度阶段至混凝土常温阶段，此阶段通水水温逐渐下降，严控混凝土降温速率和内外温差，防止发生冷击现象。

为实施上述通水策略，建立了精确的目标温控曲线模型，采用光纤测温、智能通水和保湿养护等其他措施相结合的方式，结合现场实验，摸清控温条件下的衬砌混凝土温度变化规律，并最终通过智能通水温控系统与智能养护系统等实现混凝土温度全过程的精准追踪与控制。其路线见图4.4－2。

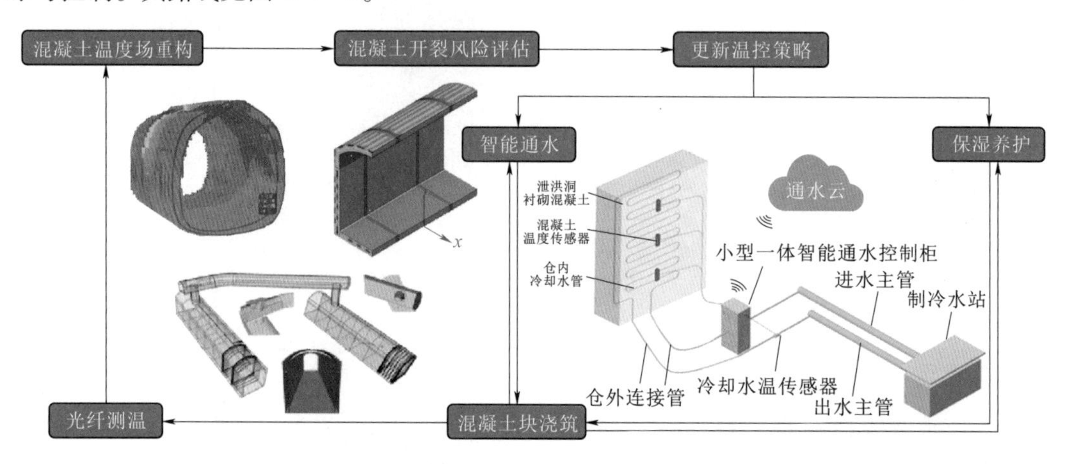

图4.4－2　白鹤滩水电站泄洪洞衬砌混凝土温度精准控制路线图

4.4.3　混凝土温控措施研究

白鹤滩水电站泄洪洞平均衬砌厚度1.5m，根据12m的分仓长度可以将其定义为薄壁结构衬砌混凝土。薄壁结构衬砌混凝土更易开裂，在白鹤滩水电站泄洪洞工程建设中，为了更好地防止混凝土开裂，结合非均匀环境薄壁衬砌混凝土梯度控温理论，采用智能化设备对施工现场温控措施进行了周密研究。

通过选择典型全断面衬砌单元，采用光纤测温系统对泄洪洞衬砌混凝土温度进行实时在线监测，以期获得混凝土内部温度变化和分布规律，在此基础上分析衬砌混凝土真实热学特性和工作性态，并将其反馈到智能通水系统对泄洪洞衬砌混凝土温度进行精细化控制，重构温度场，通过智能通水设备在云端大数据上的深度学习、判断、记忆，完成白鹤滩泄洪洞衬砌混凝土结构的典型系列温控措施，并应用在后续的衬砌单元施工中，结合智能养护系统进行精细保湿养护，真正实现泄洪洞衬砌实现内实外光和零温度裂缝。

4.4.3.1　光纤测温

传统热电偶或热电阻温度计为点式温度计，只能测量混凝土内特定某一点覆盖局部的温度变化值。随着光纤传感技术的迅速发展，分布式光纤测温技术开始用于水工大体积混凝土的温度监测，为了详细了解衬砌混凝土内部时空温度场的变化特征，白鹤滩水电站泄洪洞工程引入了光纤测温技术，对衬砌混凝土内部温度演化进行了探索。

（1）光纤测温布置。光纤所在截面距单元施工缝的距离分别为0.2m、0.6m、1.2m、2.0m、3.0m、4.5m，为了测量衬砌中心温度变化，以便更好利用衬砌中间截面温度测量结果模拟衬砌温度场变化，在衬砌边墙中间截面内外两层光纤之间增加测点，以测量两层光纤之间每隔 0. 3m 的温度梯度变化。衬砌混凝土内部光纤布设见图 4. 4-3。

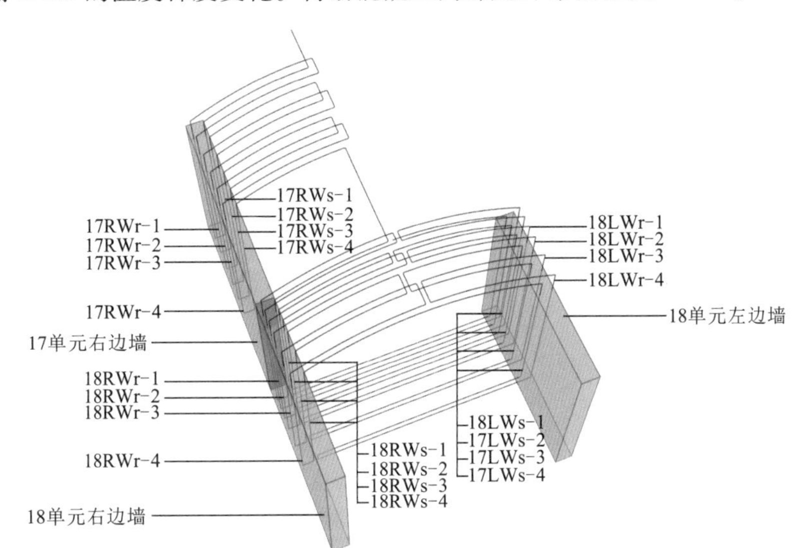

图 4. 4-3　衬砌混凝土内部光纤布设示意图

（2）温度场重构。通过编写计算程序，光纤每隔 5min 采集一次温度数据，算出每隔一段时间的衬砌温度场分布，利用计算得到的温度场分布情况，得出衬砌不同单元、不同时刻的温度场布情况。

通过分布式光纤得到实测温度数据，首先利用二维不稳定温度场的三角形单元进行差分计算，得到光纤所在平面的温度分布。然后利用三维有限元单元计算每个衬砌单元中相邻两个光纤平面之间的混凝土三维温度场，从而得到与衬砌单元坐标相对应的整体温度场分布。获取衬砌内部任一点温度变化情况。利用光纤测温得到的衬砌混凝土温度场见图 4. 4-4。

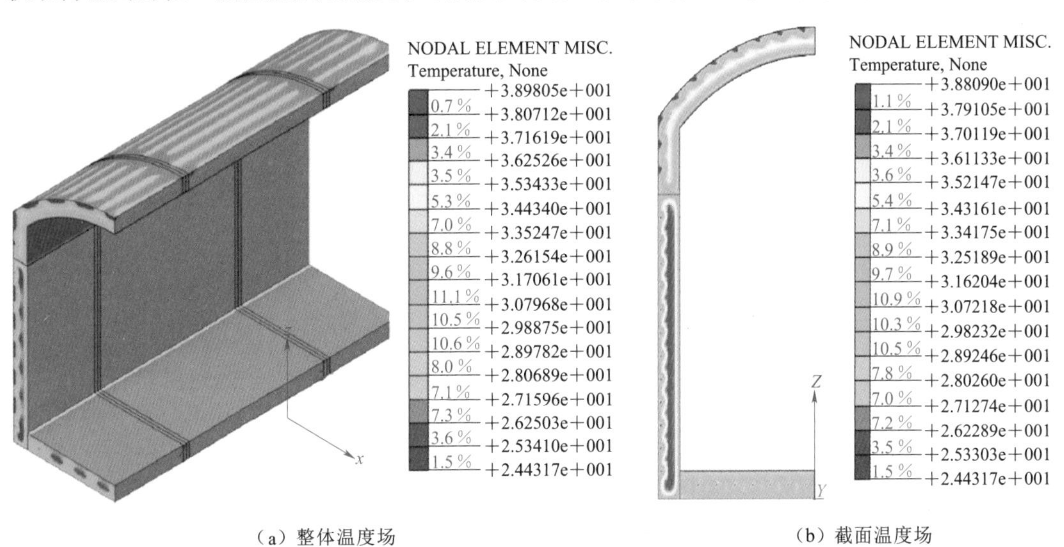

（a）整体温度场　　（b）截面温度场

图 4. 4-4　利用光纤测温得到的衬砌混凝土温度场图

（3）混凝土开裂风险分析。利用光纤测温数据重构的衬砌混凝土温度场，结合环境温度和通水冷却变化进行仿真，可预测不同环境温度和通水冷却情况下，即不同混凝土最高温度、温度变化速率和温度梯度变化情况下，衬砌混凝土温度应力和温度致裂风险。据此设定衬砌混凝土最高温度、温度变化速率以及温度梯度变化标准，利用智能通水设备，可实现衬砌混凝土温度的精细化控制。衬砌边墙 *Y* 方向应力见图 4.4-5。

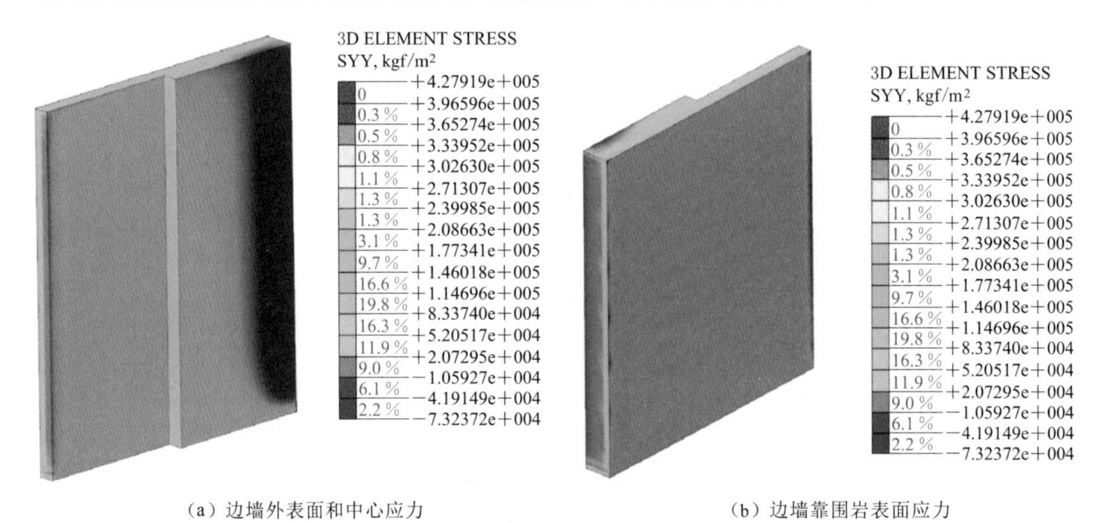

（a）边墙外表面和中心应力　　（b）边墙靠围岩表面应力

图 4.4-5　衬砌边墙 *Y* 方向应力图

4.4.3.2　智能通水

（1）智能通水装备。白鹤滩水电站泄洪洞衬砌混凝土施工中采用的智能通水温控系统（见图 4.4-6），由一体流温通水控制集成柜、数据采集反馈集成控制柜组成，通过在新浇筑混凝土块和冷却水管中安装水工数字温度计，一体流温控集成装置，实时在线感知混凝土内部温度、进出水温度，流量等，突破了现场复杂环境的多源数据感知和控制技术难点。通过云端大数据、深度学习，进行实时在线协同仿真分析，为每个浇筑块选择最优

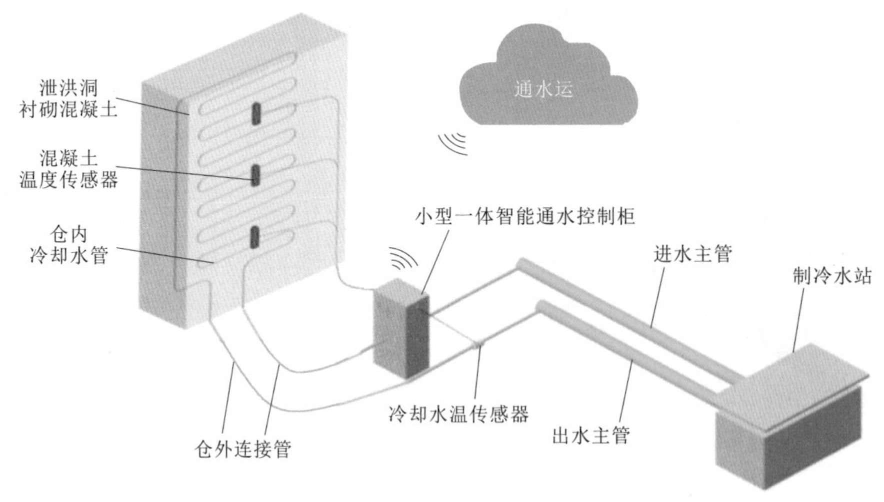

图 4.4-6　智能通水温控系统整体架构示意图

温控策略和通水调控时机、流量等，预测混凝土温度、应力梯度值。智能通水温控系统通过调节通水量和（或）水温，实现对混凝土温度时空、内外、升降个性化梯度联控。

（2）智能通水温控。利用衬砌混凝土光纤测温数据进行反馈仿真分析，可获取混凝土材料实际热学参数，据此可对相同混凝土材料衬砌进行仿真分析，确定合理的冷却水管布置方式，实现智能控温。不同冷却水管埋设位置最高温度对比和最大温度应力对比分别见图 4.4-7 及图 4.4-8。

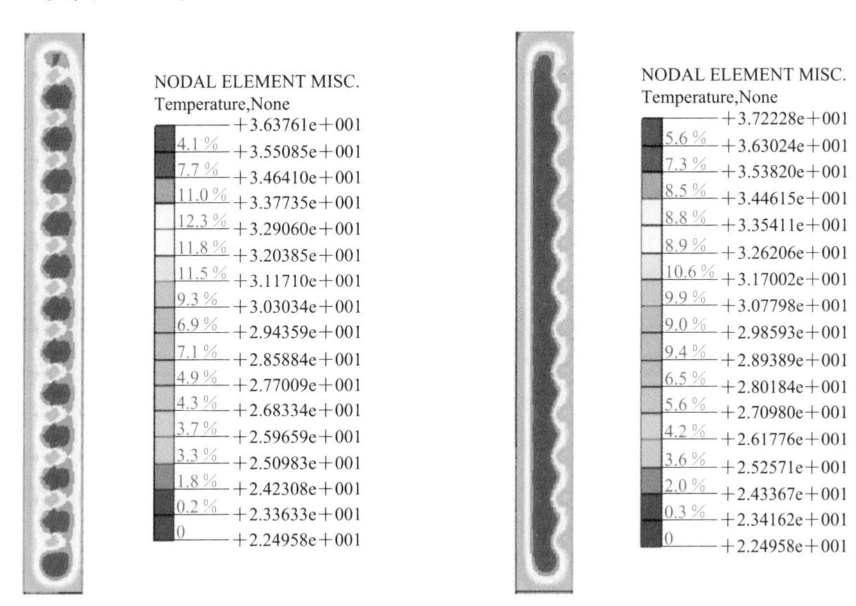

（a）冷却水管居中　　　（b）冷却水管靠基岩布置

图 4.4-7　不同冷却水管埋设位置最高温度对比图

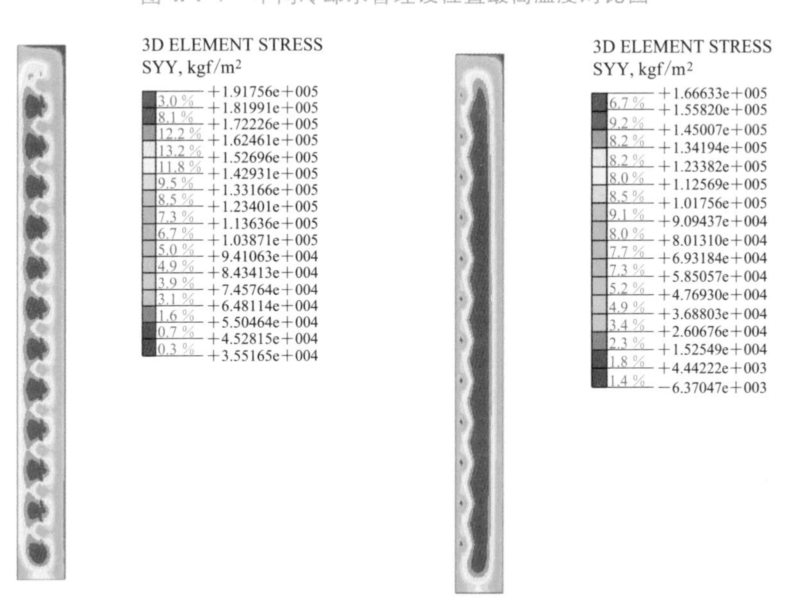

（a）冷却水管居中　　　（b）冷却水管靠基岩布置

图 4.4-8　不同冷却水管埋设位置最大温度应力对比

衬砌混凝土温度场和温度应力仿真分析结果表明，冷却水管靠近基岩布置，最高温度与最大应力较低。根据研究成果，衬砌混凝土冷却水管埋设方式确定为：冷却水管应平行于水流方向布置，埋设在衬砌混凝土中间，衬砌厚度≤1.5m 时，冷却水管单排布置，水管间距为 1.0m；衬砌厚度为≥2m，冷却水管 2 排布置，水管排距 1.0m，间距为 0.75～1.0m。离基岩最近一排冷却水管距基岩面 0.15m。

（3）冷却通水温控标准。结合泄洪洞衬砌施工现场实际施工数据，包括环境温度、冷却通水流量、水温，可模拟不同工况下衬砌混凝土最高温度。根据多个典型工况的温度场模拟，在满足设计温控标准的前提下，可对衬砌混凝土最高温度进一步优化。

衬砌混凝土降温速率控制通过智能控制冷却通水流量和水温来实现。泄洪洞衬砌施工现场智能通水控制柜可提供冷却通水最大稳定流量约为 $4m^3/h$，即智能通水控制柜冷却通水流量可在 $0\sim4m^3/h$ 变化。采用制冷水时，冷却水温可在 15～21℃范围变化。

（4）智能通水施工。通水冷却埋设冷却水管，管材应有良好的导热性能和足够的强度，泄洪洞工程采用高密度聚乙烯塑料管，水管外直径 32mm，壁厚 2mm。

1）冷却水管布置宜平行于水流方向。衬砌厚度≤2.0m 时，冷却水管单排布置，宜固定在 1/2 厚度，水管间距 1.0～1.5m；衬砌厚度不小于 2.0m 时，冷却水管 2 排布置，宜固定在距过流面 1/3、2/3 厚度，间距为 1.0～1.5m。通过样架筋配合铁丝进行固定，固定点间距不大于 1.0m。

2）浇筑历时超过 24h 的仓位，冷却水管宜分区域布置，单根水管长度不宜大于 100m，各区域内冷却水管覆盖后立即通水。

3）根据泄洪洞大量温控试验总结，对于衬砌混凝土一般通水时间可按经验公式进行控制：

$$t_j = 2H + 5 \tag{4.4-1}$$

式中：t_j 为通水冷却时间，d；H 为衬砌结构实际厚度，m。

4）冷却水管中水的流速以 0.6m/s 为宜，通水流量宜控制在 $1.5\sim2m^3/h$，最高温度出现 2d 后可降低通水流量至 $1.0m^3/h$，并满足设计要求。水流方向变换间隔时间应控制小于 24h，可选择 12h 或者 24h 换向。

根据白鹤滩水电站泄洪洞边墙衬砌混凝土典型温控成果，采用智能温控较常规人工温控（简称“常规温控”）降低了最高温度，在升温阶段降低了升温速率，对衬砌混凝土温度控制效果显著。常规温控与智能温控温度曲线对比见图 4.4-9。

4.4.3.3 保湿养护

在低温季节、气温骤降频繁季节（11 月至次年 3 月）和日气温变幅大的季节，混凝土过流面应进行早期表面保护，保护措施如下：洞身衬砌 28d 龄期内选用厚 3cm 聚乙烯保温被覆盖混凝土暴露面，保温被应紧贴被保护面；泄洪洞、施工支洞、通风洞（井）及其他所有孔洞进出口采取挂帘的措施以减少洞内空气流动。

泄洪洞各洞口设有防风措施，用风帘与外部隔断。泄洪洞内日均气温大致在 11～23℃，根据环境条件，设定高温季节和低温季节最高温度控制标准：$C_{90}60$ 衬砌混凝土低温季节最高温度标准为 32℃，高温季节最高温度标准为 38℃。不同环境温度条件下衬砌

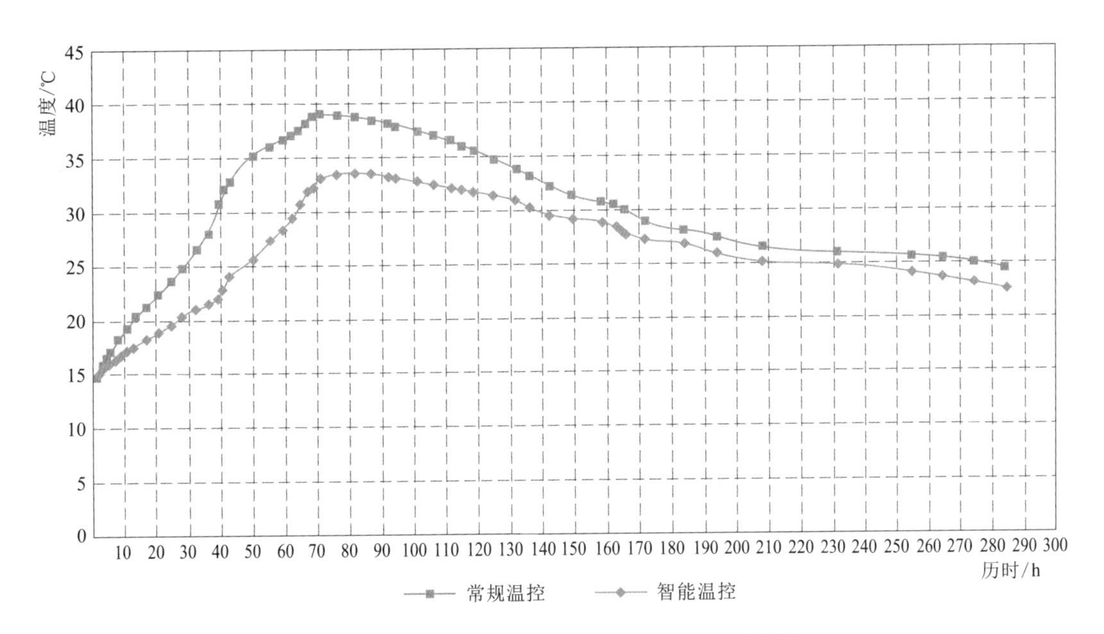

图 4.4-9　常规温控与智能温控温度曲线对比图

边墙最高温度见图 4.4-10。

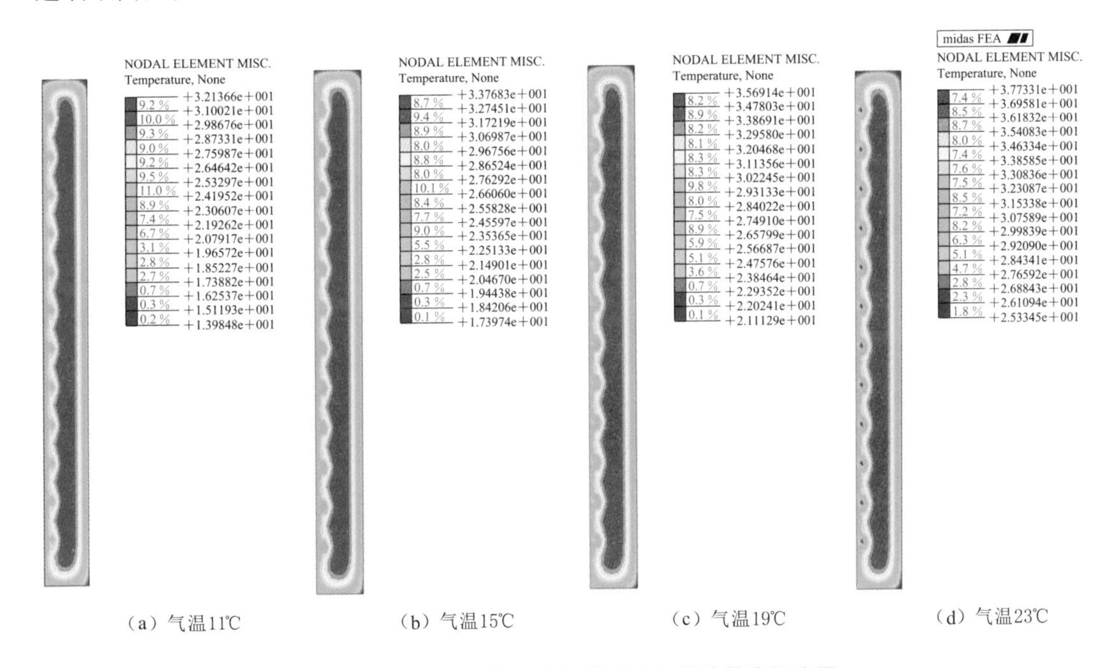

（a）气温11℃　（b）气温15℃　（c）气温19℃　（d）气温23℃

图 4.4-10　不同环境温度条件下衬砌边墙最高温度图

4.4.3.4　其他措施

（1）采用预冷混凝土，在混凝土拌和系统使用风冷骨料和加冰拌和的方式生产预冷混凝土，出机口温度控制在夏天不大于 14℃，有效降低最高温升和初始温差，达到降低表面拉应力的目的，这对防止早期温度裂缝非常有效。混凝土运输距离 1～3km，运输车辆采用防雨、防晒及保温措施。

（2）控制混凝土浇筑温度，参考类似工程经验，并结合白鹤滩水电站泄洪洞实际情况，推荐的混凝土浇筑温度见表4.4-1。

控制混凝土入仓温度应采取以下措施：①运输设备采取隔热、保温、防雨等措施；②固定运输线路，限定运输时间；③混凝土浇筑应尽量避开高温时段，高温时采取喷雾降温，雾滴直径应达到40~80μm。

（3）冷却水管回填。埋设的冷却水管经过闷温检查，闷温时间不少于12h，管内水温满足设计要求后采用0.5：1水泥浆封堵。封堵时先采用循环式，待进出口比重一致，将回浆管扎牢，最后用纯压式封堵，直至不进浆时结束。

白鹤滩泄洪洞浇筑衬砌混凝土52万m^3，混凝土表面龟裂纹明显减少，未发现混凝土温度裂缝。

4.5 思考与借鉴

（1）研发了全过流面低热水泥低坍落度混凝土配合比，且混凝土不掺硅粉、钢纤维，可大幅降低混凝土绝热温升，不仅节约了施工成本，也改善了混凝土施工特性。

（2）“无衬不裂”是洞室衬砌混凝土结构的行业难题，混凝土产生裂缝原因复杂，与混凝土体型结构、分序分段、混凝土原材料、围岩约束、温控措施、施工环境等因素密切相关，每个因素都不可忽视。

（3）白鹤滩水电站泄洪洞工程在建设过程中，通过“产学研用”相结合的方式，揭示了薄壁衬砌混凝土致裂机理；优化了施工顺序，将传统的“先底板+矮边墙、后边顶拱”的顺序调整为“先底板垫层混凝土、再边墙、再顶拱、最后底板”的施工顺序，大大改善了衬砌混凝土结构受力条件。

（4）通过建立薄壁衬砌混凝土温度场、围岩温度场和环境温度场共同作用的计算分析模型，研究降低衬砌混凝土开裂风险，并优化温控策略；发明了智能通水、智能养护装备，有效控制了混凝土最高温度和升温、降温速率。注重施工环境，封闭洞室进出口，避免露天施工条件下风吹、日晒、雨淋以及紫外线照射。上述系列的创新成果，解决了“无衬不裂”的难题，实现了施工期零温度裂缝目标。

第5章　混凝土施工

白鹤滩水电站泄洪洞运行具有高流速、大泄量的特点，对衬砌混凝土施工质量要求极高。通过工程实践，在施工装备研发、施工工艺创新研究与实践等方面取得了突破，主要表现在以下几方面：

(1) 突破传统隧洞混凝土施工的局限，研发了水工隧洞低坍落度衬砌混凝土系列成套施工装备，实现全过流面安全高效浇筑低坍落度混凝土目标，且体型精准。

(2) 创建了水工隧洞镜面混凝土建造成套工艺工法。提出了水工隧洞镜面混凝土的定义及质量标准（见表5.2-1和表5.3-1），建立了施工工序、时间间隔、混凝土可塑性、质量指标“四位一体”的镜面混凝土施工工艺与平整度控制标准，构建了施工缝平滑“无缝”衔接的成套工艺工法，实现了混凝土体型精准、平整光滑、无缺陷建造。

水工隧洞镜面混凝土定义：大面积（大于180m^2）水工隧洞混凝土，体型精准，平整光滑，内实外光，无裂无缺，在保湿养护状态下呈现镜面映射效果。

本章主要介绍白鹤滩水电站泄洪洞各部位过流面混凝土施工关键技术与温控、养护技术，以及混凝土施工的资源配置与工期安排。

5.1　进水塔混凝土施工

白鹤滩水电站泄洪洞进水塔由进水渠和塔体组成，进口为短有压进水口，呈喇叭形结构，体型复杂、异形曲面多。通过采用定型模板和“胸墙一次浇筑成型技术”提高了体型控制精度，避免了进口处出现不利流态。检修闸门与弧形工作闸门之间的流道采用全断面钢衬防护，钢衬底部面积大、施工空间狭窄，采用“钢衬预浇混凝土技术”，确保混凝土浇筑的密实度并防止钢衬抬动。

5.1.1　塔体混凝土施工

进水口底板标准断面的流道混凝土采用台阶法浇筑，台阶宽度不小于2.5m，坯层厚度50cm，由胎带机入仓，圆弧段混凝土采用定型钢模板，底板混凝土采用三辊轴收面。流道边墙混凝土采用TB110布料机、K1800塔机及C7015塔机配套9m^3、3m^3吊罐入仓，平铺法浇筑。由于流道边墩的前端及胸墙顶部为椭圆曲线，该部位混凝土浇筑采用定型钢模板，直线段部位采用悬臂钢模板，检修闸门与工作闸门之间的流道利用钢衬作为模板。塔体常规部位采用K1800塔机配套6m^3吊罐及C7015塔机配套3m^3吊罐进行入仓，分仓高度3m，台阶法浇筑。

5.1.2 钢衬底部混凝土施工

泄洪洞进水塔事故检修闸门至工作闸门之间的流道周边设钢板衬护，过流面底板的钢衬尺寸为19m×15m（长×宽），钢衬底板混凝土的衬砌厚度为5m。考虑到钢衬底板支撑体系的稳定问题，分三层（1.5m+2m+1.5m）浇筑，下部两层浇筑后开始钢衬安装，钢衬安装完成后浇筑底板最后一层混凝土。底板最后一层混凝土浇筑的密实度至关重要。

受施工空间的限制和钢衬特性的影响，钢衬底部混凝土施工存在以下技术难题：①底板最后一层混凝土的作业空间仅高1.5m，因钢衬底部布置有3层纵横向钢筋，钢衬锚筋与混凝土结构钢筋交错布置，基本无人员进行混凝土振捣的作业空间，混凝土浇筑饱满度及振捣密实度难以控制。②钢衬下部由纵横交叉板肋组成，形成约42个方格，每个方格净空为0.98m×0.48m×0.25m（长×宽×厚），钢衬方格内混凝土浇筑密实难度大。③钢衬四面为封闭的模板，若采用常规泵送混凝土，仅靠控制泵送压力满足混凝土浇筑密实性的要求，存在钢衬抬动的风险。

（1）钢衬方格内预浇筑混凝土。为使底板钢衬方格混凝土浇筑密实（见图5.1-1），采用钢衬方格内预浇筑混凝土的方法，即先在钢衬底板的板肋凹陷部位预浇筑混凝土，翻转钢衬后再安装焊接。浇筑完成后按规范要求进行施工缝面凿毛处理，保证与下部混凝土的紧密结合，利用塔机吊装到位。钢衬预浇后吊装就位见图5.1-2。

图5.1-1 钢衬方格内预浇筑混凝土

图5.1-2 钢衬预浇后吊装就位

（2）钢衬与混凝土结合部位浇筑。因底板钢衬预浇混凝土不包括边肋之外的范围，钢衬拼接后将在拼缝下部形成空腔，钢衬底部埋设的泵管难以将空腔充填密实。为了解决这一问题，沿钢衬拼缝每隔3m开孔，孔径ϕ110mm，既用于漏斗下料，也用于排气，当混凝土浇筑至预埋泵管以上30cm后利用漏斗挤压入仓。漏斗设置高度1.2m，上口长、宽均为1.0m，下口设置ϕ110mm圆管与钢衬下料孔衔接。料斗结构尺寸和钢衬部位浇筑原理分别见图5.1-3、图5.1-4。

在料斗浇筑时，下料顺序从一侧逐渐扩展至另一侧，同时观察排气和浮浆排出情况。下料完成后保持料斗内有1m左右的混凝土高度，使钢衬底部始终保持一定的微压，通过附近振捣孔置换内部浮浆和空气，同时避免混凝土自重下沉产生的二次脱空。

待混凝土初凝后失去流动性时，拆除该装置。钢衬与混凝土结合部位浇筑现场见图5.1-5，钢衬底板以下浇筑密实效果见图5.1-6。

该方法有效解决了钢衬底板下部空腔回填密实，同时可防止钢衬在混凝土浇筑时产生抬动和变形，保证混凝土浇筑质量，避免高速水流作用下钢衬因脱空而产生的振动疲劳破坏。

（3）实施效果。在钢衬底板的板肋方格部位预浇筑混凝土，经敲击、取芯检查，未发现脱空现象，通过前期预埋的灌浆管进行灌浆检查，也无灌入量，说明浇筑密实。现场钻孔取芯检查见图5.1-7。

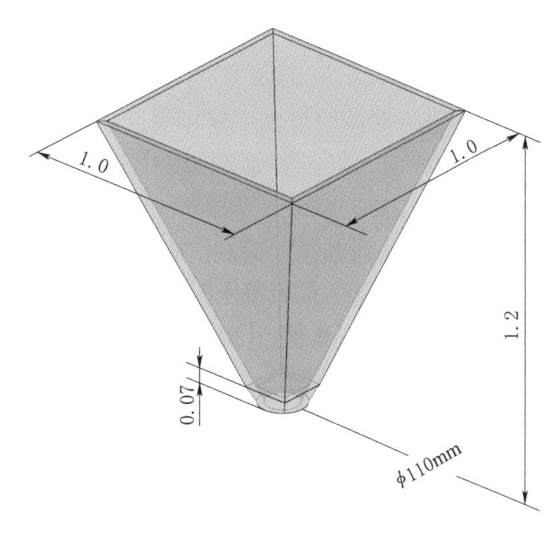

图5.1-3 料斗结构尺寸（单位：m）

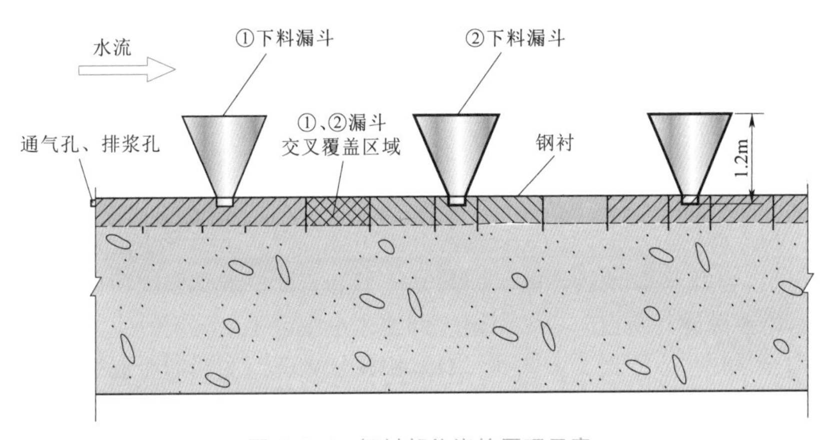

图5.1-4 钢衬部位浇筑原理示意

图5.1-5 钢衬与混凝土结合部位浇筑现场

图5.1-6 钢衬底板以下浇筑密实效果

图5.1-7 现场钻孔取芯检查

5.1.3 大跨度异型胸墙混凝土

泄洪洞进口胸墙跨度大、体型复杂，施工难度高，是制约进水塔整体施工进度的关键因素。若采用常规钢管排架施工，因排架间距小、搭设量大，且承载力有限，只能采用1~1.5m分层施工，加之7d的等强间隔时间，将严重制约进水塔的整体施工进度。同时，多次分层施工，还易出现漏浆、错台、挂帘等质量顽症。经综合研究，胸墙混凝土浇筑采用了高承载能力的“十字盘脚手架+型钢平台”支撑体系和定型钢模板，通过台阶法一次浇筑成型。

（1）支撑体系。十字盘脚手架，钢材强度等级高，承载力大，拆卸方便，可满足首层最大3m浇筑层高的要求。“十字盘脚手架+型钢平台”支撑体系主要由三个部分组成，胸墙混凝土模板支撑体系见图5.1-8。第一部分为高程781.00m以下采用十字盘脚手架；第二部分为型钢平台；第三部分为普通钢管满堂脚手架。

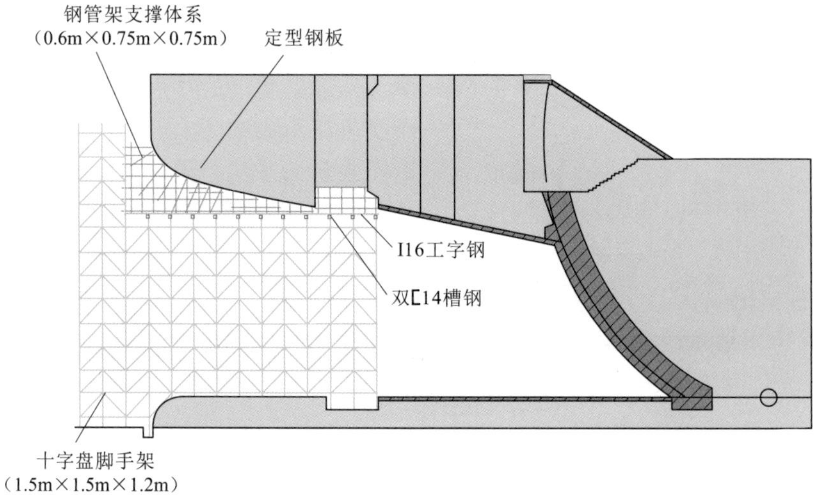

（a）纵断面示意图

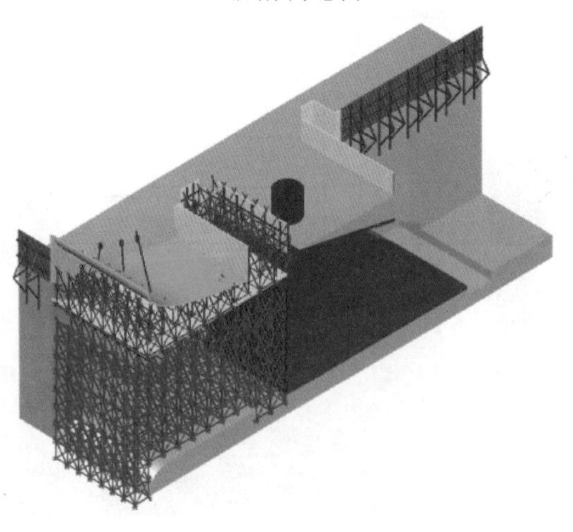

（b）三维模型示意图

图5.1-8 胸墙混凝土模板支撑体系示意图

(2)模板设计。进水塔流道胸墙顶部为椭圆形，两侧端部边墙与底板为圆形，常规悬臂大模板、组合钢模板都无法保证浇筑精度，需采用定型钢模板。考虑到控制流道四周混凝土相贯线体型，该部位的模板按设计曲线采用机械加工，现场整体预拼装。检修闸门与弧形工作闸门之间混凝土施工以钢衬为模板，其他部位采用悬臂大模板，胸墙与边墙模板分块平面见图 5.1-9。

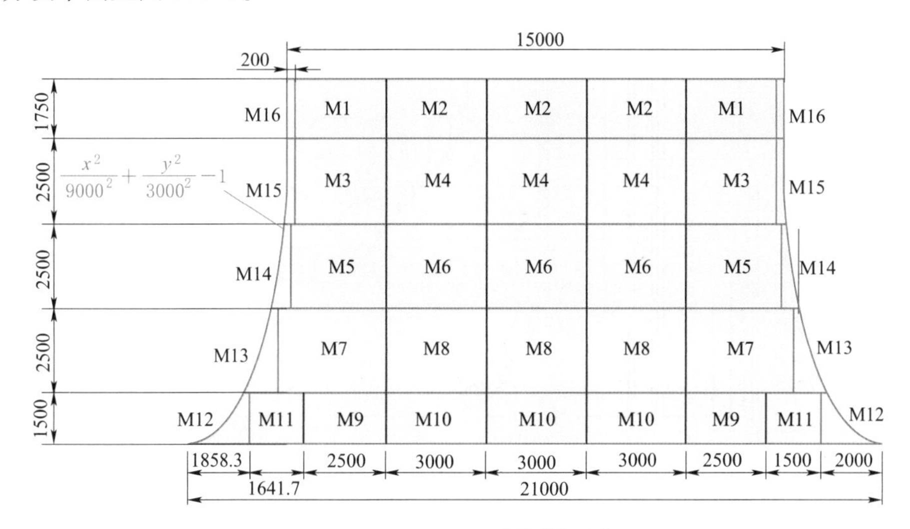

(a)胸墙模板分块

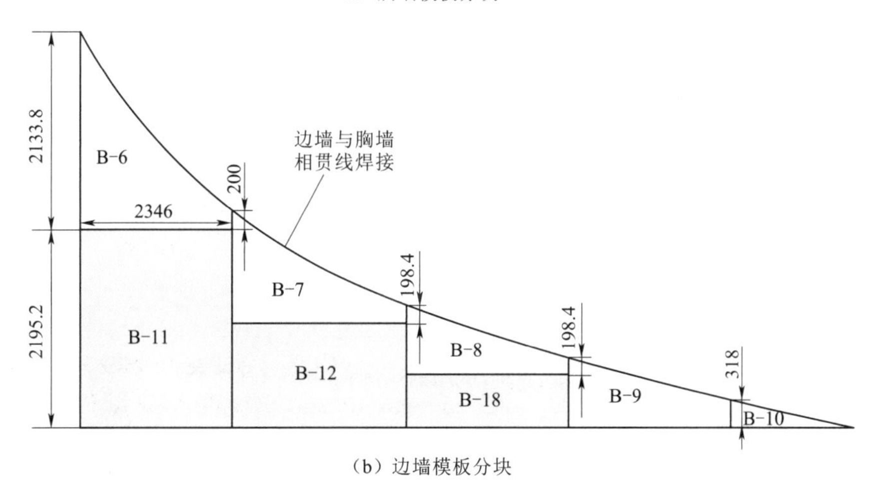

(b)边墙模板分块

图 5.1-9 胸墙与边墙模板分块平面图(单位：mm)

注：M1~M16 为胸墙模板编号，B-6~B-13 为边墙模板编号。

(3)胸墙混凝土浇筑分区与分层设计。流道顶部胸墙混凝土分两区浇筑，分别为一次浇筑成型区和分层浇筑区。

一次浇筑成型区按照斜坡台阶体型一次浇筑成型。分层浇筑区采用台阶法通仓连续浇筑。胸墙混凝土浇筑分区与分层见图 5.1-10。胸墙混凝土台阶法浇筑见图 5.1-11。

(4)实施效果。胸墙浇筑过程中的监测数据表明：其最大变形量竖直方向为 13mm，水平方向为 9mm，满足设计要求。

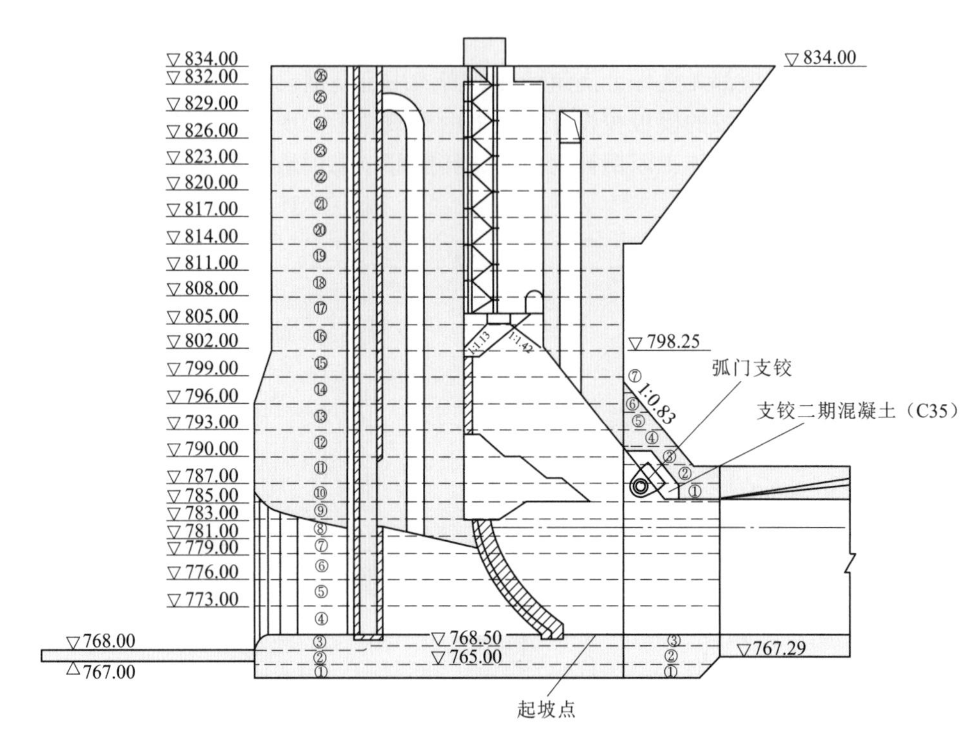

图 5.1-10　胸墙混凝土浇筑分区与分层示意图

注：①~㉖为分层编号。

图 5.1-11　胸墙混凝土台阶法浇筑

流道进口采用定型模板，实现了浇筑体型的精准控制，胸墙采用分区分层一次浇筑成型的方式，加快了施工进度，解决了靠人工拼装小模板带来的质量波动，消除了混凝土外观的模板印迹线，同时，也节约了缺陷修补费用。进水塔大跨度胸墙成型后的效果见图5.1-12。

图 5.1-12　进水塔大跨度胸墙成型后的效果

5.1.4　塔顶施工

5.1.4.1　塔顶面层混凝土施工

白鹤滩水电站泄洪洞进水塔塔顶平面面积约 6100m^2，布置有通风间、楼梯间、防护栏杆、电缆沟、储门库、门机轨道等结构物。

在进水塔塔顶的设计、施工过程中，全面考虑了安全、适用、美观等因素。塔体建筑物外观设计风格，整体与大坝、水电站进水口一致，并满足功能使用要求。塔体面层混凝土施工时，采用三辊轴设备找平、样架精准定位，以及人工抹面技术，确保塔体面层平整光滑。为解决面层积水问题，采取了朝排水沟、塔体外侧双向设坡（坡度 1%）。电缆沟、吊物孔周边采用不锈钢角钢护角，精确安装，误差控制在小于 3mm。

5.1.4.2　塔顶装配式防护栏杆施工

泄洪洞进水口塔顶外缘布设有装配式防护栏杆，栏杆由预制杆件和现浇地梁组成。预制栏杆从专业厂家处定制，确保了栏杆成型质量稳定，外观无色差，无缺角。

采用摩擦型立柱吊装夹具（见图 5.1-13）、穿心式挡板吊装夹具（见图 5.1-14），实现预制栏杆装配式快捷安装施工，并利用立柱调节柱箍临时固定（见图 5.1-15）。地梁浇筑模板系统采用维萨模板，由对穿拉杆固定。地梁混凝土浇筑由人工入仓，复振工艺振捣，面层压实收光，土工布保湿养护。预制栏杆安装效果见图 5.1-16。进水塔栏杆安装形象见图 5.1-17。

图 5.1-13　摩擦型立柱吊装夹具

图 5.1-14　穿心式挡板吊装夹具

图 5.1-15　立柱调节柱箍临时固定

图 5.1-16　预制栏杆安装效果

图 5.1-17　进水塔栏杆安装形象

5.1.4.3　塔顶通风间清水混凝土施工

泄洪洞进水塔塔顶布置有 3 个楼梯间及 9 个通风竖井式通风间，均为钢筋混凝土“框架-剪力墙”结构，体型较小，由清水混凝土浇筑而成，外观质量要求很高，为确保一次浇筑成功，在闲置施工场地内按 1∶1 体型，成功探索出精细的施工工艺。

图 5.1-18　维萨模板

清水混凝土模板采用维萨模板见图 5.1-18，根据结构尺寸逐块拼图下料（见图 5.1-19），拼缝处采用明缝条，转角部位采用倒角条，通过模板对拉拉筋（见图 5.1-20）和柱箍（见图 5.1-21）加固模板，固定模板的孔壁处设有塑料管，便于拆模。所有模板孔应整齐划一，在模板安装前钻好孔。采用清水混凝土专用配合比（为解决色差问题，不掺粉煤灰），吊罐入仓见图 5.1-22，仓内布置料斗及 DN100 消防水带（见图 5.1-23），可有效避免浇筑时混凝土浆液飞溅污染模板。采用平铺法浇筑，坯层厚度 30~40cm，振捣棒套管插入，复振工艺振捣。拆模后采用土工布保湿养护，达到设计龄期后面层均匀涂刷混凝土保护剂。进水塔通风间浇筑效果见图 5.1-24。

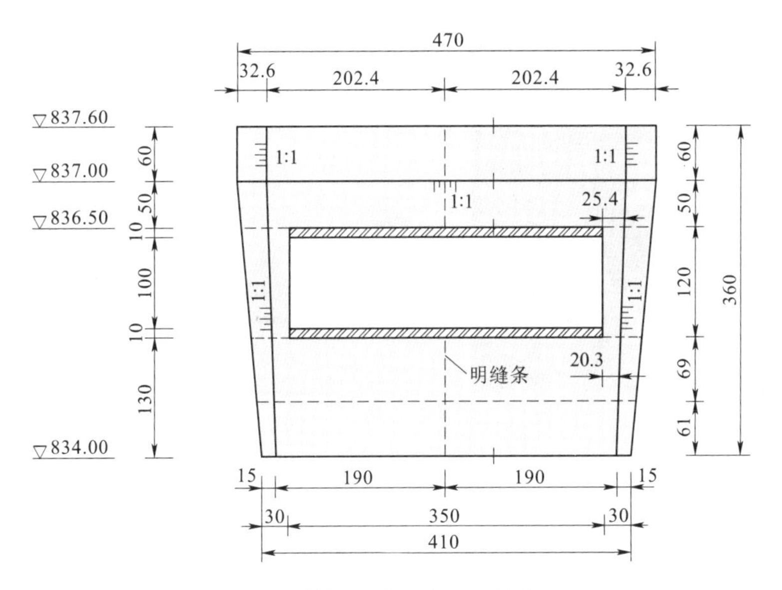

图 5.1-19　模板分缝示意图（单位：cm）

图 5.1-20　模板对拉拉筋

图 5.1-21　柱箍

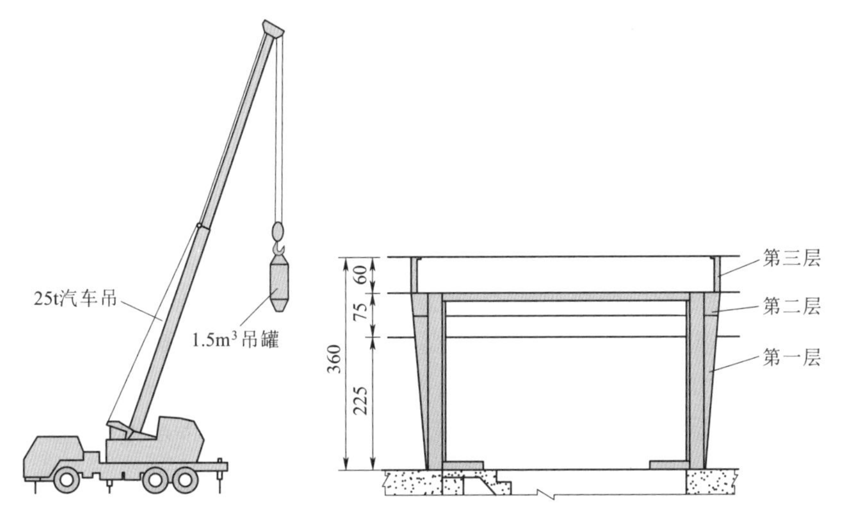

图 5.1-22　吊车配吊罐入仓示意图

图 5.1-23 料斗及 DN100 消防水带

图 5.1-24 进水塔通风间浇筑效果

5.2 上平段混凝土施工

上平段过流面镜面混凝土质量标准见表 5.2-1。

表 5.2-1 上平段过流面镜面混凝土质量标准表

序号	主要项目	规范（行业）标准	精品工程质量标准
1	体型控制	平均体型偏差±20mm	平均体型偏差≤7mm，体型偏差≤7mm 的占比≥95%
2	不平整度	2m 靠尺检测值≤4mm	2m 靠尺检测值的平均值≤3mm；3mm 以下的占比≥90%
3	外观	混凝土表面无钢筋头和其他埋件残留，无蜂窝、麻面，无混凝土砂浆块和挂帘	密实、平顺、光滑；施工缝无破损，平顺衔接无错台；无碰伤破损
4	混凝土养护	洒水湿养护，表面保持湿润状态，养护龄期 28d	养护龄期不少于 90d，边墙流水养护、底板满铺土工布均匀保湿养护
5	锚筋	锚筋合格比例≥80%	锚筋合格比例≥95%，无Ⅳ类锚筋
6	单元工程一次验收合格率	≥90%	≥98%
7	单元工程优良率	≥90%	≥98%

白鹤滩水电站泄洪洞上平段体型相对单一，底板为坡度 1.5% 的缓坡，进口段 26m 范围顶拱为渐变体型，由矩形渐变为城门洞型，最大流速小于 29m/s，出现气蚀破坏的风险相对较小。其关键措施为：严格控制衬砌混凝土的体型偏差、表面不平整度，避免错台、凸起、坑洼等质量缺陷。

为了确保上平段的施工质量，研制了系列的成套施工装备，探索了先进的施工工艺。研制的“高边墙低坍落度混凝输输料系统”实现了高边墙 50~70mm 低坍落度混凝土的安全高效入仓，发明的“高边墙施工缝面无缝衔接工艺”“台车四点两线标准化校模”等技术解决了衬砌混凝土质量缺陷。底板混凝土采取全幅施工、台阶法浇筑，利用 TB110 布料机入仓，发明的“大跨度三辊轴设备及高精度隐轨系统”和“底板五步法收面工艺”等水工隧洞镜面混凝土施工技术，实现了过流面不平整度的精确控制，确保了底板的施工质量。上平段混凝土主要施工方法及顺序如下。

（1）底板垫层采用C20混凝土、半幅浇筑，$9m^3$混凝土罐车运输、直接入仓，人工ϕ50mm软轴振捣器振捣。

（2）边墙混凝土利用台车立模，台车模板选用15mm钢板以增加刚度，采用20t自卸车运输50~70mm低坍落度混凝土，通过研制的“高边墙低坍落度混凝土输料系统”并结合仓内变径溜桶实现混凝土入仓，平铺法分层下料、两侧均匀上升，人工平仓振捣。

（3）顶拱混凝土采用钢模台车施工，混凝土主要通过$9m^3$罐车运输至现场，使用HBT80混凝土地泵入仓，退管法浇筑。

（4）底板混凝土采取全幅施工，台阶法浇筑，分层厚度40~50cm，25t自卸车运输、TB110布料机入仓。

（5）堵头采用普通钢模板立模，局部采用木模板，底板过流面采用大跨度三辊轴设备及高精度隐轨系统大面整平，通过抹面机和抹刀人工收面。

5.2.1 边墙镜面混凝土施工技术

5.2.1.1 钢筋及预埋件安装

边墙衬砌混凝土的钢筋主要为HRB400E型ϕ32mm和ϕ25mm钢筋，由附属加工厂统一加工，现场安装采用定制的等间距“专用钢筋间距卡”控制钢筋间距，接头采用直螺纹套筒连接。

预埋件主要有止水和透水盲管。其中铜止水先采用定型模具按6m标准节挤压成型，然后在止水鼻子内填充橡胶棒和沥青麻丝。安装时，由挂线和垂球联合定位，通过“U”形定型架管支撑固定。橡胶止水与铜止水之间采用铆接方式连接。安装透水盲管前，提前规划安装线路，保证整体坡度，安装时采用“Ω”形铁箍支架固定，引水至掺气坎或支洞部位排至洞外。上平段钢筋安装效果见图5.2-1，铜止水定型卷材加工装置见图5.2-2，铜止水安装效果见图5.2-3。

图5.2-1 上平段钢筋安装效果

图5.2-2 铜止水定型卷材加工装置

5.2.1.2 边墙台车精准定位

台车面板定位直接关系衬砌混凝土的体型和不平整度。为了实现衬砌边墙混凝土体型精准、平整光滑，台车面板与已浇筑混凝土搭接紧密，避免浇筑过程由于漏浆而导致的蜂窝麻面等质量缺陷。台车面板背部设置有密集的支撑系统，不具备面板全站仪等高精度测量通视条件，无法直接测量、校准台车面板中部模板的偏差。通过探索，采用台车四点两线标准化校模技术可实现台车全面板精确定位，同时可避免调校错误造成搭接面混凝土受力不均，防止出现施工缝阳角破损。

图 5.2-3 铜止水安装效果

（1）台车定位。通过在钢模台车上游边和下游边设置测量基准点，在测量基准点上牵引水平钢丝线，沿台车顶边和底边牵引垂直钢丝线，用钢丝线加钢板尺配合全站仪检查钢模中间部位台车模板定位偏差，以解决钢模台车中间部位混凝土体形偏差问题，水平和垂直钢丝线按照 2m 间距布置。

1）校模流程。面板搭接调校点位见图 5.2-4，校模流程如下：①首先贴紧 *AB*；②测量校核并调整 *CD*；③锁死固定 *CD*；④两端拉线调整 *BD*、*AC*；⑤调整模板中部大面，并支撑中部千斤顶；⑥测量最终校核自由端模板。

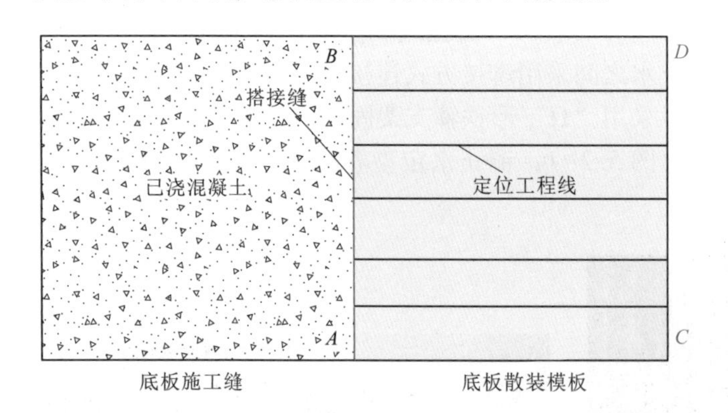

（a）平面示意图

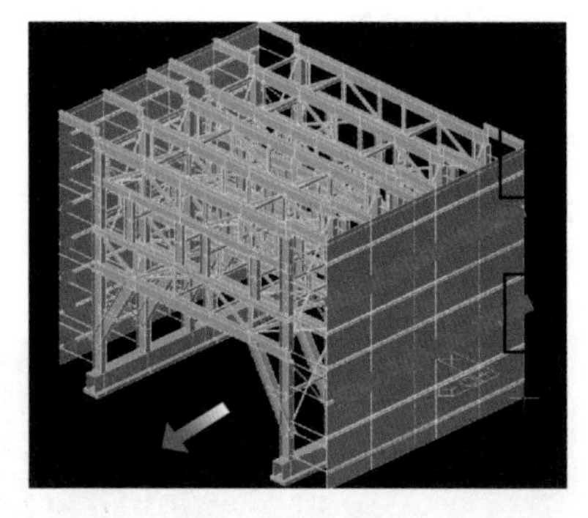

（b）三维示意图

图 5.2-4 面板搭接调校点位示意图

2）面板调校。为了精确调校面板，在钢模台车两端面板侧面相同位置粘贴 5cm×5cm 反光贴作为测量标识点（见图 5.2-5），并沿台车四周边缘垂直面板焊接悬挑支架（可采用短钢筋），借助悬挑支架沿台车面板背部布置水平和垂直钢丝线。

在台车调校时，首先利用全站仪对台车两端测量标识点进行调校，使台车面板上下游边线与衬砌体型边线一致；然后对钢丝线两端进行调校，使钢丝线与设计衬砌混凝土体型线平行；最后通过测量台车中间部位钢丝线至台车模板内侧的垂直距离，确定台车中部面板与设计衬砌混凝土体型偏差值（见图5.2-6），通过面板背部顶丝杆进行针对性调校，直至台车面板全部满足设计衬砌混凝土体型要求。

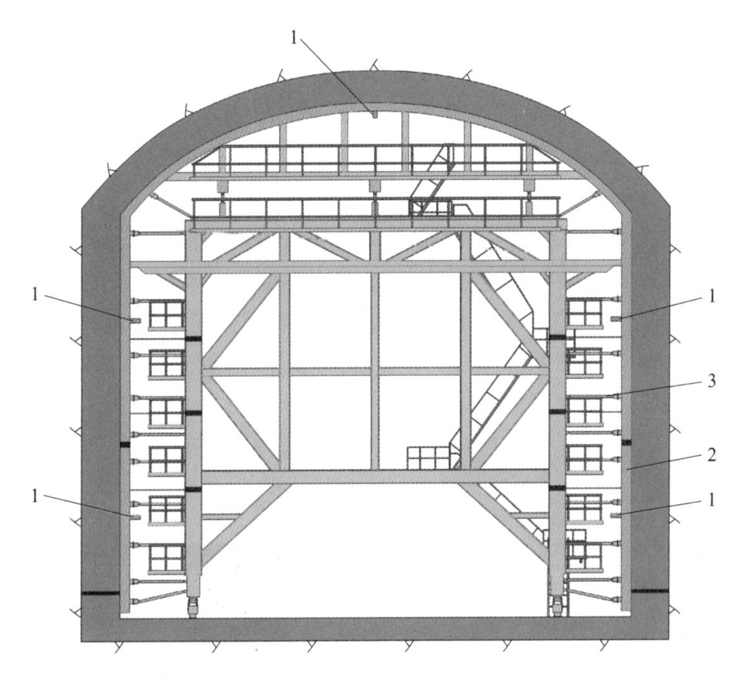

图5.2-5　钢模台车模板测量基准点设置示意图

1—测量基准点；2—模板；3—模板支撑系统

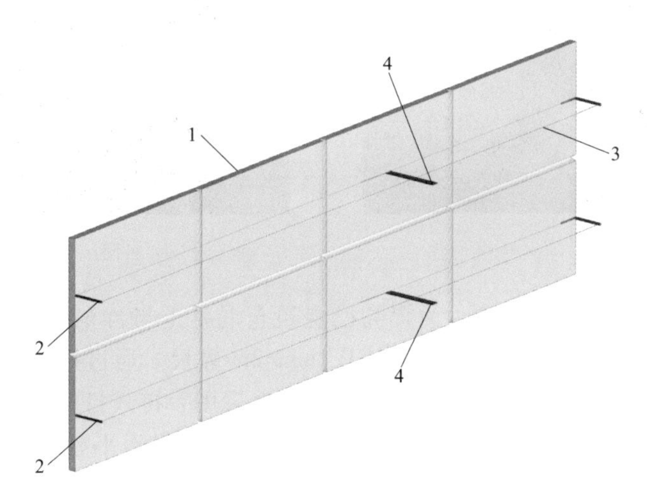

图5.2-6　钢模台车中间部位模板定位测量示意图

1—模板；2—测量基准点；3—水平钢丝线；4—钢板尺

（2）实施效果。现场实测结果表明：台车模板定位精度可控制在3mm以内，混凝土浇筑后体型偏差7mm以内的点占总数的95%以上。

5.2.1.3 竖向施工缝精细化施工

高边墙衬砌混凝土施工主要有两个质量控制难点，一是施工缝部位蜂窝麻面、错台、缝面缺损等属于混凝土施工常见质量缺陷，甚至是质量顽疾，在高速水流作用下易诱发大面积气蚀破坏；二是用于立模和体型控制的台车面板循环使用过程中容易变形，影响衬砌混凝土体型和不平整度。为实现泄洪洞精品工程，创新提出了高边墙施工缝面无缝衔接工艺。为达到施工缝无缝衔接，需在传统施工工艺基础上细化、提升，包括竖向施工缝处理、底部水平施工缝处理、下游侧堵头模板控制、台车面板维修、台车面板搭接技术、混凝土浇筑过程控制等各方面。

（1）竖向施工缝处理。竖向施工缝面处理。施工缝外侧 5cm 范围，采用以磨代凿的技术，将混凝土表面乳皮打磨清除，提高施工缝阳角强度，防止施工缝面产生人为缺陷。针对施工缝阳角浮浆层较厚的情况，沿施工缝在过流面方向 1cm 范围、垂直过流面方向 5cm 的范围内进行划线（见图 5.2-7）、切缝处理，既可提高缝面混凝土强度，还可以消除可能存在的缝面缺损。当缝面缺损在过流面方向大于 1cm 时，需对缝面混凝土进行切割，切割范围应按缺陷最大延伸范围确定，切割完后再进行打磨（见图 5.2-8），确保缝面平直光滑、无缺陷。

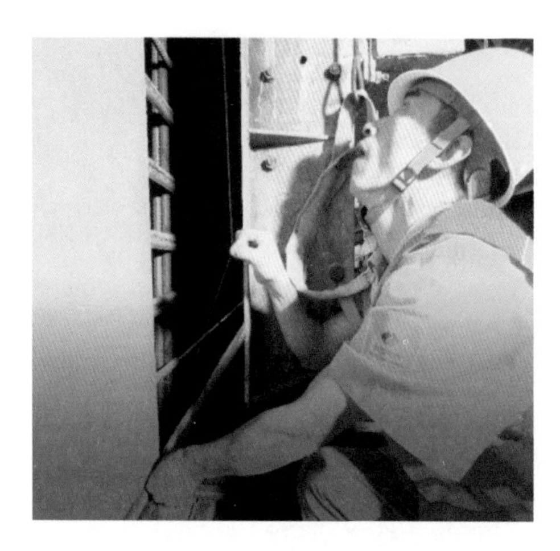

图 5.2-7　边墙竖向施工缝划线

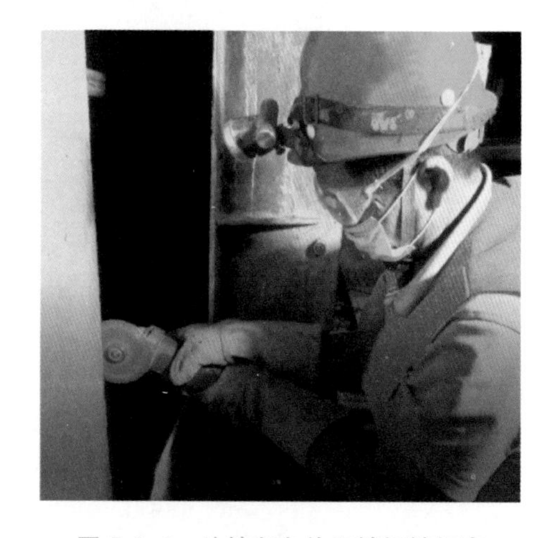

图 5.2-8　边墙竖向施工缝切缝打磨

竖向搭接面（过流面）处理。为提高已浇筑仓混凝土与台车面板搭接面的贴合度，避免漏浆，要求搭接面混凝土不平整度小于 1mm/2m 靠尺。通过挂线与手电筒结合的方法，检查搭接面并圈出凸出部位（见图 5.2-9），然后用手持式打磨机将圈出的凸出部位磨平，通过反复操作上述步骤，直至搭接面满足精品工程不平整度要求。处理宽度约 20cm，钢模台车与处理面采用软搭接方式。

双胶止浆。搭接缝面处理完成后先在搭接面粘贴一层透明胶，再粘贴一层止浆条（见图 5.2-10）。先粘贴一层透明胶是为了便于后期清理止浆条，保持外观整洁，止浆条用于防止漏浆。止浆条厚度 2mm，压缩后小于 1mm。

（2）底部水平施工缝处理。白鹤滩泄洪洞采用先边墙后底板的施工顺序。受底板预埋钢筋影响，衬砌边墙混凝土施工时，底板钢筋以下需采用散拼模板。为了确保边墙与底板交接处无缺陷，在台车面板设计时将台车面板向下延伸至底板过流面以下10cm，避免边墙过流面出现缺陷。底部散拼模板立模采用内外双支撑，避免散拼模板变形导致出现漏浆，散拼模板与台车模板搭接面应粘贴止浆条。由于台车底部受侧压力最大，需在台车面板底部增加斜支撑（见图5.2-11）。

图5.2-9 边墙竖向施工缝效果检测

图5.2-10 边墙竖向施工缝双胶止浆

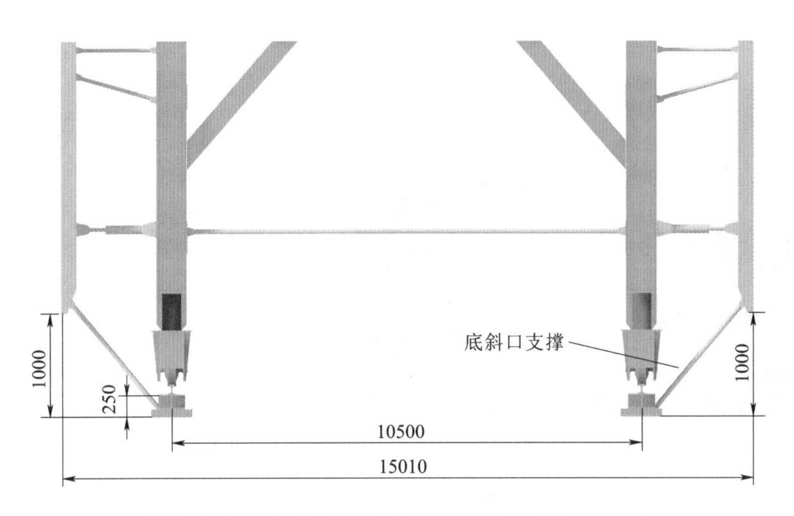

图5.2-11 台车底板斜支撑示意图（单位：mm）

（3）下游侧堵头模板控制。下游侧堵头宜采用强度高、平整光滑的木模板或钢模板（见图5.2-12），堵头模板与台车面板侧面搭接时应提前粘贴止浆条，确保拆模后施工缝面平整光滑、无缺陷，可减小后续备仓时施工缝面处理工作量。

（4）台车面板维修。台车面板执行“一仓一打磨、三仓一检修”的制度，每仓施工完成后对台车面板表面进行打磨抛光清理，确保平整光滑、无杂物，检修时重点检查模板拼缝部位的不平整度，发现面板变形应及时调整。混凝土浇筑前对台车面板全面涂刷脱模剂，脱模剂应涂刷均匀、无杂质。经试验，采用一级食用大豆油作为脱模剂，其在干热河谷环境下应用效果较好，混凝土外观颜色均一。

（5）台车面板搭接技术。台车面板搭接很关键，若搭接过紧，已浇边墙会受力过大

图 5.2-12　下游侧堵头模板

而破损，若搭接过松，则会产生错台或漏浆。为避免出现上述情况，采取以下方法：台车行走至待浇仓后，利用模板背部的液压千斤顶使台车面板与上一仓混凝土初步搭接。搭接完成后对搭接面进行调校，调校过程中应采用内外双控制的方法，即仓外部通过螺杆对面板进行微调，仓内部专人观察止浆条压缩情况，直至止浆条压缩至 1mm 以下，调校完成后用手电筒光线检查止浆效果，确保不透光、无漏浆点，最后用刀片清理搭接面部位止浆条因受挤压而进入仓内的部分，避免出现缝面缺损。

图 5.2-13　百分表监控台车面板变形

（6）混凝土浇筑过程控制。止水部位的振捣棒要求距离止水不小于 15cm，避免碰撞止水。对混凝土下料口部位的台车面板采用防污染保护措施，已经受污染的面板应及时清理干净，并再次补刷脱模剂。

台车在浇筑过程中承受混凝土侧压力，为防止台车变形过大，需在台车纵梁部位增加横支撑。浇筑过程中，需专人用百分表（见图 5.2-13）监控台车面板变形，变形量超过 1mm 时，及时微调台车面板背部螺杆，使其变形始终控制在容许范围内。

5.2.1.4　混凝土浇筑

（1）入仓。混凝土入仓采用水平旋转布料系统，由下游侧下料口开始下料，左右边墙循环对称下料。溜桶底部位置距混凝土面宜在 1～1.5m 范围内，随仓面升高及时调整，下料口部位放置塑料薄膜并延伸至仓内，防止浆液溅射，污染模板。

（2）平仓与振捣。混凝土平铺法浇筑，坯层厚度 50cm，采用 ϕ100mm 振捣棒复振工艺振捣，振捣参数按表 5.2-2 执行，混凝土上升速度控制在 1m/h 左右。

5.2.1.5　智能养护

常用的混凝土养护手段包括蓄水养护法、覆盖保湿养护法、洒水养护法、喷涂养护液等。对于大型水工建筑物，上述方法均难以实施，即使实施，其施工成本也难以接受。通过探索，从混凝土养护机理出发，研发了一套智能养护系统（见图5.2-14），既可保证养护质量，也可大幅降低用水量，节约施工成本。

表5.2-2　振捣参数表

初振			间隔/min	复振		
间距/cm	时长/s	距模板/cm		间距/cm	时长/s	距模板/cm
40	40	20	20	40	60	20

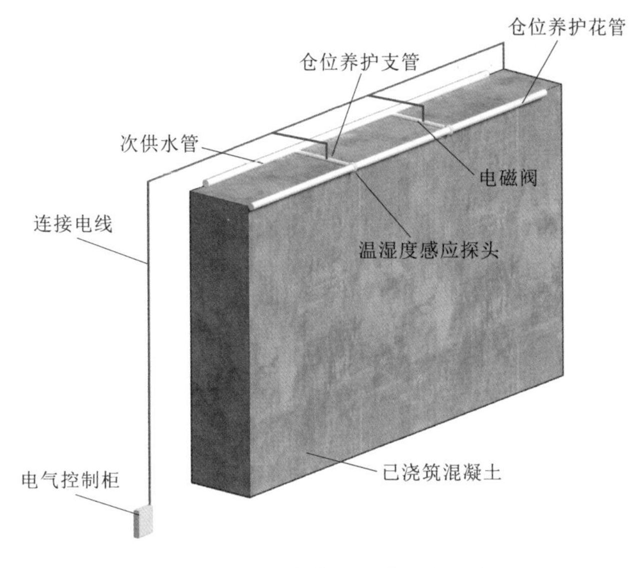

图5.2-14　智能养护系统组成示意图

（1）设备组成。该设备由供水系统、电气控制系统和环境数据采集系统组成。

供水系统由增压泵、供水管和养护花管组成。养护花管采用ϕ32mm的聚乙烯塑料管，布置在衬砌边墙顶部外缘，在塑料管上间隔5cm进行开孔，孔径ϕ2mm，梅花形布置，通水养护时可形成均匀的水幕。

电气控制系统由可编程脉冲控制仪、电磁阀、继电器、漏电保护器等组成，脉冲控制仪用于设定电流脉冲持续时间和间隔时间，以控制与之相连的各支路继电器的通电与断电，然后由继电器控制与之相连的电磁阀开启与关闭，从而控制养护水流。

环境数据采集系统由风速测定仪、温湿度感应探头等组成，用于测定已浇筑混凝土表面的温度、湿度、风速参数。

（2）智能养护系统的工作原理。智能养护系统的工作原理是通过环境数据采集仪器获取养护洞段的风速、湿度、温度等参数，通过数据处理中心计算出混凝土表面湿度，并分析出混凝土表面养护所需喷水量和持续时间，进而通过调整脉冲控制仪电流脉冲持续和间隔时间，达到调整喷水时间的目的，通过调整主供水管与次供水管间的连接阀门来达到调整喷水水幕大小的目的，并记录整理保湿养护成果。智能养护系统工作原理见图5.2-15。

根据白鹤滩水电站泄洪洞工程建设经验，衬砌边墙混凝土保湿养护目标控制参数为保

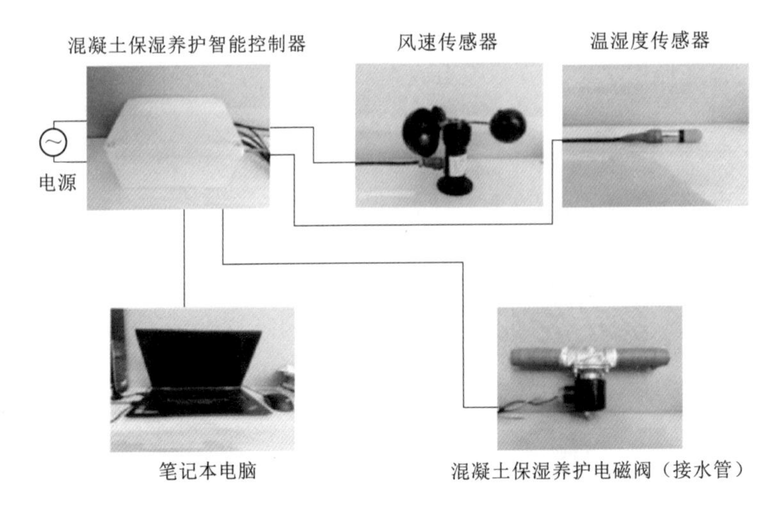

图 5.2-15　智能养护系统工作原理图

持混凝土表面湿度不低于 98%，养护龄期 90d，水温冬季控制在 10℃左右，夏季 15℃左右。

(3) 智能养护系统应用效果。智能养护系统实现了混凝土表面间歇性循环养护，保证了养护的及时性和均匀性，对比传统的人工洒水养护，可节约人工成本 80%，节约养护用水 80%，大幅度降低了施工成本。

5.2.2　底板镜面混凝土施工技术

根据类似工程经验，高速水流作用下底板较边墙更易发生破坏，但底板不同于边墙混凝土衬砌可利用台车面板控制体型和平整度，底板体型控制和平整度控制主要依靠收面设备和施工工艺。在以往的工程实例中，以隐形支架和刮板或拖模以及工人的经验控制底板施工质量，质量波动性较大。为精确控制底板混凝土平整度与光滑度，确定了隐轨定型、三辊轴整平、人工收面、施工缝打磨保护等工艺，实现底板混凝土无缺陷建造。通过试验，确立了基于混凝土可塑状态分时段采用不同收面设备以及专业的工匠操作的施工方法，严格控制施工质量，将经验化施工提升为标准化施工。

5.2.2.1　锚筋与钢筋安装

按照锚筋布置图采用全站仪逐孔放样标识，为保护洞内环境，采用潜孔钻机钻孔，单孔钻孔完成后（见图 5.2-16），用锥形木棒保护孔口，防止杂物进入孔内。锚筋安装前，将高压水管插入孔底，高压水冲洗干净，最后用略小于锚筋孔直径且端部封闭的 PPR 管缓慢插入锚筋孔，以排出孔内积水。锚筋安装采用“先注浆后插杆”工艺，注浆量根据试验确定，以防止注浆过量，污染环境。锚筋的安装高程至关重要，过高与过低都会影响后续的钢筋安装。利用自制的可双向旋转调平样架控制锚筋安装高程（见图 5.2-17），安装完成后，焊接定位筋固定。之后按设计要求安装绑扎底层与面层钢筋。

5.2.2.2　隐轨安装

隐轨是三辊轴设备的行走轨道，因混凝土浇筑完成，需拆除轨道，看不见而得名“隐轨”（见图 5.2-18），隐轨的刚度及安装精度直接决定浇筑混凝土体型。隐轨是一根

ϕ60mm 且内部灌满砂浆的钢管，由“U”形底托支撑，底托间距 50cm，底托为螺杆结构，底托下部为长螺母，依靠旋转底托可调整底托高度，每旋转半圈，底托可上升或下降 1mm。每个长螺母再由 ϕ25mm 钢筋独立支撑（不得与架立筋混用），两者焊接牢固，支撑钢筋间距 1m，其底部插入垫层混凝土内。测量人员根据设计高程对隐轨进行逐根放样，安装人员通过旋转底托调整隐轨高程，使其顶面与设计过流面高程、坡度完全一致。全部调整完成后测量人员需再次对隐轨全面复核。

图 5.2-16　锚筋钻孔完成后效果

图 5.2-17　可双向旋转调平样架

隐轨安装完成后进行三辊轴设备行走试验，行走时，用百分表监测隐轨变形见图 5.2-19，隐轨下沉值不得超过 1mm。

图 5.2-18　隐轨

图 5.2-19　百分表监测隐轨变形

5.2.2.3　底板施工缝精细化施工

（1）下游堵头模板安装。下游面的堵头模板控制重点在于顶部，堵头模板顶部采用 10 号槽钢通仓安装，由独立的钢筋支撑，以保证施工缝平直光滑（见图 5.2-20）。槽钢要求完好、平整，无坑洼、褶皱及其他缺陷。在槽钢安装过程中通过测量手段精确控制槽钢顶面高程及坡度与过流面一致，此点尤为重要，是工人收面时用靠尺检测控制不平整度的关键。堵头下部采用散装模板，模板安装应满足不漏浆的标准。

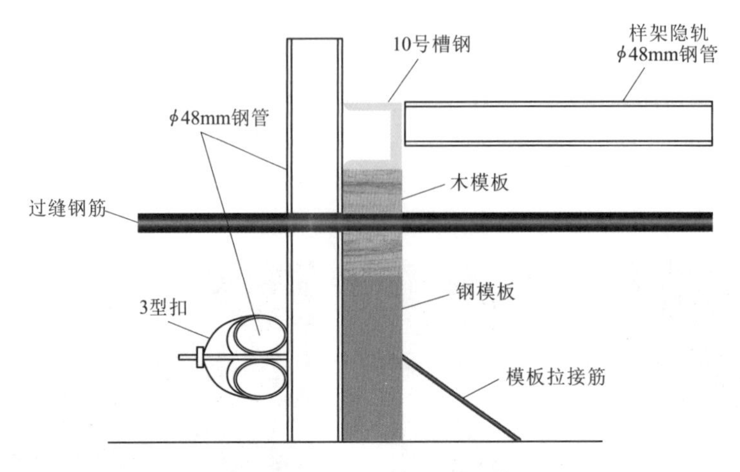

图 5.2-20 堵头模板安装示意图

（2）已浇仓位施工缝面处理。已浇仓位的施工缝面在混凝土浇筑至顶部前，使用专用摩擦型棱角保护装置保护，防止人员踩踏，造成缝面破坏。底板缝面棱角保护装置见图5.2-21。

图 5.2-21 底板缝面棱角保护装置

横向施工缝过流面及以下 10cm 的部位，采用划线、角磨机打磨方法，去除乳皮并使其平直，打磨时用靠尺压边防损。若存在缝面损边缺陷，应进行切缝处理，确保横向施工缝面平直、光滑、无缺陷。

（3）边墙与底板相交施工缝处理。纵向边墙施工缝应在边墙拆模后进行凿毛，凿毛范围按照底板过流面以下 2cm，在边墙上弹墨线控制，严禁凿毛破坏过流面以上边墙混凝土。

5.2.2.4 混凝土浇筑与收面

采用 50~70mm 低坍落度混凝土，自卸车运输，扒渣机+TB110 布料机入仓，垂直水流方向布料，台阶法浇筑，坯层厚度 50cm，采用 ϕ100mm 振捣棒平仓振捣。最后一坯层下料沿单侧 6~7m 方形布料，便于及时启动单侧三辊轴初平。止水周边由专人采用 ϕ70mm 振捣棒斜插平仓，循环抽插振捣 2~3 次，保证止水周边振捣密实。

经过大量的实践探索，发明了“底板五步法收面工艺”（见表 5.2-3）。其流程为：①混凝土平仓振捣；②三辊轴整平；③抹面机圆盘初抹 2 遍，并再次整平；④校核高程、不平整度；⑤靠尺检查；⑥拆除样架；⑦回填、振捣；⑧抹面机圆盘局部整平；⑨拆除圆盘；⑩抹面机刀片收光（2 遍）；⑪人工精准收面（2 遍）（见图 5.2-22）。

（1）三辊轴碾平（碾）。在混凝土具有较好的可塑性时进行三辊轴碾平，其主要作用为大面积整平和提浆，是控制混凝土不平整度的主要工序之一。三辊轴设计长度 8.5m，共

表 5.2-3　底板五步法收面工艺参数表

序号	工艺	整平设备及操作	启动时间	施工时混凝土状态	目　标
第一步	碾	三辊轴碾平	混凝土浇筑完成后开始（分左右半幅施工）	混凝土和易性较好	大面整平，平整度可控制在7mm/2m 靠尺
第二步	填	隐轨拆除填平	紧随三辊轴初平完成后开始	混凝土和易性较好	隐轨部位补料和整平
第三步	搓	抹面机圆盘搓毛整平	在第 2 步后约 5h	踩在混凝土表面有脚印，深度约 3mm	抹面精度小于 4mm/2m 靠尺，使表层砂浆拌和均匀
第四步	抹	抹面机刀片抹面	在第 3 步后约 3h	用手指用力按混凝土有手印，表面"收干"，人踩基本无脚印	收光、消除表面砂眼，抹面精度小于 3mm/2m 靠尺
第五步	收	人工压抹收光	在第 4 步后启动	接近混凝土初凝状态	消除抹刀刀痕、提高光洁度，抹面精度小于 2mm/2m 靠尺

两台，每台配置 2 台驱动电机，可单独开启一台驱动装置以调整三辊轴系统行走方向。三辊轴上部设置桁架作为操作平台，必要时增加配重水箱，防止三辊轴在整平过程中上浮。浇筑时分左右半幅进行，两台三辊轴整平搭接范围不小于 1m。在施工过程中应注意以下要点：①在三辊轴出入施工仓面时，应沿隐轨铺设橡胶垫片，防止三辊轴进出仓面时破坏已浇筑仓混凝土缝面。②泄洪洞有 1.5% 的纵坡，由于使用三辊轴初平时混凝土呈塑性状态，为防止混凝土向下游流动，三辊轴自下游向上游振动行驶，自上游向下游无振动行驶。③三辊轴运行时根据行驶"印记"判断混凝土表面的凸起及凹坑，此时需要有经验的布料人员按需补料或刮除混凝土，补料工作在三辊轴平台上完成，严禁人员踩踏混凝土表面。

三辊轴一般往复行驶 4~5 遍，不平整度应控制在小于 7mm/2m 靠尺，三辊轴整平是使混凝土表面平整的最基础的工作。

（2）隐轨拆除填平（填）。三辊轴运行结束后，拆除隐轨并回填混凝土［图 5.2-22（b）］。回填混凝土时剔除中石以便于振捣收面。采用 ϕ70mm 振捣棒振捣回填混凝土，振捣间距不大于 30cm，等距离斜插振捣。振捣完成后用"退步法"自上而下对回填混凝土进行砂抹收面，不平整度检测应小于 7mm/2m 靠尺，对局部超标点采用砂抹进行反复压抹，严禁采用刮尺刮除混凝土的方法。

（3）抹面机圆盘搓毛整平（搓）。混凝土浇筑约 5h 后，用自制沉入深度专用检测工具检测混凝土表面沉入深度。根据试验，在沉入深度约 3mm 时，即可使用抹面机抹面。抹面机依靠自重和圆盘旋转进行混凝土表面搓毛和整平，将表层水泥砂浆进一步拌和均匀密实。抹面过程中利用 6m 靠尺进行实时检查，抹面精度小于 4mm。抹面时布置 2 台抹面机同时作业，连续抹面 2 遍，第 2 遍的圆盘转速高于第 1 遍。抹面机砂盘抹面先沿垂直水流方向平移再沿顺水流方向行进，每次拉移距离不大于 30cm，单点处抹面时间 30~40s，自上游抹面至下游后直接将抹面机移动至上游开始第 2 次抹面。

（a）三辊轴碾平

（b）隐轨拆除填平

（c）抹面机圆盘搓毛整平

（d）抹面机刀片抹面

（e）人工压抹收光

图 5.2-22　底板五步法收面工艺现场

为防止留下脚印，各工序的抹面工匠均需穿上特制的大脚板鞋套，且尽量培养选择体重稍轻体力充沛的工匠。

（4）抹面机刀片抹面（抹）。粗抹抹面完成后 3h，手指按动混凝土有微小凹印时，即开始精抹作业。精抹的操作顺序、移动距离参考粗抹的标准执行，次数不小于 3 次。刀片精抹是将抹面机底部圆盘更换为刀片，刀片转动抹面。使用刀片抹面解决了抹面机圆盘整平后起砂的问题，使混凝土表面光洁、密实。精抹的同时利用靠尺检查不平整度和控制局部收光时间，抹面精度小于 3mm。1 次抹面应沿横向和纵向各抹 1 遍。作业前适当调整刀片的角度，使最大角度不大于 5°，若超过 5°，作业时容易造成混凝土表面刮痕。作业过程中检查混凝土表面砂眼、砂粒，并处理。作业后检查混凝土表面不平整度，对局部超标点进行标识，在人工收面时处理。

（5）人工压抹收光（收）。解决抹面机铁抹收光过程中留下的刀痕、抹痕。利用靠尺检查不平整度，通过人工力度调整，使抹面精度小于 2mm，最终达到镜面效果。人工压抹收光采用后退法搭接抹面，搭接宽度不小于 5cm。人工压抹收光在精抹完成后或与精抹同步进行，抹面遍数不小于 2 遍，每两遍间隔时间约 30min。抹面沿水流方向单次最多移动 30cm。人工压抹收光抹子来回抹面 3 次（6 遍），每次抹面的搭接宽度不小于 5cm。每次移动 1m 后（4 步）后，采用靠尺检测大面不平整度，对于超标点用力压抹。由于人工压抹收光时混凝土已经接近初凝，可操作性较小，为确保混凝土密实及表面光滑平整，严禁刮除或填补。

（6）其他关键部位收面。

1）上游施工搭接缝处：抹面机砂盘抹面后人工利用砂抹进行粗抹，间隔约 30min 后采用铁抹收面（一般自左侧向右侧收面），然后开始铁抹抹面，收面前，要彻底清理上游已浇筑仓位搭接处的缝面，不能有任何砂子和其他杂物，防止误入施工仓面。由于底板有纵坡混凝土，初凝前搭接缝会微张开，要时时查看搭接缝，张开后及时进行收面处理。收面后，为防止上游已浇混凝土被污染，造成外观色差不均，需在已浇混凝土面粘贴保鲜膜。

2）边墙搭接缝：人工采用刮尺利用样架和边墙弹线在 50cm 范围内控制收面高程，利用刮尺刮除浮浆并整平，整平过程利用砂抹抹面。自上游向下游收面，砂抹抹面后，间隔 1h 左右，再用铁抹抹面 3 遍，其中最后 1 遍为压光工序。

3）下游三辊轴无法整平部位：在隐轨拆除前利用刮尺刮除浮浆并整平，利用砂抹粗抹后，等待时机用抹面机进行粗抹和光抹。距下游槽钢 20cm 范围内在抹面机粗抹后间隔 1h 用铁抹进行人工收面，收面不小于 3 遍，铁抹收面前要清除槽钢上部的浮浆和砂子。

5.2.2.5　混凝土养护

抹面完成后及时喷雾养护；在混凝土终凝 12h 后覆盖土工布（见图 5.2-23），采用花管洒水养护，养护龄期不低于 90d。

5.2.3　上平段施工效果

5.2.3.1　边墙施工效果

通过改进边墙衬砌混凝土工艺，基本解决了施工缝面易缺损的问题。现场测量结果表明，最大错台量不超过 1mm，实现施工缝面平顺衔接（见图 5.2-24），衬砌边墙混凝土体型最大偏差 7mm，不平整度小于 3mm/2m 靠尺，过流面平整光滑、无缺陷，在养护保湿状态下呈镜面效果。

图 5.2-23　满铺土工布洒水养护

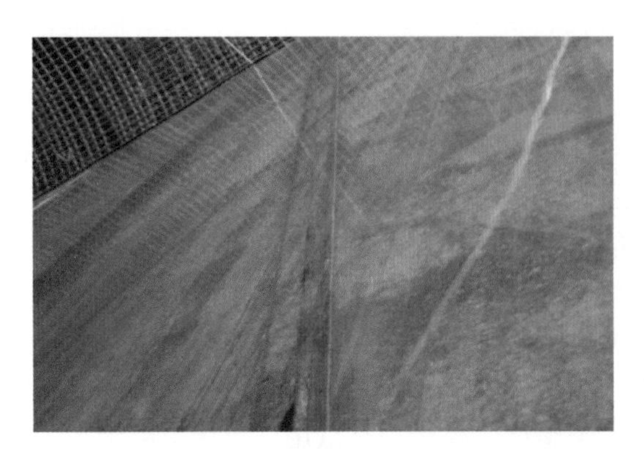

图 5.2-24　高边墙施工缝无缝衔接效果

5.2.3.2　底板施工效果

通过采用平面底板无缺陷施工工艺，实现了底板施工缝面“看得见、摸不着”的效果（见图 5.2-25），彻底消除了施工缝面质量缺陷。底板五步法收面工艺的实施，实现了混凝土收面“混凝土可塑性、整平设备、收面时机、控制标准”四位一体的有机结合，真正实现了全过程精细化控制，实测结果表明，底板平均不平整度小于 1.1mm/2m 靠尺检测的点位在 95% 以上，在保湿养护状态下呈现镜面效果（见图 5.2-26）。

图 5.2-25　底板施工缝无缝效果

图 5.2-26　上平段底板混凝土镜面效果

5.3 龙落尾段混凝土施工

龙落尾段及挑流鼻坎过流面镜面混凝土质量标准见表5.3-1。

表5.3-1 龙落尾段及挑流鼻坎过流面镜面混凝土质量标准表

序号	主要项目	规范（行业）标准	精品工程质量标准
1	体型控制	平均体型偏差±20mm	平均体型偏差≤7mm，体型偏差≤7mm的占比≥95%
2	不平整度（垂直水流）	2m靠尺检测值≤4mm	2m靠尺检测值的平均值≤2mm；2mm以下的占比≥90%
3	外观	混凝土表面无钢筋头和其他埋件残留，无蜂窝、麻面，无混凝土砂浆块和挂帘	密实、平顺、光滑，无漏浆，无麻面；施工缝面平顺衔接，无升坎、跌坎；无大气泡（气泡直径不小于8mm），无气泡集中区（20个/m²）；无碰伤破损
4	裂缝	不能产生Ⅲ类、Ⅳ类裂缝	无裂纹、无温度裂缝
5	混凝土养护	洒水湿养护，使表面保持湿润状态，养护龄期28d	流水养护，养护均匀，养护龄期不少于90d
6	底板锚筋	合格比例≥80%	合格比例≥95%，无Ⅳ类锚筋
7	单元工程一次验收合格率	≥90%	≥98%
8	单元工程优良率	≥90%	≥98%

泄洪洞龙落尾段将总水头的85%集中在15%的洞长范围内消落，最高设计流速达47m/s。为防止气蚀破坏，龙落尾段体型设计相对复杂，包括渥奇曲线段、斜坡段和反弧段三种体型。龙落尾段共设计3道掺气坎，每个掺气坎部位底板均采用突跌加小挑流鼻坎型式，跌坎高度1.8~2.5m，小挑流鼻坎坡度1∶10，掺气坎部位边墙突扩，3道掺气坎两侧边墙突扩宽度分别为0.35m、0.25m、0.15m。虽然通过合理的体型设计提高了空化数，但仍需严格控制体型和过流面不平整度，降低气蚀风险。为了实现泄洪洞工程全过流面浇筑低坍落度混凝土，基于龙落尾段大坡度、空间有限的特点，研制了“大坡度重载送料系统”和“长距离下行输料系统”用于边墙和底板低坍落度混凝土安全、高效运输；基于龙落尾段复杂的体型结构，研制了“大坡度变断面液压自行走衬砌台车”，实现1套台车完成四种衬砌断面施工的功能；发明了“曲面底板隐轨循环翻模系统”，极大提高了体型控制精度、降低了施工质量风险，为建设泄洪洞精品工程奠定了坚实基础。

龙落尾段整体为斜坡状，顶拱、底板的坡比不一致，为实现边墙和顶拱台车同轨，轨道线性、坡比设计与顶拱参数一致。采取异形定型模板解决边墙台车无法覆盖下部过流面的问题。每条龙落尾段分别布置钢筋台车、边墙台车、顶拱台车各1套，3套台车按自下游向上游的顺序施工作业。

龙落尾段开挖支护完成后向混凝土衬砌转序施工，先清理底板建基面，浇筑厚10cm的垫层混凝土，单仓长度不超过15m，分左右半幅，罐车运输120~140mm坍落度混凝土，溜槽入仓、盖模浇筑。边墙混凝土按垂直底板法线方向分缝。使用钢筋台车一体安装边顶拱钢筋，过流面立模则采用大坡度变断面液压自行走衬砌模板台车，堵头模板采用P3015组合钢模板。浇筑70~90mm低坍落度混凝土，自卸车运输至卸料平台，经大坡度重载快速自动供料系统入仓，水平分层坯层厚度控制为50cm，采用复振工艺振捣，最后一坯层采用盖模控制体型。底板混凝土施工缝与边墙施工缝在同一桩号。自卸车将低坍落度混凝土运输至卸料平台，经长距离下行输料系统入仓，采用台阶法浇筑，利用循环翻模施工技术精确控制混凝土体型和不平整度。

5.3.1 边墙镜面混凝土施工技术

5.3.1.1 边墙异形断面分仓设计

因泄洪洞龙落尾段为多曲面体型，顶拱台车与边墙台车共轨，为保证顶拱一次浇筑成型，台车轨道应与顶拱体型保持一致，这也是机械化施工的关键。在渥奇曲线段和反弧段边墙浇筑时，采用面板搭接的形式过渡，确保边墙混凝土能利用台车连续浇筑，以实现体型精准控制。

龙落尾段边墙衬砌采用9m的分仓段长。因顶拱台车与边墙台车同轨道，边墙顶部与顶拱底部可实现对应搭接，但受曲面底板及轨道影响，存在台车底口中部（渥奇曲线段）或两端（反弧段）侵入底板过流面以下3.5cm的情况；同时为避免台车底部可能出现的漏浆导致底板过流面以上边墙产生质量缺陷，台车面板底部向下搭接8cm，与上述侵入过流面的3.5cm合计为11.5cm，小于钢筋保护层15cm的空间距离，避免台车面板与底板面层钢筋的干扰。边墙衬砌时台车面板与已浇筑仓混凝土搭接按照上口（渥奇曲线段）或下口（反弧段）搭接宽度按不小于5cm控制。渥奇曲线段边墙分仓方案见图5.3-1，反弧段边墙分仓与搭接方案见图5.3-2。

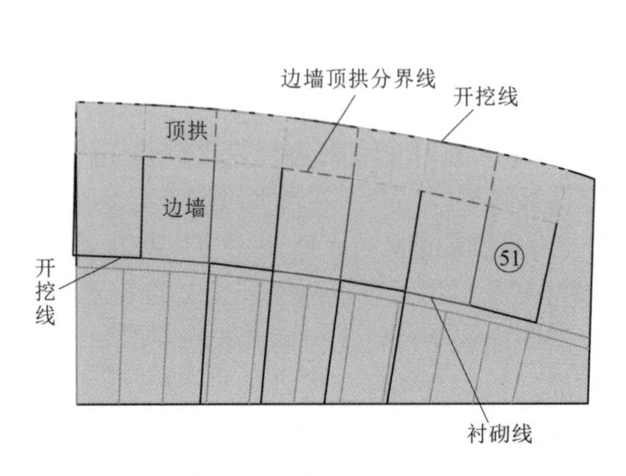

图5.3-1 渥奇曲线段边墙分仓方案示意图

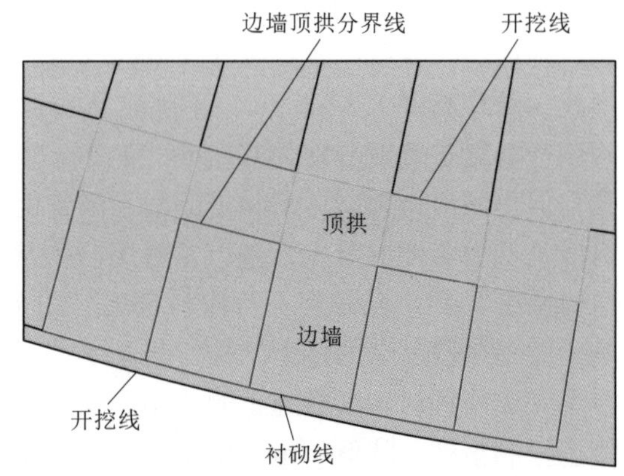

图5.3-2 反弧段边墙分仓与搭接方案示意图

由于掺气坎下游位置体型坡度均发生变化，该部位原则上利用台车搭接分仓，保证边墙全部利用台车面板衬砌（见图5.3-3）。

5.3.1.2 掺气坎部位边墙模板安装

为确保衬砌台车能够顺利通过掺气坎并实现一台衬砌台车全洞段衬砌，采取了在掺气坎部位加高台车轨道、改变轨道坡度的措施。该措施的实施存在如下难题：衬砌边墙台车模板无法覆盖掺气坎下部边墙过流面，采用普通的散装模板存在衬砌体型偏差大、不平整度差、外观质量难以保证；另外，龙落尾段为斜坡洞段，吊装设备无法到达掺气坎部位。为此，需要针对该部位模板进行专项设计和实施。

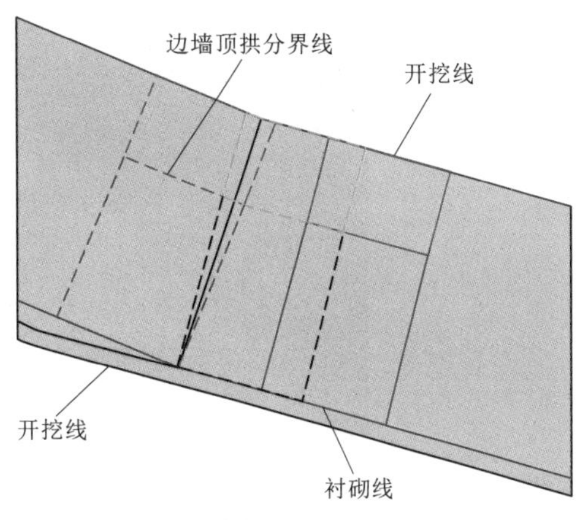

图 5.3-3　掺气坎变折点位置分仓与搭接方案示意图

（1）模板设计。常规散拼模板加工质量相对较差，为了降低漏浆风险、减少模板拼缝印迹线、提高过流面平整度，设计了双层模板，即外层采用钢模板，钢模板内侧粘贴铝塑板。

外层钢模板设计为标准型+局部异形，其中标准型以大规格的钢模板为主板，异形模板为定型加工钢模板，因龙落尾段掺气坎位于陡坡段，施工材料需人工搬运，设计模板时，单块重量不宜超过 50kg。以 3 号泄洪洞龙落尾段 3 号掺气坎为例，其模板设计见图 5.3-4。为减少拼缝，铝塑板按照成品最大尺寸 2.44m×1.22m（长×宽）截取。

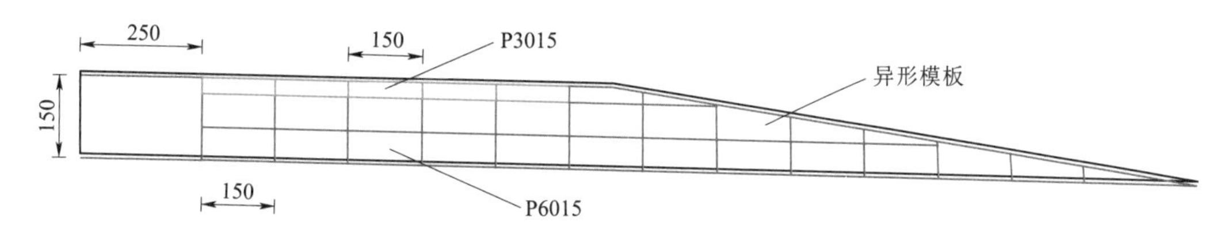

图 5.3-4　3 号泄洪洞龙落尾段 3 号掺气坎模板设计图（单位：mm）

（2）立模。立模时先进行外层钢模板整体拼装，并预留约 4mm 的空间用于后续铝塑板安装。模板之间采用螺栓连接，拼装完成后利用靠尺检查其不平整度、模板拼缝间隙以及板面高差，要求满足表 5.3-2 的质量控制标准。在已加固的拼装钢模板面内侧粘贴铝塑板，粘贴时先将结构胶均匀涂刷在钢模板面上，自上而下粘贴，边粘贴边涂刷，粘贴过程中采用橡胶锤锤击铝塑板以确保粘贴牢固（见图 5.3-5）。对于铝塑板拼接缝位置按 1∶1 倒角，将坡口拼接在一起。铝塑板粘贴完成后，铝塑板面层自带保护膜，在混凝土浇筑过程中边浇筑边拆除，铝塑板无需涂刷脱模剂。

表 5.3-2　钢模板拼装质量控制标准表

项　目	允许偏差/mm	项　目	允许偏差/mm
两块模板之间的拼接缝隙	≤1	组装模板板面的长宽尺寸	±2
相邻模板面的高低差	≤2	组装模板两对角线长度差值	≤3
组装模板板面平面度	≤2		

注　组装模板面积为 1500mm×2400mm。

在模板整体安装完成后通过背部支撑的精细化调整，使模板内侧与台车面板对齐，拼装模板面与台车面板的错台控制在 0.2mm 范围内。拼装模板与台车面板的搭接处可能存

图 5.3-5　内层铝塑板安装

在一定的缝隙，采用玻璃胶填充面层、钢板尺刮平，最终要求台车面板与拼装模板跨缝检查不平整度控制在 2mm/2m 范围内。

（3）应用效果。模板安装检查结果表明，散拼模板整体板面平整度小于 0.3mm/2m 靠尺，模板拼缝最大错台 0.2mm。混凝土衬砌后经外观检测、检查发现，平均体型偏差 5mm，平均不平整度 2m 靠尺检测 1mm，无错台、无砂线、无麻面等外观质量缺陷。

5.3.2　顶拱衬砌施工技术

泄洪洞龙落尾段底板由渥奇曲线段、斜坡段和反弧段组成，并在渥奇曲线段末端、斜坡段中部和反弧段起点各布置一道掺气坎，掺气坎高 1.8~2.5m。在垂直水面方向，底板与顶拱体型在掺气坎以外的部位保持一致，顶拱在掺气坎部位采用折线过渡连接，与底板衬砌坡度不一致，导致洞室空间垂直高度发生渐变。为了实现顶拱一套台车整体衬砌，台车轨道设计时按照顶部衬砌坡比控制，由于掺气坎部位顶拱折线过渡连接的两端均为变折点，因此底板台车轨道在该部位同样采用变折点设计。为了确保台车能够安全通过轨道变折点，边墙与顶拱台车均增加了垂直顶升功能，详见第 6 章“大坡度变断面液压自行走衬砌台车”。

5.3.3　大坡度曲面底板循环翻模施工技术

大坡度曲面底板混凝土施工的关键在于解决混凝土的密实度、体型、平整度、光滑度以及模板面的气泡坑等一系列问题。传统采用滑模或盖模等方案施工，但受制于滑模、盖模加工精度和施工环境限制，普遍存在易抬升、易拉裂、收面时机难以掌握等难题，更不满足低坍落度混凝土施工要求。为解决传统施工难题，白鹤滩水电站泄洪洞建设者研制了曲面底板隐轨循环翻模系统，该装备首次在大坡度曲面底板混凝土浇筑中应用并取得成功。由于与行业内常规施工工艺原理不同，需要制定与之相匹配的施工工艺，从而确保泄洪洞衬砌体型精准、平整光滑、无缺陷。

5.3.3.1　隐轨翻模系统

（1）隐轨与模板的设计与定制。渥奇曲线段和反弧段底板为曲面体型，因模板为平面结构，因此需要采用以折代圆的方式进行拟合，选择合适的弦长决定了底板体型控制精度。渥奇曲线段以 $R=257.5$m 圆弧代替抛物线方程，反弧段的圆弧半径 $R=300$m。设计单块模板的宽度为 40cm，采用折线代圆的长度必须为 40cm 的倍数，通过绘图计算可得部分弦长对应的误差（见表 5.3–3）。考虑到龙落尾段不平整度为 3mm/2m 靠尺，同时为了便于模板加工与安装，最终设定弦长 2m 进行折线代圆控制，局部的圆滑过渡通过抹面的方式解决。

表 5.3–3　龙落尾段底板模板轨道控制精度计算表

序号	部　位	轨道分段长度/m	弦长误差/mm
1	渥奇曲线（R=257.5m）	1.6	1.2
2		2.0	1.9
3		2.4	2.8
4		2.8	3.8
5		3.2	5.0
6	反弧段（R=300m）	1.6	1.1
7		2.0	1.7
8		2.4	2.4
9		2.8	3.3
10		3.2	4.3

隐轨制作采用 5 号槽钢（见图 5.3–6），以保证混凝土面层有足够保护层，槽钢侧向焊接用于固定模板的定位锥，定位锥需保证加工精度，螺栓也需精确焊接，螺栓间距应考虑每块模板之间有 1mm 间隙，以防止施工过程中产生累计误差而影响模板安装。隐轨长度需考虑顺水流方向 6 块盖模为一组，每组之间需考虑留 1～2cm 间隙，便于现场装配式施工。在隐轨上面焊接螺栓的工作在加工厂进行，焊接螺栓时，需间隔进行，避免受热变形。连接螺杆的定位中心线偏差不大于 1mm。

为便于现场模板循环安装，模板尺寸为 2700mm×400mm，铝合金材质（见图 5.3–7），模板应有足够的刚度。

图 5.3–6　隐轨

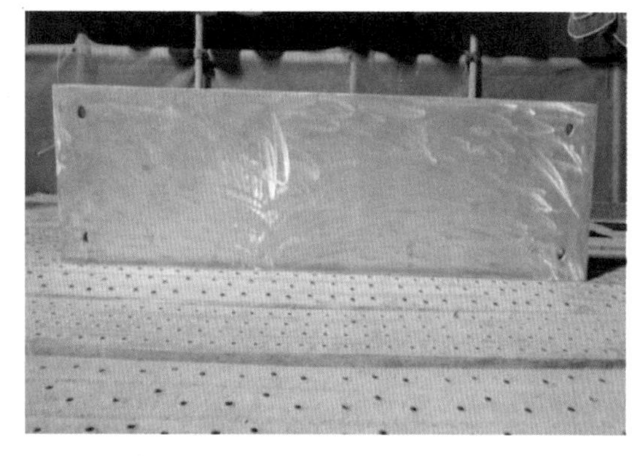

图 5.3–7　铝合金模板

（2）安装与翻模。

1）隐轨安装。隐轨利用独立竖向支撑筋和底板锚筋作为支撑布设于钢筋面层以上，并通过局部增加支撑点防止变形。隐轨安装时采用全站仪精确定位，高度偏差不超过

2mm。隐轨安装完成后应用 6m 靠尺及拉线检查。每根隐轨可代替顺水流向钢筋一根，该隐轨留在混凝土内不拆除。

隐轨安装完成后再安装定位锥，将定位锥直接套入隐轨定位螺栓上。定位锥安装时由测量配合控制高程，底部可采用薄垫片调整高度（见图 5.3-8），要求定位锥顶托共面且坡度体型与设计一致，高程及平整度误差不超过 1mm，安装完成后用靠尺和对角线拉线检查。安装完成后采用 ϕ60PVC 管保护套保护定位锥（见图 5.3-9）。

图 5.3-8　定位锥底部薄垫片

图 5.3-9　定位锥螺栓保护

2）0 号块模板安装。已浇仓施工缝处理，应清理干净已浇仓混凝土搭接面，若已浇仓缝面有缺陷，应对缺陷在过流面方向的延伸范围进行切割打磨。模板安装前先粘贴一层透明胶，再粘贴一层双面胶，双面胶用于止浆，透明胶用于清理双面胶，防止清理时造成混凝土表面损伤。

3）后续模板安装。随混凝土浇筑进度，装配式安装后续模板，模板安装方向应与混凝土浇筑方向一致。模板安装时先将其放置于定位锥上（定位锥应清理干净，确保无杂质），通过定位销与相邻模板连接，定位销安装完成后用螺丝紧固在定位锥上。对于隐轨加工中预留的安装调节部位的空隙，充填定制的塑料夹板防止漏浆。

（3）验收与维护。隐轨及定位锥验收均采用 6m 靠尺和挂线相结合的方式验收。完成后进行模板预拼装试验，校核定位锥安装精度以及与模板的匹配性。定位锥螺栓安装及检查见图 5.3-10，定位锥螺栓保护见图 5.3-11，定位锥螺栓 6m 靠尺检查验收见图 5.3-12。

5.3.3.2　浇筑工艺

（1）施工准备，施工前需检查模板平整度，现场需配备易于辨认的材料桶、原浆桶、废浆桶，避免混用。

（2）备料，在过流面混凝土浇筑时应备好混凝土原材料，每浇筑 4~5 排模板范围混凝土即重新备料，用于拆模后定位锥孔回填和过流面修补，确保所使用的混凝土可塑性与已浇筑的底板混凝土一致，备料应剔除大骨料并用薄膜覆盖保湿。

（3）浇筑，底板衬砌厚度有 1.2m 和 1.5m 两种。下料时水平布料系统应距模板上游侧约 80cm，振捣时采用“吊棒”方式振捣。浇筑的控制关键坯层为最后一坯层，要合理控制混凝土入仓量，避免下料过多超出体型线，影响盖模安装。混凝土入仓后采用 ϕ100mm 振捣棒平仓，ϕ70mm 振捣棒振捣，首先垂直混凝土面插棒振捣时间 60s，然后斜插入盖模底板振捣时间40s，同时下游排模板预留观察孔，便于观测返浆情况。

图5.3-10　定位锥螺栓安装及检查

图5.3-11　定位锥螺栓保护

5.3.3.3　收面工艺

（1）模板拆除。模板拆除顺序与混凝土浇筑顺序一致，模板拆除时间应控制在混凝土浇筑后6h（具体结合现场试验确定），拆除第一块后应检查混凝土可塑状态，复核混凝土收面时机，用手指按压下沉约3mm时拆模最佳。模板拆除后立即进行清洗，为循环使用做准备。

（2）浮浆清理（见图5.3-13）。在模板拆除后混凝土表面有约2~3mm的浮浆，应刮除此浮浆以提高混凝土表面抗冲磨的性能。

图5.3-12　定位锥螺栓6m靠尺检查验收

图5.3-13　浮浆清理

（3）定位锥拆除及回填（见图5.3-14）。模板拆除后取出定位锥，分层回填备料并捣实，确保回填混凝土密实。

（4）人工搓毛（见图5.3-15）。定位锥孔回填结束后立即采用底部含有花纹的砂抹进行面层搓毛，通过搓毛将表层混凝土进一步拌和均匀密实，针对局部面层有气泡或坑洼的部位，搓毛深度应深至气泡或坑洼底部，搓毛时间约5min。搓毛过程中用2m靠尺进行检查，确保不平整度不超过3mm。

（5）人工收光（见图5.3-16）。在面层搓毛后立即采用底部为表面光滑的钢质抹刀进行收光，通过人工收光实现过流面混凝土压实、抹光的效果，收光过程利用6m靠尺进行检查（见图5.3-17），确保不平整度不超过2mm。

图 5.3-14　定位锥拆除及回填

图 5.3-15　人工搓毛

图 5.3-16　人工收光

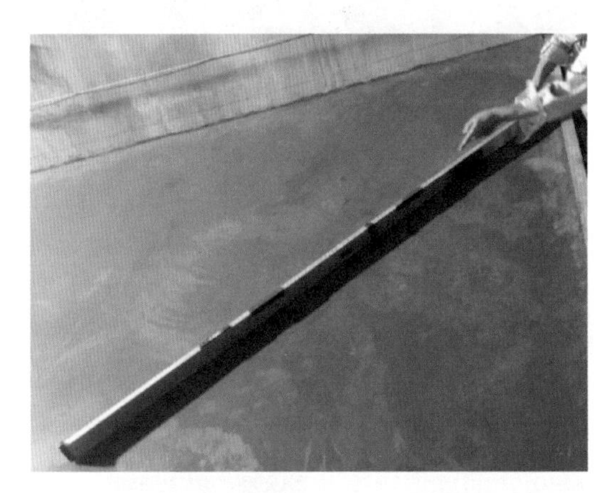

图 5.3-17　靠尺检测

（6）抹面机收光（见图 5.3-18 和图 5.3-19）。在人工收光后 6～8h 采用带刀片的抹面机进行收光，以混凝土表面手指按压有指纹但无明显下沉为宜，通过抹面机收光进一步提高表面混凝土的密实度与光滑度。坡度较大时，需采用人工、绳索向上牵引收面机，辅助收面。

图 5.3-18　抹面机收光

图 5.3-19　抹面机收光效果

5.3.3.4　混凝土养护

对于模板拆除后的混凝土表面，若受太阳光或者大风气候影响，失水速度较快时应在人工收光后立即用塑料保鲜薄膜覆盖；对于压抹后仍不具备收光条件的混凝土表面，若受光照或者大风气候影响，失水速度较快时应采用喷雾保湿；对于抹面机收光后的混凝土表面，应立即进行喷雾养护，然后覆盖塑料薄膜保湿，并在塑料薄膜上部覆盖土工布，有风时，对土工布进行喷水湿润。为防止混凝土表层碱性物质流失，不得在混凝土终凝后立即流水养护。混凝土浇筑完成 2d 后，可用土工布保湿养护或者流水养护（见图 5.3-20），养护至少贯穿混凝土全龄期。

图 5.3-20　覆盖土工布流水养护

5.3.3.5　龙落尾段实施效果

通过采用循环翻模装备及工艺，实现了底板混凝土浇筑装配式快捷施工，系统性解决了混凝土密实度、体型、平整度、光滑度以及模板面的气泡坑等一系列问题，同时解除了混凝土收面对浇筑速度的限制，可连续浇筑，生产效率大幅提升。采用翻模施工减小了分仓长度，有利于控制裂缝产生。白鹤滩水电站泄洪洞施工完成的龙落尾段，混凝土体型精准、平整光滑、无缺陷，在保湿养护状态下呈镜面效果（见图 5.3-21）。

图 5.3-21　龙落尾段镜面混凝土效果图

5.4 挑流鼻坎混凝土施工

挑流鼻坎过流面镜面混凝土质量标准见表 5.3-1。

泄洪洞出口挑流鼻坎为明渠形式，底板采用双扭面布置，总体上呈左高右低、远高近低的布置。泄洪洞运行时，挑流鼻坎部位水流态复杂，流速最大，是最易发生破坏的部位，对混凝土施工质量要求极高。挑流鼻坎施工时外部环境最恶劣，处于干热河谷地带，大风天气多，日照问题突出，施工中的混凝土水分散失快。

挑流鼻坎部位施工场地狭窄，经综合考虑，总体浇筑施工方案如下。

（1）挑流鼻坎段施工采用下部结构混凝土—边墙—底板流道混凝土的施工顺序，按设计结构分缝分块。

（2）下部结构基础混凝土，采用台阶法分块浇筑，块与块之间采用限裂钢筋连接，保证过流面部位混凝土厚度大于 1.5m。基础约束区按厚度 1.5~2m 分层，脱离约束区按 3m 分层，采用 P6015 组合钢模板，罐车运输，坍落度 160~180mm，混凝土地泵入仓，坯层厚度 50cm，浇筑成大台阶状有利于与上层混凝土面结合。

（3）边墙利用门机配吊罐，布料机配溜筒浇筑，曲面边墙利用大模板按照折线代圆的方式控制体型，模板宽度 1.5m，技术误差较小，可满足结构体型偏差要求。自卸车运输 70~90mm 低坍落度混凝土，MQ600B 门机吊罐入仓，坯层厚度 50cm，采用复振工艺振捣，拆模后花管流水养护。

（4）底板浇筑时，在边墙顶部安装行车，利用布料机、行车和溜筒浇筑挑流鼻坎底板。挑流鼻坎底板为双曲扭面，结构体型复杂，在龙落尾段循环翻模施工工艺的基础上，单独设计模板样架系统，顺水流方向错缝布置模板与设计体型拟合，采用大跨度低坍落度混凝土布料系统入仓，水平分层，台阶法浇筑。

5.4.1 边墙混凝土施工技术

挑流鼻坎底板采用双扭面布置，边墙采用圆弧过渡，因同一挑流鼻坎不同断面边墙体型不同，不具备模板循环利用的条件。综合考虑多方面因素，采用平面模板折线代圆的方式，结合水平缝无缺陷施工、螺栓孔无缺陷修补等技术实现挑流鼻坎曲面边墙体型精准、无缺陷。

5.4.1.1 模板设计与制作安装

根据圆曲线半径及设计要求，体型误差不超过±1cm，不平整度为 3mm/2m 的标准。其中圆曲线按照挑流鼻坎结构线最小半径 200m 进行控制，若最小半径体型偏差值及不平整度满足要求，则其他圆曲线均满足要求，泄洪洞出口挑流鼻坎边墙直线代圆误差分析见图 5.4-1，最终选取大模板参数为 1.5m×4.7m，最大不平整度小于 3mm/2m 靠尺，最大体型误差 1.4mm，满足设计体型及不平整度控制要求。

为保证挑流鼻坎边墙浇筑体型精准，增加过流面大模板控制面积，防止水平搭接缝施工缺陷，综合研究决定边墙立模原则为“首仓确定大模板高程控制线，其余仓位与首仓大模板高程一致”。大模板无法安装区域（即边墙底部台阶区域）采用钢模板+覆塑板立

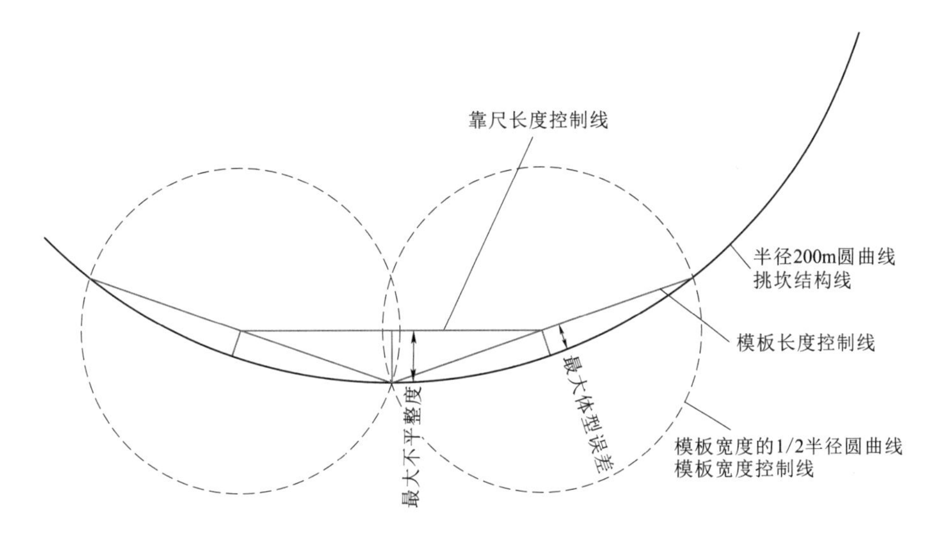

图 5.4-1　泄洪洞出口挑流鼻坎边墙直线代圆误差分析图

模施工。

5.4.1.2　施工缝处理

常规高边墙混凝土施工过程中，水平施工缝由于高程存在误差、上下浇筑层强度不一致等问题，导致产生质量缺陷。为保证挑流鼻坎水平施工缝无缺陷施工，在模板设计阶段充分考虑上口搭接高度，在模板上部布设高程控制线，待边墙混凝土浇筑至该高程后，进行人工收面（过程清除浮浆，保证混凝土强度）。混凝土浇筑后，为保证施工缝成直线状，应对上口收线高程 2cm 范围内进行划线、切割、打磨处理，严格控制顶部高层。边墙水平施工缝处理工艺见图 5.4-2。

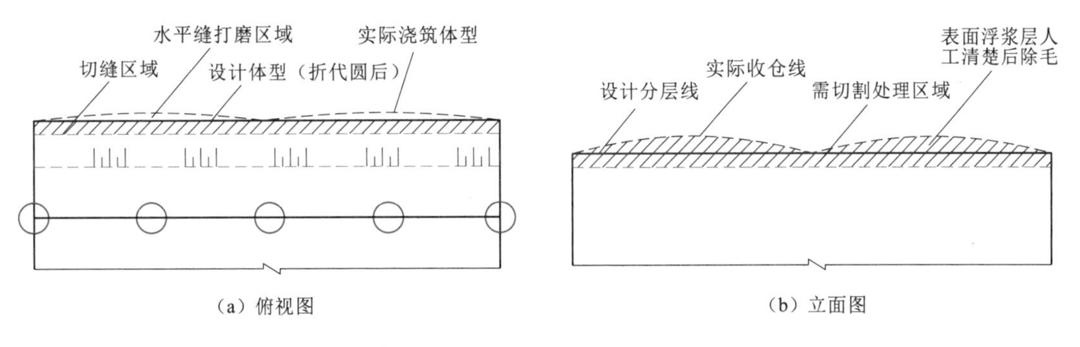

图 5.4-2　边墙水平施工缝处理工艺图

5.4.1.3　分层分块

底板基础混凝土采用阶梯式浇筑体型，边墙与底板过流面的相贯线为由低到高的台阶式多段线，因此边墙模板安装基准面不在同一水平面。为了便于边墙大模板的安装和保证边墙浇筑质量，首先形成多个台阶状水平基准面。边墙浇筑时顺水流方向分段长度控制为 10~15m，高度方向按照 4.5m 进行分层。以 3 号泄洪洞挑流鼻坎边墙分层分块为例，台阶状水平基准面设计见图 5.4-3。

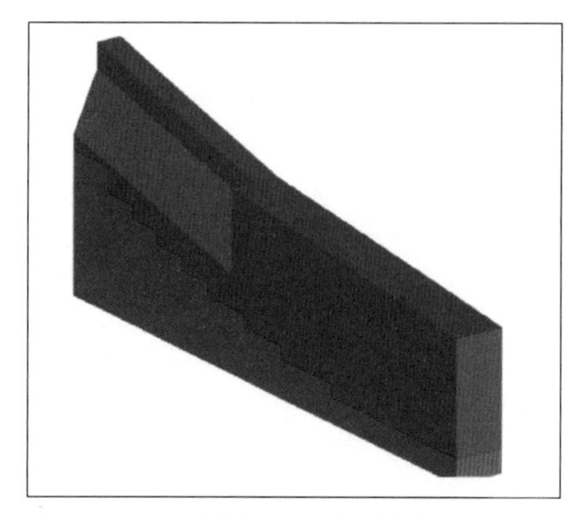

（a）台阶状水平基准面效果

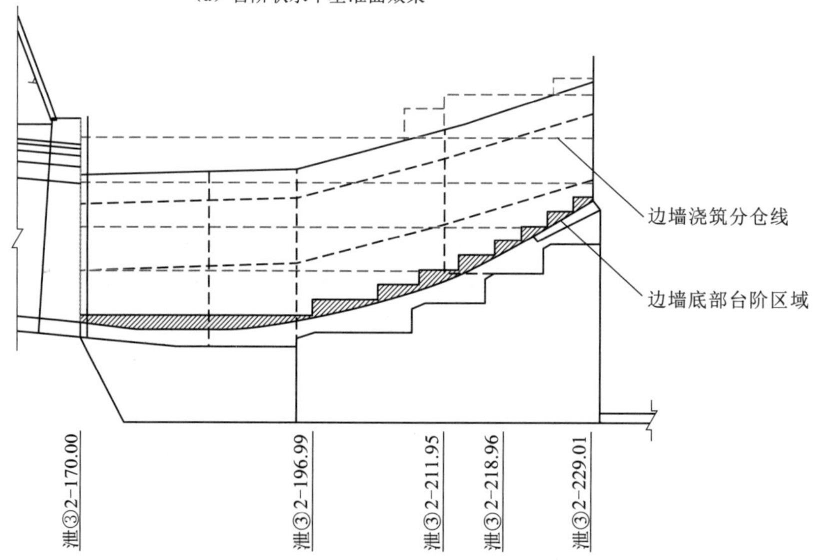

（b）台阶状水平基准面设计

图 5.4-3　台阶状水平基准面设计图

5.4.1.4　接安螺栓孔回填

泄洪洞过流面施工时，有严格规定，不允许有任何钢筋头露出混凝土面。边墙施工时采用接安螺栓固定模板，因此模板拆除后留有大量的接安螺栓孔，采用预缩砂浆进行回填。施工工艺流程为：①拆除接安螺栓；②清孔、拉毛；③水泥浆打底；④分层填实；⑤收面、抹光；⑥养护。

清孔拉毛，由于部分接安螺栓孔在浇筑时有浆液渗入且采用套管后孔壁光滑，为保证回填料与混凝土紧密贴合，需对接安螺栓孔面进行清孔、拉毛处理。另外，拆除接安螺栓时，会造成部分孔口缺损，需用手持式扩孔机对接安螺栓进行扩孔处理（见图 5.4-4），扩孔深度 5cm，直径 10cm，并利用手持式电钻对钻孔面进行刻纹处理。拉毛完成后采用高压水冲洗干净（见图 5.4-5），晾干后进行分层回填施工。

图 5.4-4　手持式扩孔机扩孔处理

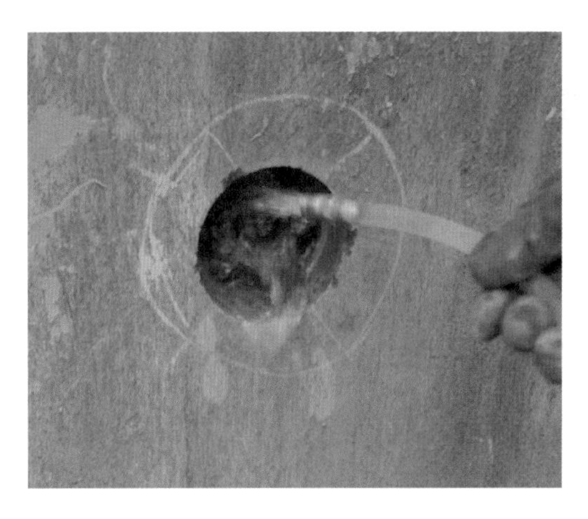

图 5.4-5　高压水冲洗

对接安螺栓孔底、孔壁采用 0.5∶1 的水泥浆液涂刷打底（见图 5.4-6），确保回填料与周边贴合紧密，涂刷厚度约 2mm。

严格按照配合比拌制预缩砂浆，预缩时间不小于 30min，达到手攥成团且手潮湿的标准（见图 5.4-7）。分层回填厚度按 3cm 控制，然后采用橡胶锤+捣棍锤击密实（见图 5.4-8），用力锤击次数不小于 10 次，直至面层返浆为止；击实完成后采用钢刷对回填面拉毛，利于层间结合。

图 5.4-6　水泥浆液涂刷打底

图 5.4-7　拌制预缩砂浆

回填至过流面层，回填面略高于过流面 3mm，然后采用砂抹搓平，再采用铁抹自下向上反复压抹收光（见图 5.4-9），直至面层光滑平整，压抹一般不小于 5 遍，每次间隔时间约 15min。由于收面会污染孔口周边，利用湿、干抹布结合擦净污染面，使孔口圆滑美观。接安螺栓孔口粘贴保鲜膜保湿养护（见图 5.4-10）。

采用曲面边墙施工技术，挑流鼻坎边墙体型精准、平顺光滑，施工缝面无缝衔接、横平竖直，螺栓孔回填密实，无缺损（见图 5.4-11）。

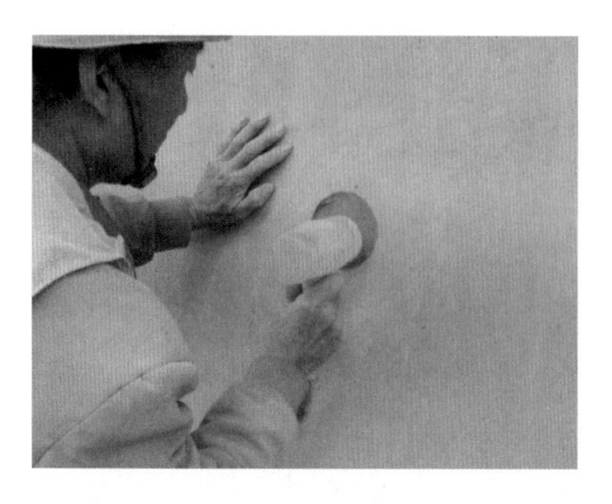

图 5.4-8　橡胶锤捣实

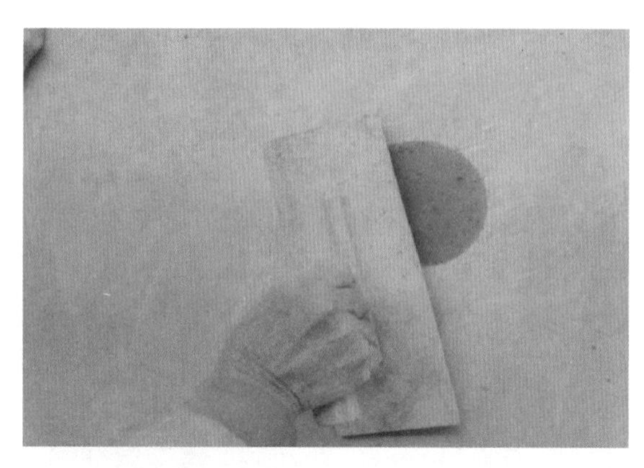

图 5.4-9　铁抹压抹收光

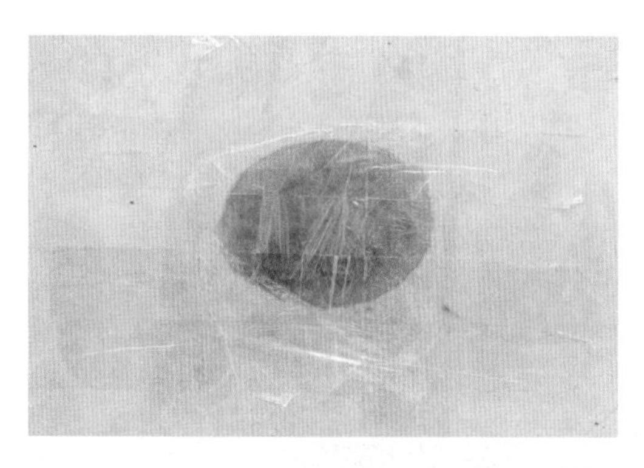

图 5.4-10　粘贴保鲜膜保湿养护

图 5.4-11　挑流鼻坎实施效果

5.4.2　底板混凝土施工技术

5.4.2.1　挑流鼻坎底板的空间形态

以 2 号泄洪洞挑流鼻坎底板双扭曲面方程为例，挑流鼻坎底板双扭曲面方程如下：

$$x^2 + [Z - R(y)]^2 = R(y)^2 \tag{5.4-1}$$

$$R(y) = 75 - (75 - 65)/18.9274 \times (10.6774 - y) \tag{5.4-2}$$

为了提高挑流鼻坎底板混凝土的抗冲耐磨性能，采用低坍落度混凝土浇筑。为保证过流面施工平整度，采用铝合金循环翻模施工工艺。由于其双扭面的特性，只能采用小断面积分平面拟合底板曲面。为了寻求最佳的拟合积分单元宽度，经理论分析、工艺试验明确采用调整轨道布置方式，保证了体型和平整度，减少施工难度。

通过挑流鼻坎扭曲底面方程分析，底板圆弧半径随 y 值的变化呈线性变化，在 x 值方向切断面图，则底面衬砌结构线近似直线，但 x 值方向所有断面图底板衬砌结构线斜率不一致，挑流鼻坎扭曲底面方程分析见图 5.4-12。

为保证挑流鼻坎底板体型偏差值控制在±1cm，不平整度控制在 3mm/2m 靠尺以内。首先依据挑流鼻坎扭曲底面方程进行建模，在双扭曲面底板上以模板大小（40cm×270cm）建立单元，分析各控制点的体型偏差值及不平整度值，挑流鼻坎三维建模及偏差分析见图 5.4-13。

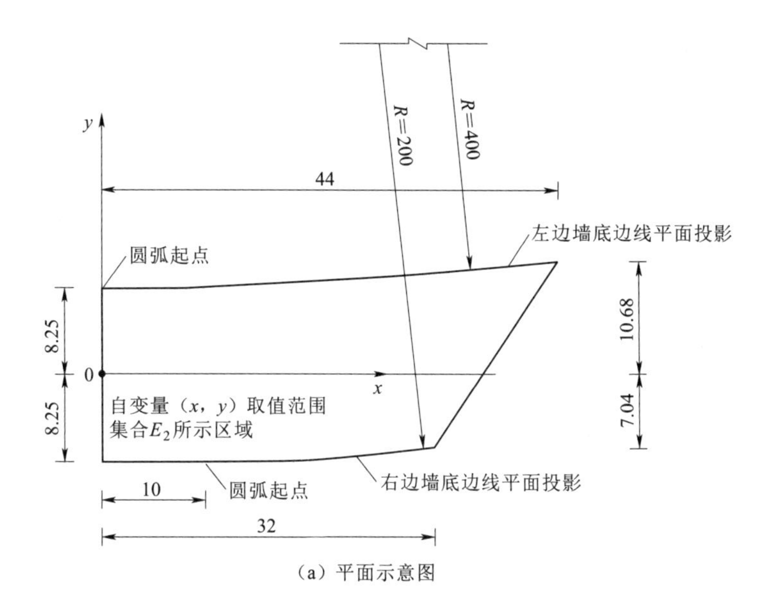

（a）平面示意图

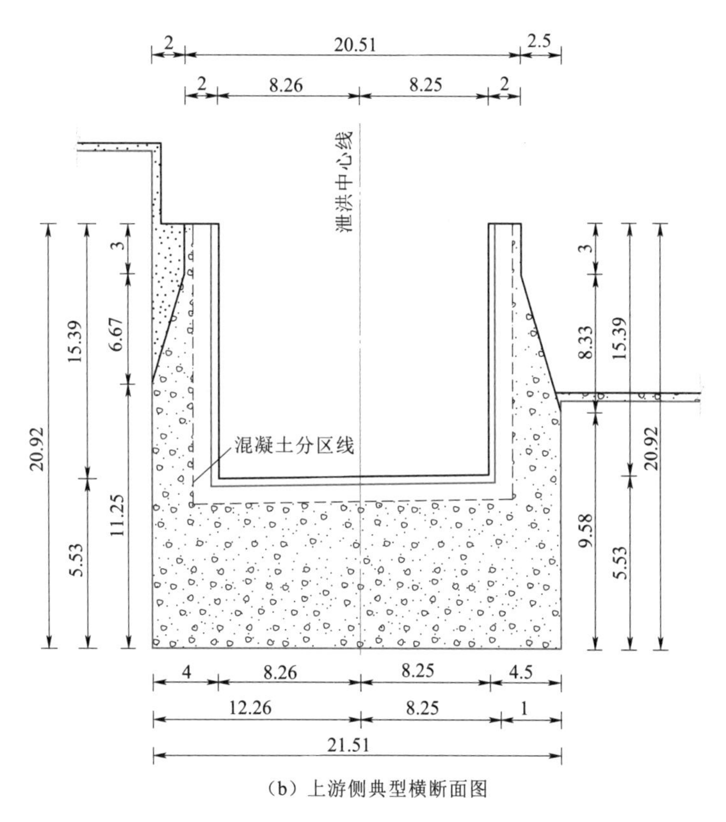

（b）上游侧典型横断面图

图 5.4-12（一）　挑流鼻坎扭曲底面方程分析图（单位：m）

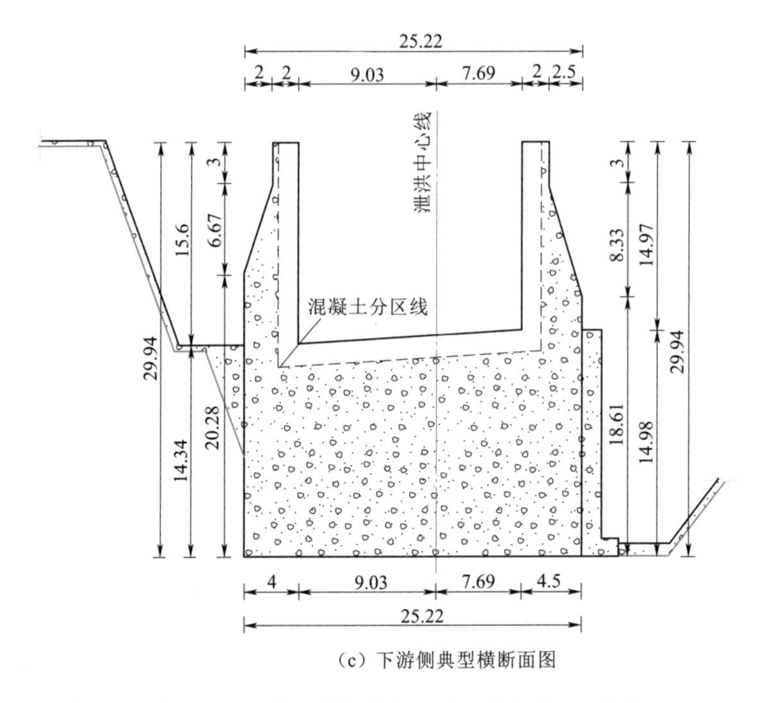

（c）下游侧典型横断面图

图 5.4-12（二）　挑流鼻坎扭曲底面方程分析图（单位：m）

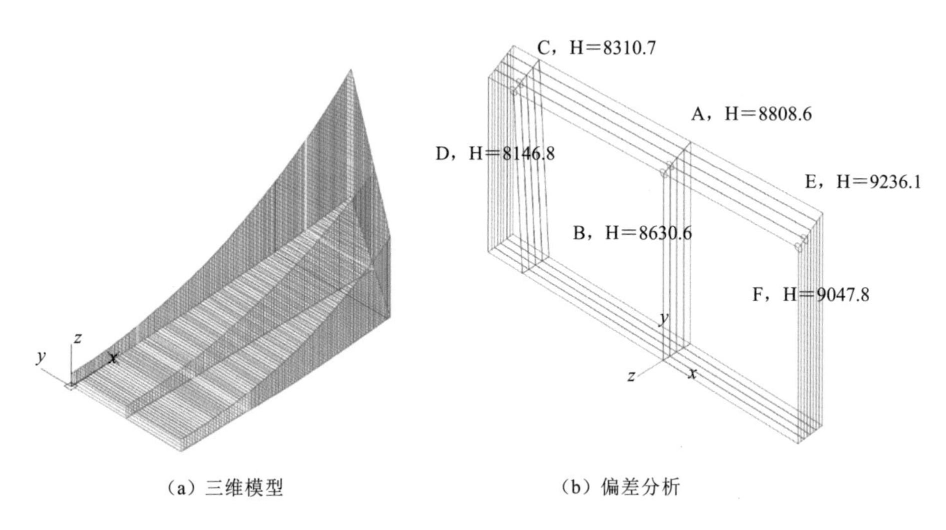

（a）三维模型　　（b）偏差分析

图 5.4-13　挑流鼻坎三维建模及偏差分析图

上述过程分析发现每一个单元四个顶点高程不一致，且相邻两点的斜率不一致，使得每一个积分单元并不是一个平面，而铝合金模板是一个刚性的平面，这就导致模板与实际体型存在偏差。根据上述结论，通过如下三方面进行双扭曲面模板设计。

5.4.2.2　模板安装宽度及组合单元方面

根据挑流鼻坎扭曲底面方程分析，挑流鼻坎底板 y 值方向均为不同的圆弧半径，越往下游方向，两圆弧之间偏差值越大（圆弧距离及相对曲率变大）。且两弧线之间半径差值越大，体型偏差值及不平整度越大，底板模板安装分板见图 5.4-14。通过理论建模分析，最终确定最小模板安装宽度尺寸为40cm，即需要单块模板独立安装，且模板 y 值方向以中轴线为界，分为两个组合单元进行拼装施工，底板过流面不平整度通过抹面技术实现平滑过渡。

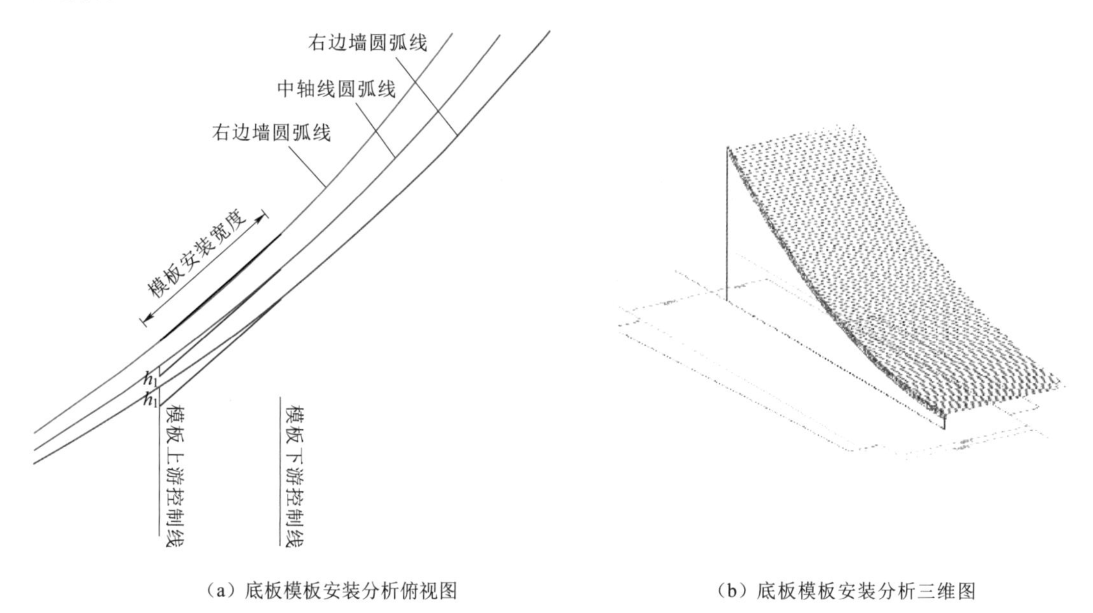

（a）底板模板安装分析俯视图　　（b）底板模板安装分析三维图

图5.4-14　底板模板安装分析图

5.4.2.3　底板与两侧边墙相贯区域异型模板设计

挑流鼻坎边墙两侧为曲面，导致底板模板与边墙相交部位无法通过常规模板搭接形成闭合区域。为保证混凝土浇筑体型，需提前定制40cm×（5cm、7cm、9cm、11cm、13cm、15cm）的小模板，通过小模板搭接最终实现两侧边墙相贯区域封闭施工，具体异形模板分布见图5.4-15。

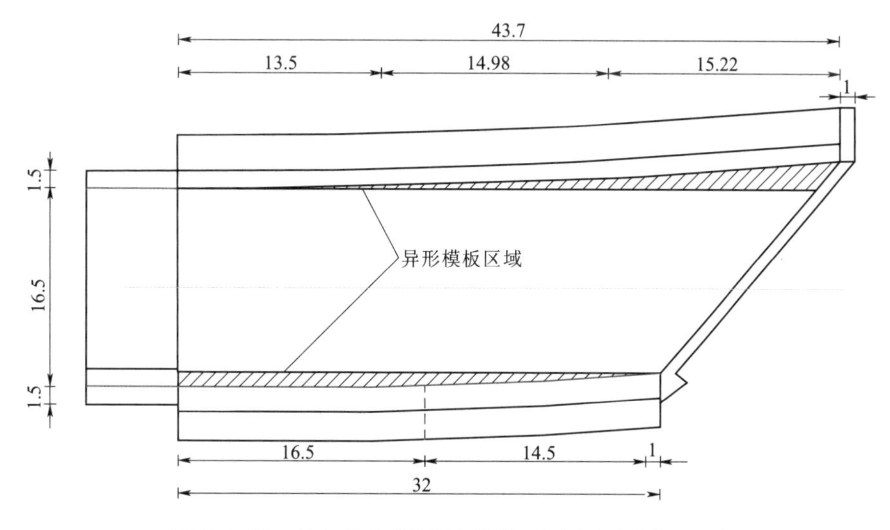

图5.4-15　挑流鼻坎底板异形模板分布图（单位：m）

5.4.2.4 底板模板轨道设计

挑流鼻坎底板设计体型偏差需控制在 10mm 内，不平整度 3mm/2m，精度要求极高。为实现挑流鼻坎底板模板精准安装，模板设计轨道需能够精确到毫米级。施工现场工艺性试验及生产性试验结果表明，轨道设计可参照龙落尾段底板施工轨道设计，但挑流鼻坎底板轨道需采用模板四边均能够独立调整高度的轨道，最小轨道宽度为 40cm，与模板参数匹配，挑流鼻坎底板模板及轨道设计见图 5.4-16。

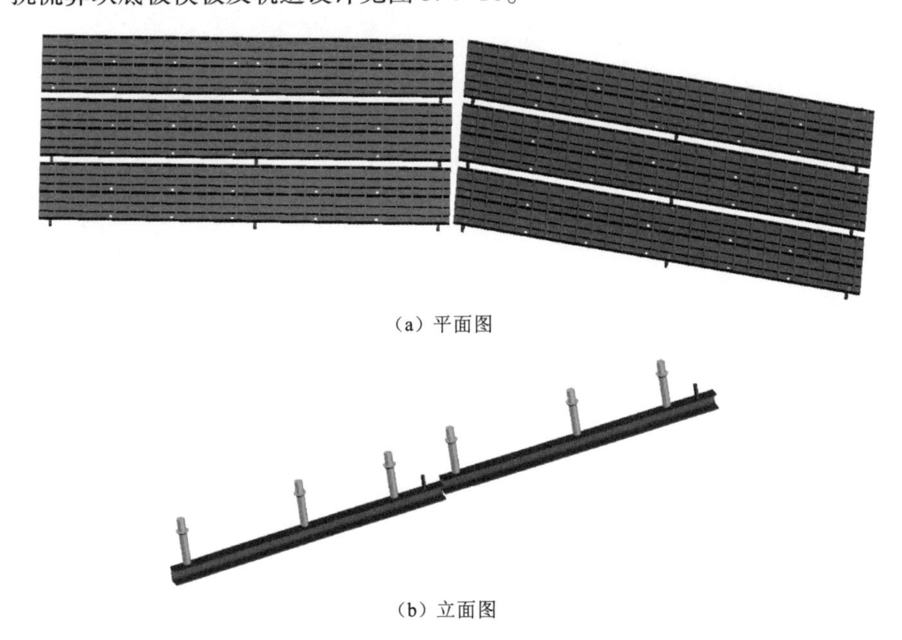

（a）平面图

（b）立面图

图 5.4-16　挑流鼻坎底板模板及轨道设计图

5.4.2.5 混凝土浇筑与抹面

混凝土浇筑、抹面与龙落尾段工艺类似。混凝土浇筑前，应对该仓位的模板进行全仓预拼装，以检验其拟合程度；混凝土施工时，应搭设简易遮阳棚，防风、防晒、防雨以保证其施工作业环境。因为挑流鼻坎为曲面，模板为平面，混凝土浇筑后必然会形成小台阶，该小台阶由抹面施工解决，使其平滑过渡。

5.5 资源配置与工期分析

5.5.1 控制性工期

根据白鹤滩水电站建设的总体安排，2021 年 4 月 1 日需满足大坝蓄水节点目标。泄洪洞工程于 2014 年 6 月 1 日开工，考虑混凝土龄期为 90d，满足过流条件的泄洪洞主体工程应于 2020 年 12 月 31 日完工。

5.5.2 施工顺序

泄洪洞洞身段施工分为上平段和龙落尾段两个部位同时施工。在开挖支护工程超前一定距离后，自进口段开始依次向下游段，由开挖施工转序至灌浆施工，再转序至混凝土施工。龙落尾段自全部开挖施工完成后，自渥奇曲线段至下游出口段，由开挖施工转序至灌浆施工，再自出口向上游转序至混凝土施工。

混凝土总体施工顺序为：开挖→底板垫层混凝土→边墙灌浆→底板灌浆→边墙衬砌→顶拱衬砌→顶拱灌浆→底板衬砌。灌浆工程基本不占直线工期。

针对混凝土施工，在边墙固结灌浆完成200m后启动边顶拱钢筋安装，为此钢筋安装基本不占边顶拱备仓时间。底板混凝土钢筋安装，虽受布料机受料皮带影响，只能提前安装2仓，但只要工序施工都能一次验收合格，各工序衔接到位，底板钢筋安装同样不占直线工期。

5.5.3 主要资源配置

泄洪洞工程衬砌混凝土施工顺序、方法、措施和标准均有严格控制，在满足工程蓄水节点的总目标的要求下，相关资源配置要求较为合理。泄洪洞工程衬砌施工主要资源配置情况以单洞为例，其设备配置统计和主要人员配置统计分别见表5.5-1、表5.5-2。

表5.5-1 泄洪洞工程衬砌施工设备配置统计表（单洞）

序号	设备名称	规格、型号	数量	使用部位	备　注
1	边墙衬砌台车	长12.1m，15m×14m	1台	上平段边墙衬砌	板厚12mm
2	顶拱衬砌台车	长12.1m，15m×18m	1台	上平段顶拱衬砌	—
3	穿行式钢筋台车	长12.1m，15m×18m	1台	上平段边顶拱	—
4	液压自行走边墙衬砌台车	长9.1m，15m×14m	1台	龙落尾段边墙衬砌	板厚12mm，可变断面
5	液压自行走顶拱衬砌台车	长9.1m，15m×18m	1台	龙落尾段边墙衬砌	—
6	液压自行走钢筋台车	长9.1m，15m×18m	1台	龙落尾段边顶拱钢筋安装	与灌浆工程共用
7	灌浆台车	长12.1m，15m×18m		上平段边顶拱	—
8	混凝土泵	HBT80	3台	顶拱衬砌	—
9	大功率扒渣机	自制	4台	边墙、底板衬砌	—
10	低坍落度混凝土输料系统	自制	2套	边墙衬砌	—
11	运料小车	25t	1台	龙落尾段边墙衬砌	—
12	长距离下行输料系统	自制	1套	龙落尾段底板衬砌	—
13	布料机	TB110	3台	底板衬砌	含挑流鼻坎
14	大跨度低坍落度布料系统	跨度20m	1套	挑流鼻坎底板浇筑	—
15	塔机	K1800	1台	塔体混凝土浇筑	—
16		C7015	1台	塔体材料吊运	—
17	门机	MQ600B	1台	挑流鼻坎边墙	—
18	大跨度重型三辊轴	长度8.5m	2台	上平段底板浇筑	—

表 5.5-2　泄洪洞工程衬砌施工主要人员配置统计表（单洞、单班）

序号	工　种	数量/人	部位	备　注
1	振捣工	8	边墙衬砌	—
2	模板工	4		—
3	钢筋工	2		—
4	设备操作、维护人员	10		龙落尾段台车运维增加 8 人
5	辅助工	8		—
6	温控人员	1		—
7	振捣工	6	顶拱衬砌	—
8	模板工	2		—
9	钢筋工	2		—
10	设备操作、维护人员	4		龙落尾段台车运维增加 8 人
11	辅助工	6		—
12	温控人员	1		—
13	振捣工	6	上平段底板衬砌	—
14	模板工	2		—
15	钢筋工	4		—
16	收面工	6		—
17	设备操作、维护人员	6		—
18	辅助工	6		—
19	温控人员	1		—
20	振捣工	6	龙落尾段及挑流鼻坎底板	—
21	模板工	6		—
22	钢筋工	4		—
23	收面工	8		—
24	设备操作、维护人员	10		—
25	辅助工	6		—
26	温控人员	1		—

5.5.4　各部位进度措施与典型工期分析

5.5.4.1　上平段与龙落尾段边墙衬砌典型工期分析

（1）上平段边墙衬砌各工序施工情况简述。

1）钢筋安装。上平段衬砌混凝土施工边顶拱钢筋采用钢筋台车提前安装，待衬砌混凝土浇筑启动后钢筋已超前完成 20 仓，对后续各工序不产生影响。

2）施工缝处理。边墙衬砌施工主要为下游面施工缝、边墙底部范围内施工缝和搭接缝面处理，该下游面施工缝在边墙衬砌等强时，可提前拆除模板进行施工缝处理，基本对仓位备仓时间不产生影响。底板施工缝在钢筋安装前已完成缝面处理，后续只在冲仓时进行二次高压水冲洗即可。搭接缝面处理主要包括检查、粘贴双胶，主要施工时段可与台车移动和定位时间重合。

3）预埋件安装。边墙衬砌预埋件安装施工内容主要包括铜止水、橡胶止水、冷却水管、排水管盲管等安装，除铜止水和橡胶止水最终固定外，其他各工序均提前安装完成。

4）模板安装。边墙衬砌模板由下游侧堵头模板（散装）、底部模板和边墙衬砌台车3部分组成，其中下游堵头模板和底板模板均可提前安装临时固定，待台车就位后进行二次加固。模板安装中影响施工时间的主要为台车的移动、定位、打磨、涂刷脱模剂、加固等工序。

5）仓位验收。施工单位三检人员、监理工程师共同完成仓位验收以及办理混凝土拌和站供料手续，3h可全部完成。

6）混凝土浇筑。混凝土浇筑工序是边墙衬砌关键工序，主要分为入仓、平仓、初振、复振等工序。按照台车面板侧压力受力、斜皮带供料系统入仓强度，复振时间等综合考虑，典型仓位按1.5m衬砌厚度考虑，正常情况下一个坯层浇筑时间大约2h（左右边墙），单仓浇筑时间约54h。

7）混凝土等强时间。夏季作业环境24h，冬季作业环境36h。

综上所述，典型仓位占“直线工期”的主要工序有：搭接缝面处理、台车移动、台车就位、混凝土浇筑、混凝土等强时间和仓位验收。

（2）上平段边墙衬砌各工序施工时间。边墙衬砌各工序施工时间见表5.5-3，典型单仓的工期为111h，约4.65d，实际施工时间约5d。

表5.5-3　上平段边墙衬砌各工序施工时间统计表

序号	工　序	累　计　时　间						备注
		20h	40h	60h	80h	100h	120h	
1	搭接缝面处理							2h
2	台车移动							2h
3	台车就位							24h
4	仓位验收							3h
5	混凝土浇筑							54h
6	混凝土等强							24h
7	拆模							2h
合　计								111h

（3）龙落尾段边墙衬砌，仓位各工序施工情况基本与上平段边墙衬砌一致，但龙落尾段台车移动、混凝土运输两个工序对整个仓位影响时间较长，同时其备仓难度较大，单仓施工时间相对上平段有所增加，典型单仓工期约为7.3d，实际施工约9d。

5.5.4.2　上平段底板衬砌典型工期分析

（1）各工序施工情况简述。对于底板衬砌钢筋安装、预埋件安装、仓位验收情况与边墙衬砌基本一致，不占仓位的直线工期。

1）施工缝处理。施工缝处理主要包括两侧边墙相交缝面、与垫层相接缝面以及已浇仓位横向缝面处理。对仓位备仓时间有影响的只有已浇仓位横向缝面处理，处理时间一般为4h（含模板拆除）。

2）隐轨安装。模板安装施工主要为下游堵头模板和隐轨安装，其中下游堵头模板下部散装模板可提前安装，上部定型模板和隐轨同步安装，安装及验收时间为16h。

3）仓位验收。施工单位三检人员、监理工程师共同完成仓位验收以及办理混凝土拌和站供料手续，3h可全部完成。

4）混凝土浇筑。混凝土浇筑工序是底板衬砌关键工序，主要分为入仓、平仓、振捣等工序，影响浇筑强度的主要为入仓强度，正常浇筑时间一般为27h。

5）收面。底板收面为质量控制关键工序，分为碾、填、搓、抹、收五道工序。其中三辊轴初平分左右半幅，一般施工时间为4h；隐轨拆除、回填、振捣只考虑单侧2根，一般为2h，该时间与粗抹等待时间重合；抹面机圆盘粗抹在三辊轴初平后5h，初平施工时长一般为3h；抹面机刀片精平在粗抹后3h，精平时间为3h；最后人工压抹收光，在精平后1h，收光时间为4h。累计时间约20h。

6）混凝土等强时间。夏季作业环境12h，冬季作业环境24h。

（2）上平段底板衬砌各工序施工时间。上平段底板衬砌各工序施工时间统计见表5.5-4，典型单仓的工期为82h，约3.4d，实际施工时间约4d。

表5.5-4　上平段底板衬砌各工序施工时间统计表

序号	工　序	累　计　时　间									备注
		10h	20h	30h	40h	50h	60h	70h	80h	90h	
1	缝面处理										4h
2	隐轨安装										16h
3	仓位验收										3h
4	混凝土浇筑										27h
5	收面										20h
6	混凝土等强										12h
合　计											82h

5.5.4.3　龙落尾段底板衬砌典型工期分析

龙落尾段底板衬砌，在边顶拱衬砌完成后启动，但受边顶拱台车轨道、底板锚筋等相关因素影响，原边墙衬砌采用的运料小车的输送方案无法用于底板浇筑。为此，创新研发了下行输料系统，该系统需要将底板钢筋绑扎完成，利用底板钢筋输料系统行架和翻模系统轨道。在施工过程中，将底板按掺气坎的位置和混凝土运输通道相结合，分为了四个施工作业区域，底板单元分缝与边墙、顶拱处于同一法线断面，标准仓位长度为9m，衬砌厚度为1.2m。

（1）各工序施工情况简述。

1）钢筋安装。钢筋安装在轨道拆除和底板锚筋施工完成后启动安装，单仓混凝土钢筋安装不占其仓位备仓时间或直线工期。

2）施工缝处理。施工缝主要包括两侧边墙施工缝、边墙与底板相交部位施工缝和上游侧堵头施工缝，上述三处施工缝，除上游侧堵头施工缝需要处理4h外，其他两处施工缝处理均不占备仓时间。

3）隐轨安装。底板混凝土质量控制的关键工序为隐轨安装，隐轨安装工序繁多、定位复杂、标准高。同时，隐轨安装完成后需要安装定位锥，进行部分模板预拼装和拆除。为此，隐轨安装周期相对较长，施工时间为30h。

4）仓位验收。施工单位三检人员、监理工程师共同完成仓位验收以及办理混凝土拌和站供料手续，3h可全部完成。

5）混凝土浇筑。底板混凝土浇筑为翻模施工工序，其浇筑作业流程类似“流水作业”，即安装模板→混凝土入仓、振捣→等强→拆模、收面→安装下一批模板。因此其浇筑时间包括上述各工序，施工时间为15h。

6）混凝土收面。混凝土浇筑完成等强6h后逐排拆除模板，经过刮除浮浆、粗抹、精抹、收光等工序。其中刮除浮浆及粗抹0.5h，等强2h后精抹0.5h，再等强1h后收光2h。由于拆模时间与浇筑时间相匹配，收面时间仅按首批模板拆除时间考虑，累计收面时间约11h。

7）混凝土等强时间。夏季作业环境8h，冬季作业环境12h。

（2）龙落尾段底板衬砌各工序施工时间。龙落尾段底板衬砌各工序施工时间见表5.5-5，典型单仓的工期为71h，约2.9d，实际施工时间约3.2d。

表5.5-5 龙落尾底板衬砌各工序施工时间统计表

序号	工 序	累 计 时 间								备注
		10h	20h	30h	40h	50h	60h	70h	80h	
1	缝面处理									4h
2	隐轨安装									30h
3	仓位验收									3h
4	混凝土浇筑									15h
5	收面									11h
6	混凝土等强									8h
合 计										71h

5.5.5 进度管理成效

白鹤滩水电站泄洪洞工程于2014年6月1日正式开工，至2020年11月23日开挖完成（含河道治理），历时2368d（合计78月）。开挖工程完成的工程有：进水塔、洞身段、出口边坡、河道治理等开挖支护工程。混凝土施工阶段自2016年5月8日开始至2020年12月19日完成，历时1687d（合计56月），混凝土施工阶段完成的主体工程有：进水塔、洞身段、龙落尾段、挑流鼻坎段、边坡等混凝土工程以及固结灌浆、帷幕灌浆、闸门安装等，其中进水塔混凝土工程2016年5月8日开始至2018年12月24日完成，历时961d（合计32月），上平段自2017年1月15日开始至2020年9月19日完成，历时1344d（合计45月），龙落尾段自2018年11月22日开始至2020年11月9日完成，历时719d（合计24月），挑流鼻坎段自2019年4月8日开始至2020年12月19日完成，历时622d（合计21月）。

综上所述，白鹤滩水电站泄洪洞工程自2014年6月1日开始至2020年12月19日完成，历时2394d（合计79月）全部完成，较蓄水目标提前113d。在混凝土施工阶段进行了大量的创新工作，包括设备研制、混凝土工艺试验、混凝土智能温控研究等，占用了部分直线工期。在实施过程中，通过不断创新，严格、规范、高效管理，全面建成精品工程，其过流面基本无缺陷，减少了以往工程缺陷处理的大量时间，最终完成既定目标。

5.6 混凝土缺陷分级管控与处理原则

5.6.1 对泄洪洞衬砌混凝土缺陷修补的认识

鉴于国内外大量的泄洪洞破坏案例，在白鹤滩水电站泄洪洞建设之初对国内已运行的多个大型水电站泄洪洞进行了实地调研，对高速水流作用下不同类型缺陷及破坏情况有了基本的认识。

（1）各水电站泄洪洞均较少出现蜂窝、麻面等较大缺陷，运用行业内现有的施工工艺可以避免此类缺陷。当局部出现时采用刻槽、植筋再回填混凝土或回填预缩砂浆的方式，可以避免缺陷处在高速水流作用下发生破坏。

（2）在过流面混凝土裂缝的缝面两侧不发生错台的情况下，经高速水流冲刷后未发现破坏现象。部分水电站泄洪洞对裂缝进行化学灌浆并在表层涂刷环氧胶泥做缝面封闭处理，在高速水流作用下环氧胶泥大部分被冲刷破坏，化学灌浆注浆嘴部位易形成混凝土缺陷并扩大，这些缺陷有可能成为空化源，诱发气蚀破坏。因此，对于未产生错台的裂缝（缝面宽小于0.2mm）可不进行处理，运行期跟踪观察即可，对于产生错台的裂缝应打磨平顺。因结构需要、防水等原因确需对裂缝进行化学灌浆时，应采用“贴嘴法”，尽量避免损坏混凝土。

（3）各水电站泄洪洞施工缝普遍存在缝面错台、缺损的情况。针对错台，一般采用打磨处理，此类缺陷属于“缺陷影响大、处理难度低、处理效果好”的类型。打磨应严格按照1∶20（错台厚度∶打磨面的宽度）的标准执行；针对缝面缺损，一般采用环氧胶泥进行填缝、盖缝处理，但因环氧胶泥与混凝土施工缝变形不协调，在经过一个温度变化周期后大部分挤压起壳或拉裂，经高速水流冲刷后均遭到破坏。缺陷处理工艺要求极为严格，若处理不当，反而会形成更大的缺陷，部分水电站泄洪洞采用缝面刻槽后充填预缩砂浆再用环氧胶泥盖缝处理的方法，因工艺粗糙，高速水流冲刷后槽内回填的预缩砂浆连带表层环氧胶泥均被冲刷掉，形成了更大缺陷。由此可见，施工缝面破损在高速水流下存在扩大破坏的风险，且暂无有效的缺陷修补方案，只有实现施工缝面无缺陷才能确保泄洪洞的可靠运行。

（4）受混凝土特性影响，过流面气泡难以避免。部分水电站泄洪洞对过流面较大的混凝土气泡进行了表层涂刷环氧基液处理，并未深入气泡内部，过流后表层修补材料被磨蚀，修补效果不佳。白鹤滩水电站泄洪洞的运行实践表明，小气泡（直径小于8mm）在高速水流作用下未发生破坏。因此，对于小气泡可不进行处理，对于较大的气泡应对气泡内部进行清理后充填修补材料，最根本的解决方案为严格控制混凝土施工工艺，避免大气泡和气泡密集区的出现。

（5）过流面不平整度超标处易在高速水流作用下产生脉动负压，进而诱发混凝土气蚀破坏。调研虽未发现此类缺陷在高速水流作用下破坏的案例，但是根据胡佛大坝泄洪洞破坏的案例，在掺气不足时，不平整度对高速水流影响较大。白鹤滩水电站泄洪洞上平段未设置掺气、补气措施，为了尽可能降低气蚀破坏的风险，必须保证过流面混凝土施工质量。

（6）在过流面混凝土施工完成后应注意保护。一旦过流面混凝土受物体打击出现坑洼，不仅难以修补，而且危害水电站运行安全。因此，对已施工完成过流面混凝土应当做好成品保护，避免损坏。

（7）对于混凝土缺陷修补材料，目前使用较多的是环氧砂浆类材料。根据对多个水电站泄洪洞的调研情况发现，环氧砂浆类材料用于混凝土缝面或表面处理时，往往效果不佳。主要有两方面原因，一是环氧材料处理的部位，混凝土发生了变形，出现拉裂或挤压翘曲，使得环氧砂浆类材料脱落，在高速水流下被冲掉；二是用环氧砂浆类材料修补的工艺要求十分严格，又属于隐蔽工程，其核心工艺是处理面必须干净和干燥，但怎样才能做得干净、干燥，施工和相关管理人员往往认识不一，甚至出现全过程监管不到位的情况，在高速水流作用下一般会被冲掉。另外，环氧材料本身的质量也很重要，市场上环氧材料品种很多，质量参差不齐，一般需要选择有一定生产规模，且能提供地方质量监督局关于环氧材料的性能检验资料的生产厂家参加，材料到达施工现场后，还需要根据现场施工环境做工艺试验和各种性能检验（如强度、黏结性能、脆性等），满足相关规范要求后才能使用。

5.6.2 缺陷分级与控制标准

白鹤滩水电站泄洪洞工程的目标是建设精品工程，完全、彻底消除混凝土施工质量缺陷在现实中难以实现，不同的混凝土质量缺陷可各有侧重、区别对待。对于在高速水流下容易产生破坏的缺陷应彻底消除，对于基本无影响的质量缺陷可在考虑成本的基础上有条件接受，因此制定了衬砌混凝土施工质量缺陷分级与控制标准见表5.6-1。

表5.6-1 衬砌混凝土施工质量缺陷分级与控制标准表

类型	重要性	可接受程度	控制标准
错台	▲+	☆	◆
漏浆	▲+	★	◆
蜂窝、麻面	▲	★	◆
气泡	△	☆	◇
不平整度	▲	☆	◇
缝面缺损	▲+	☆	◆
裂缝	▲	☆	◇
龟裂	○	☆	⊙

续表

类型	重要性	可接受程度	控制标准
污染	△	☆	◇
色差	○	◎	⊙

注　▲+—极其重要；▲—非常重要；△—重要；○—不重要；★—不可接受；☆—有条件接受；◎—可接受；◆—彻底消除；◇—基本消除；⊙—不做处理。

5.6.3　缺陷处理原则与方法

白鹤滩水电站泄洪洞经历长时间运行后，衬砌混凝土无气蚀破坏，说明泄洪洞缺陷分级与控制标准适应性强，同时，对于早期因施工工艺不成熟导致部分仓位存在的混凝土缺陷，所采取的缺陷修补原则与方法也较为合理，可供后续工程借鉴，具体如下。

（1）尽量不损坏建筑物表面混凝土的完整性。

（2）缺陷修补应以过流面为重点，确保过流面混凝土内实外光。

（3）对于单个直径小于 8mm 的气泡不作处理；对于单个直径大于 8mm 气泡，清除孔周乳皮，经高压水枪清洗干净并烘干后采用环氧胶泥填实、刮平，表层涂刷环氧基液。

（4）混凝土裂缝原则上可不作处理。对于缝面宽度大于 0. 2mm 的裂缝，可根据结构或耐久性要求，确需处理的，可采用贴嘴法进行化学灌浆等无损方法处理。

（5）施工缝（或结构缝）不宜作系统盖缝处理，宜采用打磨的方法消除缺陷，使缝面两侧混凝土平顺过渡，不得出现错台或陡坎。当缝面存在缺损确需修补时，应刻槽切除缺损部位，刻槽形状为燕尾形，然后回填预收缩砂浆，并严格按施工工艺操作。当缝面两侧都有缺损时，应两侧分开进行，缝面与原施工缝（或结构缝）一致，不得盖缝回填。

（6）面积较小的蜂窝、麻面或气泡密集区等表面缺陷处理不宜破坏本体混凝土，应采用高压水冲洗干净，待晾干后涂刷弹性环氧胶泥。

5.7　思考与借鉴

（1）泄洪洞承担超标洪水的泄洪任务，是水电枢纽工程的重要建筑物。在巨泄量、高流速泄洪时，如若存在施工缺陷，将会产生灾难性破坏，从而对枢纽工程运行安全构成威胁。为此，需要将泄洪洞建设成为高标准高质量的精品工程。

（2）成就镜面混凝土，需要按照碾、填、搓、抹、收五道工序进行收面。在实施过程中，需要经过多次的试验摸索，总结现场环境条件（温度、湿度、风速等）与混凝土初凝前可塑性的关系，把握混凝土收面时机，完成高质量收面。

（3）常规的龙落尾段底板采用拉模或盖模方法施工。拉模施工时，由于模板与过流面体型在理论上一般不一致，或即使是标准的圆弧形过流面，但受制作精度限制，也无法实现模板与过流面体型零误差，因而，在拉模施工过程中，容易将已浇筑混凝土刮伤或啃伤，形成隐裂纹；盖模施工时，难以把握拆模时机，影响抹面质量。采用本案的隐轨翻模为最佳方法。

（4）泄洪洞大量运行实践证明，洞身的施工缝面错台、缺损等缺陷较裂缝而言更加具有危害性，因此，施工缝的精细化施工尤其重要，缝面应呈直线、无错台、无缺损，达到“看得见、摸不着”的效果。

（5）标准化与规范化。白鹤滩水电站泄洪洞工程首次定义了水工隧洞镜面混凝土，通过现场试验与建设实践总结并形成了一整套水工隧洞镜面混凝土标准化的施工工法及质量标准体系，并制定了衬砌混凝土施工缝零缺陷的成套工艺，在白鹤滩水电站泄洪洞工程中得到全面应用，实践效果良好。在后续的工程实践中，可考虑根据不同的结构部位、不同的混凝土类别、不同等级的质量标准，进一步丰富与完善镜面混凝土的施工工艺标准，构建完备的镜面混凝土质量体系与施工方法，并在成熟以后以行业施工规范的形式发布，在全行业推广应用。

第6章 施工装备的研制与应用

白鹤滩水电站泄洪洞衬砌混凝土施工具有断面尺寸大、衬砌边墙高、坡度大、断面形式多、作业面狭窄、混凝土运输系统布置限制条件多等技术难点。混凝土的高效、安全、高强度入仓是保证泄洪洞衬砌混凝土有序施工的关键环节。传统的地下衬砌工程基本上都采用泵送混凝土浇筑，白鹤滩水电站泄洪洞工程突破行业瓶颈，全过流面采用低坍落度混凝土浇筑，需要有针对性地研制各种成套的新型装备。经过参建各方不懈努力，最终全部获得成功。工程实践应用表明，所研制的相关装备安全高效、经济合理，彻底解决了地下衬砌混凝土工程低坍落度混凝土浇筑难题，并实现了对混凝土体型的精准控制。

6.1 施工装备系统概况

白鹤滩水电站泄洪洞工程需要研制的新型装备见表6.1-1。其他专用设备如灌浆台车、钢筋台车、顶拱衬砌台车等为常规设备。

表6.1-1 白鹤滩水电站泄洪洞工程需要研制的新型装备表

类型	名 称	数量/套	装备组成	部 位
入仓系统	高边墙低坍落度混凝土输料系统	3	扇形中转料斗	上平段边墙
			扒渣机	
			斜坡皮带输料系统	
			水平伸缩旋转布料系统	
	大坡度重载快速下行自动供料系统	3	运料小车	龙落尾段边墙
			牵引系统	
	底板混凝土长距离下行输料系统	6	长距离下行胶带机	龙落尾段底板
			滑框布料系统	
	挑流鼻坎大跨度低坍落度混凝土布料系统	3	大跨度行走系统	挑流鼻坎底板
			入料系统	
模板系统	大坡度变断面液压自行走衬砌台车	3		龙落尾边墙衬砌
	大跨度三辊轴设备及高精度隐轨系统	5	三辊轴	上平段底板
			支撑系统	
	曲面底板隐轨循环翻模系统	9		龙落尾段底板

6.2 高边墙低坍落度混凝土输料系统

白鹤滩水电站泄洪洞为城门洞型，衬砌边墙高度达14m，采用低坍落度混凝土浇筑。在国内外类似工程的施工实践中，溪洛渡水电站泄洪洞无压段对低坍落度混凝土浇筑进行了有益的尝试，主要采用长臂正铲法和台车内提升吊罐法，以实现高边墙低坍落度混凝土的垂直运输及入仓作业。经过研究，长臂正铲法虽然能够实现低坍落度混凝土的入仓作业，但是不能连续入仓，施工程序较复杂，卡壳环节多，且设备成本相对较高。台车内提升吊罐法可以实现混凝土入仓，但是台车结构复杂，不能连续浇筑。

鉴于以上方法存在的弊端，经综合研究、攻关，研制了一套高边墙低坍落度混凝土输料系统并制定了相应的操作流程，有效解决了高边墙衬砌混凝土高效垂直运输以及入仓问题。

6.2.1 装备设计

高边墙低坍落度混凝土输料系统的结构和现场分别见图6.2-1、图6.2-2。该系统的主要流程为：混凝土由自卸汽车水平运输→扇形中转料斗集料→改装的扒渣机喂料→上升的斜坡皮带输料→水平可伸缩、旋转的布料装置布料→变径溜筒入仓。

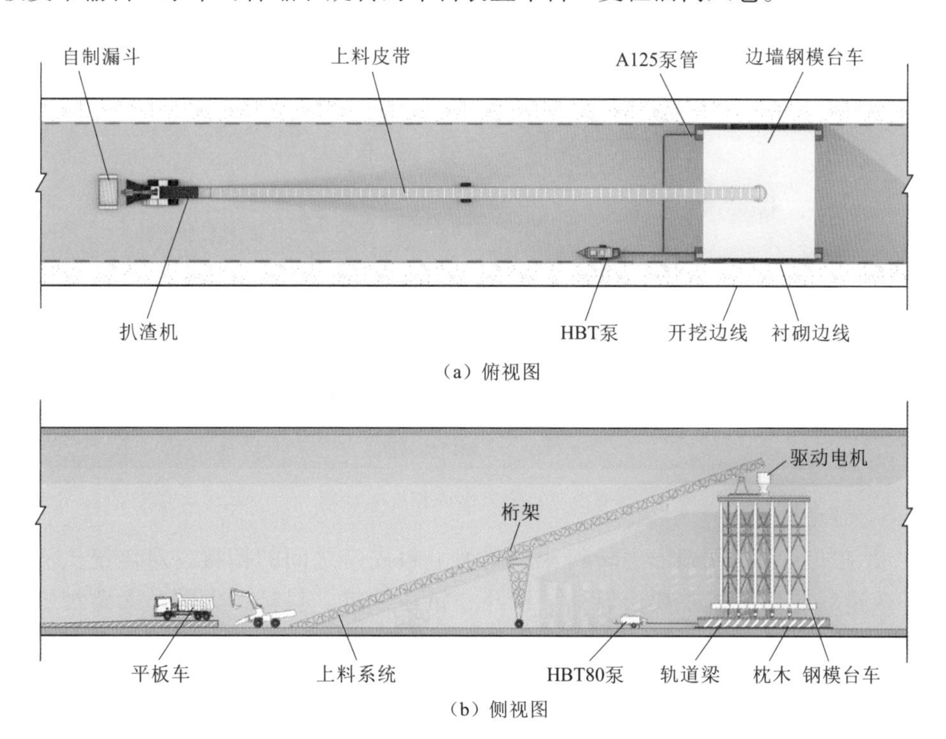

图6.2-1 高边墙低坍落度混凝土输料系统结构示意图

其主要设计方案如下。

(1) 扇形中转料斗。中转料斗的功能在于解决自卸汽车无法直接与垂直供料系统衔

图 6.2-2　高边墙低坍落度混凝土输料系统的现场

接以及无法精确控制下料的问题。在考虑了自卸汽车的卸料宽度和高度、扒渣机的运行曲线基础上，料斗设计为扇形结构，尽量减少料斗内混凝土的残余量，扇形中转料斗结构见图 6.2-3。

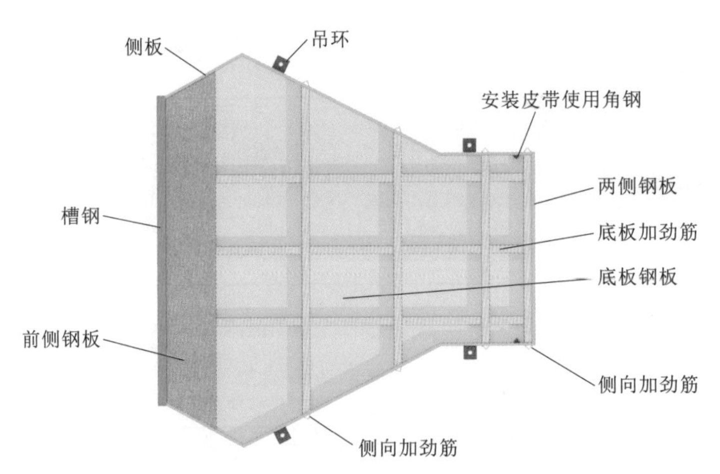

图 6.2-3　扇形中转料斗结构图

（2）扒渣机。为实现扇形中转料斗和斜坡上料皮带之间的衔接，对传统扒渣机进行了改造。改造后的扒渣机主要由转座、铲斗、铲斗油缸、抖杆、大臂、大臂油缸、操作室、输送皮带、电动滚筒、行走装置组成。扒渣机的动力系统包括液压动力系统和电机驱动系统两部分。通过液压动力系统控制大臂的伸缩、旋转，实现对不同位置和距离混凝土的集料，通过操作铲斗，实现混凝土的挖装以及向输送皮带供料。通过电机带动皮带系统的传动，实现混凝土短距离的水平和垂直运输。

对传统扒渣机的改造主要包括：①加长大臂，使其覆盖半径由 2m 增加到 3m，以适用于 $6m^3$ 自卸汽车相匹配的集料斗容料；②增加了一套液压冷却系统，以保证扒渣机的连续作业；③电动机功率由 7.5kW 加大到 11kW，可使皮带转速由 0.8m/s 增加为 1.6m/s，加大混凝土入仓强度。

（3）斜坡上料皮带垂直运输系统。斜坡上料皮带垂直运输系统为桁架结构，可随台车移动，主要由桁架、驱动电机、传动滚筒、改向滚筒、输送皮带、托辊、拉紧装置、钢结构支撑等组成，见图 6.2-1。

结合白鹤滩水电站泄洪洞衬砌边墙模板台车的高度，斜坡上料皮带垂直运输系统的主要设计方案为：①长 60m，分上下两段设计；②地面最大夹角为 20°；③横断面为矩形，宽 80cm，高 82cm，由方钢和钢管连接而成，内部布置托辊和输料皮带，侧面布置有检修通道。上料桁架系统结构见图 6.2-4。

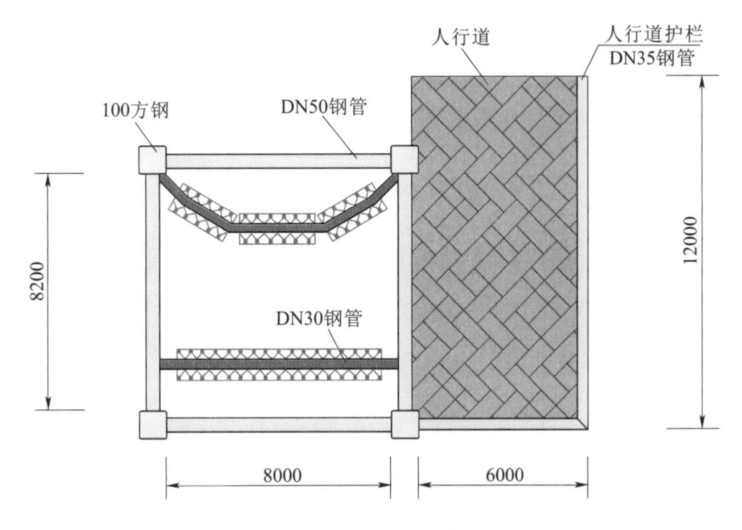

图 6.2-4　上料桁架系统结构示意图（单位：mm）

上料桁架的中部设置钢结构支撑，钢结构支撑与上段桁架固定连接，上段桁架的顶部与台车铰接连接，以台车运行为动力实现桁架与台车的同步运行。下段桁架与上段桁架采用铰接连接，可调整下段桁架的坡度，以适应不同的上料高度。

斜坡上料皮带垂直运输系统的主要参数有：①垂直运输系统长 60m，运输高度 16m，平均运输倾角 16°；②皮带运输速度为 2.5m/s，带宽 650mm；③最高入仓强度 $20m^3/h$。

（4）水平伸缩旋转布料系统。水平伸缩旋转布料系统主要由外部框架、内部框架、驱动系统、输料皮带和底部轨道组成，水平伸缩旋转布料系统见图 6.2-5。内部框架通过电动齿条在外部框架之内穿行，通过旋转动力液压油缸的伸缩可实现输料皮带绕轴自由旋转 180°。内部框架根据洞室断面净空尺寸，左右可伸缩至边墙结构面以内 2.5m。通过输料皮带正、反向旋转可实现左右侧边墙交替布料，实现浇筑仓面的全覆盖。此外，为了防止骨料分离，在仓内设置变径溜筒定点下料。

因龙落尾段各部位底板的坡度不同，在水平伸缩旋转布料系统中设置了调平装置。输料皮带系统与调平桁架在上游面通过铰接轴连接，下游面为自由端，放置于调平桁架上，在不同坡度下通过调整丝杆实现输料系统的调平，确保布料系统始终处于水平状态，避免皮带倾斜导致混凝土洒落。

图 6.2-5　水平伸缩旋转布料系统

6.2.2　应用效果

高边墙低坍落度混凝土输料系统实现了高边墙低坍落度混凝土的连续运输，满足最大送料高度要求，相比传统设备，其效率提高了 30%。该系统实现了低坍落度混凝土连续浇筑，具有效率高、结构简单、故障率低、运行安全、便于检修维护等综合优势。

6.3　龙落尾段大坡度重载快速下行自动供料系统

白鹤滩水电站泄洪洞龙落尾段的平均洞长约 400m，最大坡度达 22.6°，结构体型复杂。受地下工程空间局限，仅在龙落尾段的起点、中间、末端部位布置有施工通道，存在受料点固定、运输通道狭窄等问题。面对此种场景，水电行业主要采用泵送混凝土入仓浇筑。要实现低坍落度混凝土浇筑，只有改变传统思路，才能突破行业瓶颈。通过研究，借鉴了港口、矿山工程中广泛应用的卷扬小车设计原理，创新研制了龙落尾段大坡度重载快速下行自动供料系统（一般卷扬机系统为上行系统），该系统实现了大坡度工况下低坍落度混凝土的安全与高效运输。

6.3.1　装备设计

大坡度重载快速下行自动供料系统主要包括送料系统、卷扬牵引系统、PLC 运行控制系统和四套安全制动装置。其工作原理为：通过自卸汽车将混凝土运输至受料平台并卸至运料小车，然后利用卷扬牵引系统将运料小车沿轨道行走至上料皮带的下料点，最后通过高边墙低坍落度混凝土输运系统实现混凝土的入仓浇筑，大坡度重载快速下行自动供料系统的工作原理见图 6.3-1，该系统的现场见图 6.3-2。

该系统的技术难点主要包括：①龙落尾段坡度大、距离长，且重载下行，运行安全问题突出；②存在视觉盲区，不利于实现连续高强度运输。经过广泛技术调研，现有的设备都不能满足白鹤滩水电站泄洪洞龙落尾段混凝土供料的需求，需进行大坡度重载快速下行

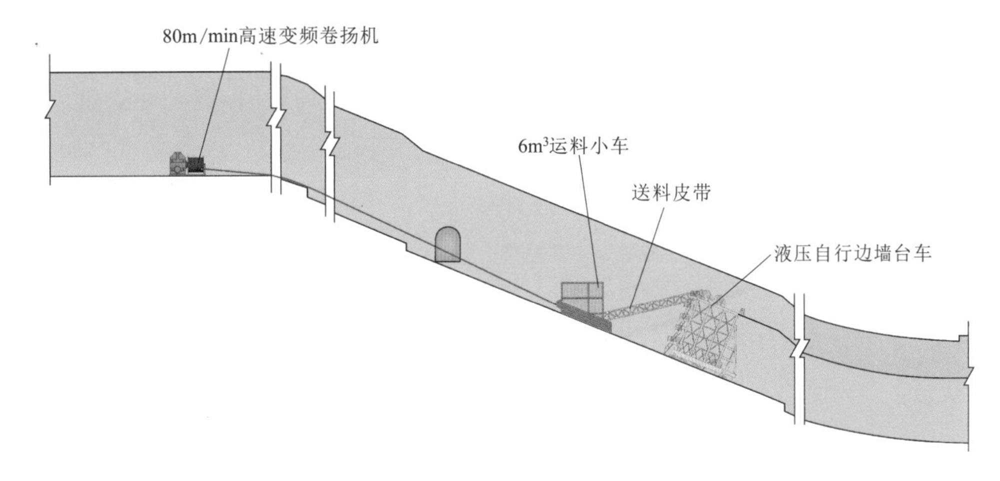

图6.3-1　大坡度重载快速下行自动供料系统的工作原理示意图

图6.3-2　大坡度重载快速下行自动供料系统现场

自动供料系统的专项设计，重点解决安全、高效问题。主要设计思路如下。

（1）采用60m/min高速变频卷扬机保障送料强度。

（2）采用PLC控制器和感应装置自动控制运料小车的运行速度以及启停位置，实现自动卸料。

（3）采用4重安全制动装置，包括卷扬机高速端、低速端的抱闸制动，小车的拖曳式抱轨、钳盘抱轨装置。

6.3.1.1　送料系统设计

送料系统由受料平台、运料小车、送料皮带系统组成。其中，受料平台和运料小车的主要设计方案如下。

（1）受料平台。根据现场施工通道的布置方案，自卸汽车可直接到达龙落尾段的受料平台。即混凝土供料点主要有两个：1号供料点位于泄洪洞龙落尾段的起点，以上平段作为自卸汽车的运输通道；2号供料点位于龙落尾段的中部，以2号施工支洞作为自卸汽车的运输通道。

供料点为钢桁架结构，自卸汽车行驶至钢桁架结构卸料，然后进入后续输料环节。龙落尾段混凝土供料点位置见图 6.3-3。

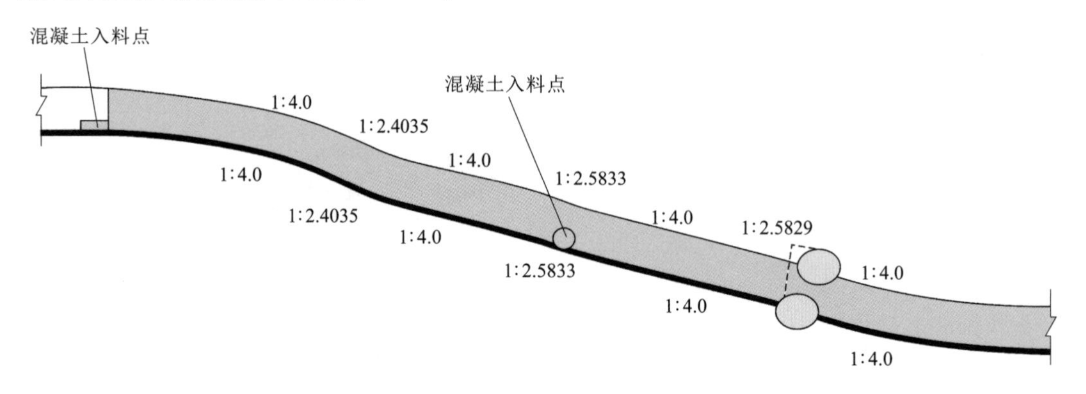

图 6.3-3　龙落尾段混凝土供料点位置图

（2）运料小车。为了满足龙落尾段边墙低坍落度混凝土运输强度的要求，运料小车设计容量为 9m³，单次运送能力不小于 6m³，采用门架式结构。运料小车的下料口安装有液压弧形闸门，控制混凝土卸料，加装附着式振捣器辅助卸料。经过多方案比选，确定运料小车平面尺寸为 4m×4m，料斗顶部平面尺寸为 3.8m×3.8m，运料小车结构见图 6.3-4。

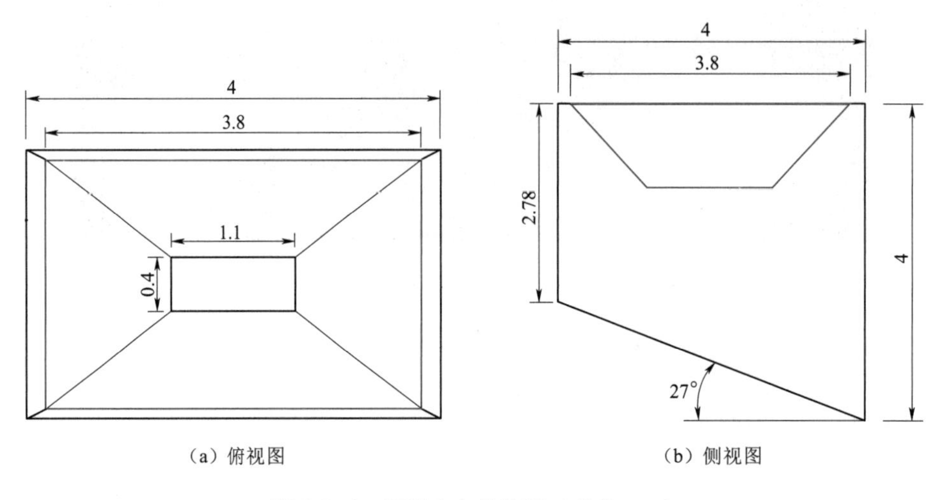

图 6.3-4　运料小车结构图（单位：m）

小车在标准的 P43 钢轨上运行，钢轨安装在轨道梁上，运行中的运料小车见图 6.3-5。

6.3.1.2　牵引及制动系统设计

（1）牵引系统。①采用快速变频卷扬机，行走速度 60m/min，额定拉力 120kN，电机功率 160kW，以满足 25t 物料的坡道往返，保证送料强度，正常运行工况下，运料小车的平均运行速度为 40m/min；②通过加装变频器实现调速；③采用 PLC 自动操控系统，实现一键启动、起步、加速、减速、停止和应急紧急停车等全程的自动控制；④卷扬机滚筒

图 6.3-5　运行中的运料小车

采用 2 层绳的设计，并增加排绳器防止乱绳。

（2）安全制动系统。龙落尾段采用自下游向上游施工的顺序，浇筑边墙混凝土时，其下游部位有作业人员和施工设备。如果运料小车发生失控并高速下滑，可能发生严重的安全与质量事故。为确保运料小车运行安全，采用了卷扬机制动加运料小车自身制动的双重制动方案。卷扬机共采用两套安全制动装置，包括高速端的两台 125 型高速制动器和低速端的液压钳盘制动器。同时，增加液压泵站与 PLC 同步控制卷筒制动，用于日常运行制动。

运料小车也采用两套安全制动装置，包括大间隙碟型弹簧自动抱轨制动装置和抱轮拖曳制动装置，抱轨制动器与轨道之间的间隙为 15mm。运料小车可实现卷扬机失效时的紧急制动。运料小车制动设计参数见表 6.3-1，制动器见图 6.3-6。

表 6.3-1　运料小车制动设计参数表

名　称	参数	名　称	参数
整车自重/t	25	制动方式	下行制动
轨道坡度/(°)	17	动力类别	直流电源
最高行驶速度/(m/min)	60		

（3）断绳及超速保护方案。运料小车上布设有断绳机械检测系统，该系统可通过测控钢丝绳的受力状态及位移变化，判断钢丝绳是否发生断裂。若检测到钢丝绳出现异常情况，则断绳机械检测系统立即关闭行程开关，通过行程开关关闭电磁阀，电磁阀控制液压系统泄油，储能装置释放能量，进而驱动碟型弹簧制动装置动作。即使发生钢丝绳断裂，卷扬机失效时，运料小车也能实施紧急制动，该制动器可提供 36t 的摩擦力，保证运料小车在 6m 范围内从 60m/min 减速至 0，同时，通过 PLC 系统将信号传输给卷扬机制动系统，一方面卷扬机立即制动；另一方面铃声响起，告知现场运行人员紧急处置。

为防止运料小车超速行驶，运料小车的上游车轮处安装有编码器，编码器可测定运料

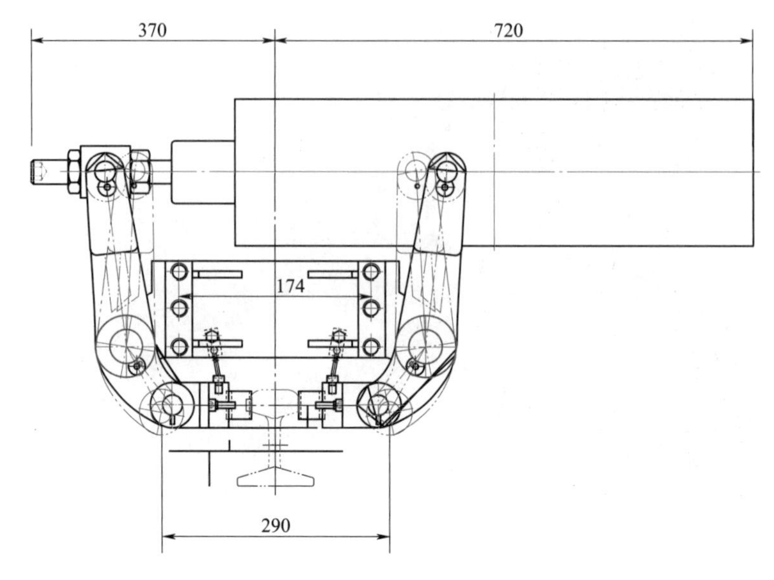

图 6.3-6　制动器示意图（单位：mm）

小车的车轮旋转速率。若出现超速现象，则编码器把信号反馈给电磁阀，电磁阀控制液压系统泄油，启动运料小车轨道制动系统及车轮制动系统，同时通过 PLC 系统将制动信号反馈给卷扬机系统，从而控制运料小车运行速度。

（4）其他安全措施。在龙落尾段大坡度重载快速下行自动供料系统中采用的其他安全措施还包括运料小车与卷扬机互锁装置、手动安全装置、电池电量报警装置。

运料小车与卷扬机互锁装置：该装置利用卷扬机 PLC、运料小车 PLC，通过无线通信网络，联系运料小车控制系统及卷扬机控制系统，起到同时锁定的作用。

手动安全装置：手动安全装置主要针对运料小车运行过程中的突发与异常情况，需要刹车时，现场操作员可通过手动开关，利用无线网络信号及 PLC 系统实现对卷扬机及运料小车的制动。

电池电量报警装置：运料小车的电源为蓄电池，该电源为运料小车的抱闸与抱轨液压系统供电。为减少运料小车重量，采用锂电池，电池容量大于 180Ah。若蓄电池电量不足，会导致电磁阀失效，进一步导致运料小车无法运行。为防止该异常情况的出现，电池电量报警装置可在电池电量低于 20% 时报警，提醒更换电池，保证施工过程安全。

6.3.1.3　运料小车的运行与控制

运料小车在卸料点就位，自卸汽车卸料至运料小车，操作人员启动卷扬机运行，运料小车在斜坡段自重作用下下行，卷扬机和运料小车同步加速至设定的最高运行速度 60m/min 后，匀速行驶一段距离然后到达设定位置，卷扬机制动减速带动运料小车减速慢行。减速位置的设定通过运行距离和运行时间双重指标确定，其中任意一项达到设定值后卷扬机便开始减速。减速位置每仓在卷扬机 PLC 上设定。另外，在斜坡皮带上料系统卸料点的上游侧一定距离处设置有 4 套机械限位器，当运料小车碰触到机械限位器时，传输系统将信号传输至卷扬机，卷扬机停止转动，运料小车在自重及卷扬机钢丝绳自身挠度作用下仍要滑动一段距离，然后在皮带卸料点处停车。为防止运料小车触碰斜坡皮带和卸料平台，在运行轨道上安装有限位板，可限制运料小车在刹车后的运行距离。

运料小车在正式运行前经过了空载、满载、超速、断绳等各种工况的试验。

6.3.2　应用效果

大坡度重载快速下行自动供料系统在白鹤滩水电站泄洪洞龙落尾段累计运行时长超过 24000h，单次混凝土运输量为 $6m^3$，平均运行速度 40m/min，混凝土平均入仓强度达到 $15m^3/h$。该系统实现了混凝土运输过程的一键启动、自动加速与减速、停止和卸料、闭锁，运行安全可靠，自投运至工程结束，运行平稳、流畅，未发生安全事故。

6.4　龙落尾段底板混凝土长距离下行输料系统

在龙落尾段衬砌混凝土施工中，衬砌边墙混凝土可通过龙落尾段大坡度重载快速下行自动供料系统实现低坍落度混凝土的运输。但在龙落尾段底板混凝土浇筑时，需采取超前备仓方案以满足施工进度，并拆除位于底板的运料小车轨道，无法采用大坡度重载快速自动供料系统。为此，需要另行研制一套龙落尾段底板长距离下行输料系统，以满足大坡度龙落尾段底板低坍落度混凝土的入仓需求，实现在已完成钢筋绑扎的底板上部进行低坍落度混凝土长距离向下运输的要求，并随混凝土浇筑同步移动及仓内布料。

6.4.1　装备设计

根据龙落尾段底板面临的施工边界条件，提出了采用长距离下行胶带机运料（下行布料）、滑框布料装置仓内布料（水平布料）的解决方案。其混凝土运输流程为：由自卸汽车水平运输至下料点，由改造的扒渣机喂料至长距离下行胶带机，再通过长距离下行胶带机配合仓内的滑框布料系统布料。

6.4.1.1　长距离下行胶带机设计

（1）设计考虑的因素。

1）向下运输过程中不会发生混凝土骨料分离。

2）紧急制动时，胶带机上的混凝土不会下滑污染仓面。

3）胶带机具备灵活的连续下行和上行功能。

4）保证强度和稳定的前提下，整体结构尽可能轻量化，人工搬运安装，无需大型起吊设备。

（2）设计方案。

1）选用 1.2m/s 低转速电机进行驱动，同时配置电机减速器，防止制动时混凝土的下滑。

2）胶带机分多段、多层布置，上下层之间可相互滑动伸缩，灵活移动。

3）每段胶带机的两端均设置刮浆片，防止皮带粘浆，造成仓面污染和骨料分离。

4）胶带机架体采用轻型钢结构，采用分段分片设计销轴连接，便于运输和现场安装。

（3）结构设计。根据上述设计方案，长距离下行胶带机整体由胶带机和支撑架体组成（见图6.4-1）。

图6.4-1 长距离下行胶带机

1）胶带机。驱动电机选用21kW、1.2m/s的大功率、低转速电机，设计供料强度$20m^3/h$。胶带机架体采用"U"形断面，下部采用两根10号槽钢支撑纵梁，纵梁上每间隔1m布置1道托辊悬挂立柱。皮带采用宽650mm的"V"形皮带，皮带下部采用35°的"V"形承载托辊，托辊间隔3m布置。为防止皮带运行中发生偏移，纵向每隔3m布置一道压辊。胶带机整体断面宽度0.95m、高度0.45m，单层皮带长50m。为了便于胶带架体的安装，胶带机标准节长度设计为6m，各节之间在现场拼装，销轴连接。

2）支撑架体。为满足受料点至浇筑面最远150m的长距离运输要求，同时又具备胶带机的灵活移动功能，胶带机分三层相互搭接布置，层间留有一定间隙便于胶带机的伸缩；为便于安拆，采用扣件式脚手架搭设胶带机支撑架体；为减少胶带机上行时与支撑架体的摩擦阻力，胶带机下部的纵梁与架体之间布置14号槽钢作为滑行轨道。胶带机上行时由卷扬机牵引，每次移动距离0.8m，与底板混凝土浇筑段的长度匹配。长距离下行胶带机的布置见图6.4-2。长距离下行胶带机与水平布料系统联合作业施工场景见图6.4-3。

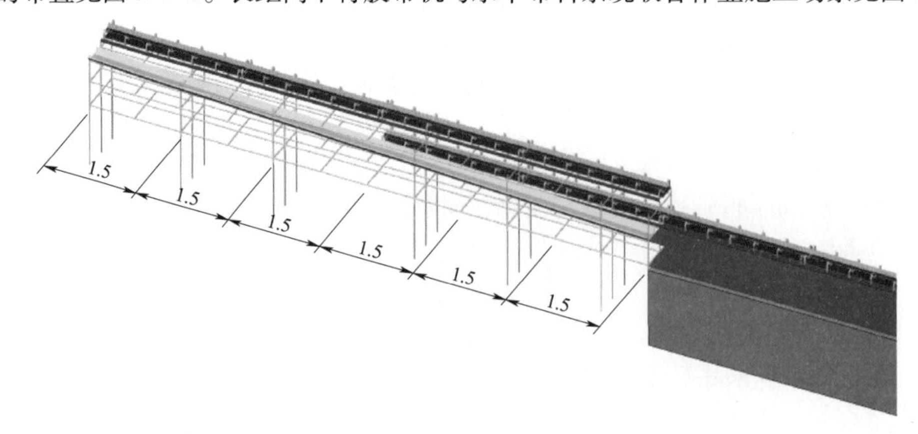

图6.4-2 长距离下行胶带机的布置示意图（单位：m）

图6.4-3　长距离下行胶带机与水平布料系统联合作业施工场景

6.4.1.2　滑框布料装置设计

滑框布料装置主要解决仓内水平布料问题，要求布料装置随混凝土浇筑同步移动，同时能够实现与长距离下行胶带机的联动。滑框布料装置包括行走系统与安全装置，行走系统由外部套框、内部胶带机、行走轨道与行走机构组成，安全装置由防滑装置、防碰撞装置组成，滑框布料装置见图6.4-4。

图6.4-4　滑框布料装置

（1）外部套框。为保证人工振捣作业所需空间，外部套框采用“门”式断面。框架采用14号槽钢焊接成型，长11m、宽1.8m、高1.8m。为了提高整个门架的整体刚度，在长度方向上每隔2m布置1道加固外框。

（2）内部胶带机。内部胶带机为“U”形断面，轻型钢结构，断面长8.5m、宽0.9m、高0.6m。内部胶带机通过齿条与外部套框连接，电机驱动实现左右移动。内部胶带机采用7.5kW双向电机驱动，650mm宽度皮带输送混凝土，设计布料强度为20m³/h。

为防止布料时混凝土骨料分离，在胶带机两端悬挂集料斗，集料斗内部满铺橡胶片，混凝土经过胶带机后与集料斗内壁产生软碰撞，经减速和集料后，定点下料。在胶带机两端电机的下部与回程皮带相切部位布置1道合金钢刮刀，防止皮带粘浆导致混凝土砂浆流失。

（3）行走系统。当水平布料系统完成一次布料后，需后退并为翻模施工提供模板安装空间。根据龙落尾段底板的浇筑段长度和台阶宽度，每次水平布料系统移动行程为80cm。水平布料系统的行走通过手动倒链进行牵引后退。行走系统共布置有两组，间距6m，每组行走系统由前后两个支撑腿和支撑轮组成，支撑轮下部铺设槽钢轨道，实现滑动式移动。由于龙落尾段底板由多个坡度组成，为了保证在不同坡度下水平布料系统均呈水平状态，前后行走支腿与外套框之间采用铰接连接，并在后支腿上布置调平旋转丝杠，调整丝杆保证滑框始终处于水平状态。

（4）安全装置。龙落尾段底板混凝土浇筑过程中，存在的安全风险主要有两方面：①长距离下行胶带机在陡坡段存在倾翻和下滑风险；②水平布料系统左右伸缩时，存在碰撞振捣作业人员的风险。为规避上述风险，采取了三个方面的技术措施：①采用倒链牵引行走，行走到位后始终保证倒链与已安装的钢筋网片有效连接；②在行走轨道上每0.8m开方孔，在行走支腿前段安装防滑挂钩，当水平布料系统行走到位后，将挂钩锁定在轨道孔内，支撑轨道每隔2m与底板锚筋焊接固定，形成稳定的传力体系；③在内部伸缩胶带机两端安装碰撞限位开关，当胶带机碰触障碍物后自动停机。

6.4.1.3 联动运行措施设计

该系统按照先启动水平布料系统、再启动下行供料系统、最后启动受料点的顺序运行。采用长距离下行输料系统，混凝土入仓运输环节较多，任何一个环节出现问题均会造成混凝土浇筑中断。各装置之间若不能相互协同，则可能导致混凝土在运送节点堆积，造成荷载过大而出现安全隐患。因此，对受料点、长距离下行胶带机、滑框布料装置采用了联动控制，任何一个节点出现故障均能使整个系统紧急制动，直至排除故障后运行。

6.4.2 应用效果

龙落尾段底板长距离下行输料系统解决了大坡度、远距离工况下低坍落度混凝土运输的难题。该系统结构简单，便于安拆，安全可靠，混凝土浇筑效率达到15m^3/h，满足了白鹤滩水电站龙落尾段底板混凝土连续浇筑的要求，应用效果良好。

6.5 挑流鼻坎大跨度低坍落度混凝土布料系统

白鹤滩水电站泄洪洞挑流鼻坎为明渠形式，其底板为双扭曲面、边墙为圆形结构，均采用低坍落度混凝土浇筑。泄洪洞出口处边坡高陡，施工场地有限，混凝土入仓、底板体型控制、边墙与底板的相贯线控制是挑流鼻坎底板施工的技术难点。

一方面，鉴于白鹤滩水电站坝址区属于干热河谷气候，泄洪洞出口部位风速大，采用塔机等起吊设备吊运混凝土的安全风险较高；另一方面，同类结构普遍采用泵送混凝土浇筑，尚无低坍落度混凝土浇筑的经验。因此，为了解决挑流鼻坎底板低坍落度混凝土的运输难题，经综合比选与研究，提出并实施了“改进型扒渣机+布料机+桁架系统”的技术方案。

6.5.1　装备设计

挑流鼻坎大跨度低坍落度混凝土布料系统由行走轨道、驱动装置、大跨度桁架、集料斗、溜筒五部分组成，供料系统组成见图 6.5-1。

图 6.5-1　供料系统组成

（1）行走轨道：选用 H300×300 型钢作为轨道支撑横梁和立柱。其中，立柱间距 4m、高度 0.3~4m，轨道梁上部布置 QU70 轨道。

（2）驱动装置：7.5kW 电机。

（3）大跨度桁架：桁架跨度 20m，矩形截面，截面宽 1.2m、高 1.35m。4 根主梁采用 150mm×100mm×6.3mm 的矩形钢管，其他连杆采用 DN76×4.25mm 圆钢管，其结构见图 6.5-2。

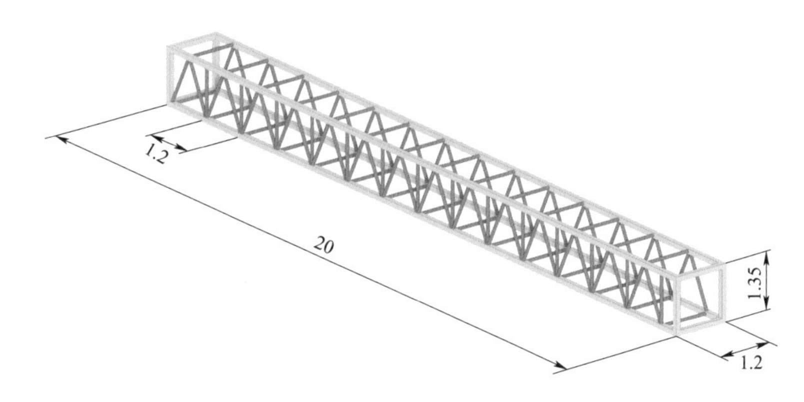

图 6.5-2　大跨度桁架结构示意图（单位：m）

（4）集料斗：集料斗采用 5mm 钢板制作，为倒棱台结构，其中顶部尺寸为 80cm×80cm，下料口直径为 30cm。为了实现挑流鼻坎底板混凝土均匀覆盖，集料斗等间距布置 4 个。

（5）溜筒：每个集料斗下部均布置一套溜筒，左右两侧溜筒由 ϕ300mm 壁厚 6mm 的钢管和 ϕ300mm 皮筒组成，其中上部钢管长度 3m，钢溜筒与皮筒之间安装有一组缓降器，以防止混凝土骨料分离。中间两个溜筒则全部为 ϕ300mm 皮筒，布料时移动灵活方便，溜筒总长度为 15m。溜筒通过钢丝绳及其卡扣与顶部钢架连接固定。

6.5.2 应用效果

挑流鼻坎大跨度低坍落度混凝土布料系统结构简单、重量轻、刚度大、行走方便，解决了仓面均匀布料的难题。另外，下部采用缓冲皮筒有效解决了 15m 以上高落差骨料分离的难题。该系统的入仓强度达 25m^3/h，可有效保证在复杂环境条件下，挑流鼻坎低坍落度混凝土连续浇筑。

6.6 大坡度变断面液压自行走衬砌台车

白鹤滩水电站泄洪洞龙落尾段体型复杂、坡度大，共布置有 3 道掺气坎。每道掺气坎的边墙突扩 30~70cm（单边 15~35cm），共有 4 种衬砌断面类型，底板突降 1.8~2.5m。每道掺气坎处因底板为陡降形式、顶拱采用折线连接，边墙高度由 14m 扩大为 18m。并且自龙落尾段起点至出口有渥奇曲线段、斜坡段、反弧段等形式。

根据以往工程经验，复杂体型的衬砌混凝土一般采用满堂脚手架或多套台车的方案，台车通过卷扬机牵引行走，运行成本较高、安全风险较大。为了满足白鹤滩水电站泄洪洞龙落尾段多种断面形式、大坡度、掺气坎突变工况下的衬砌混凝土浇筑需求，研制了大坡度变断面液压自行走衬砌台车，满足了衬砌边墙体型和平整度控制的要求。

6.6.1 装备设计

大坡度变断面液压自行走衬砌台车主要由模板总成、皮带输送机、门架总成、行走机构、侧向螺旋千斤顶、门架螺旋千斤顶、液压系统、电气系统、侧向走道平台、液压操作平台、自起落防滑挂钩装置等多部分组成。衬砌台车的侧视图和主要结构分别见图 6.6-1、图 6.6-2。

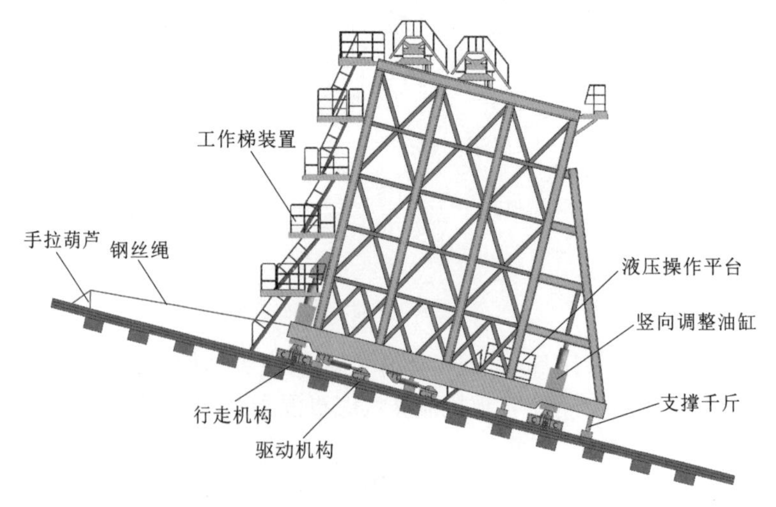

图 6.6-1 衬砌台车侧视图（单位：mm）

该台车的主要功能特点有：①全部采用同步液压系统进行驱动行走，同时具备在陡坡上的上行和下行功能；②采用同步液压垂直顶升系统调整台车重心，确保台车安全顺利通过结构变折点；③采用水平液压伸缩系统，实现台车变断面混凝土衬砌功能；④采用自起落防滑挂钩装置，有效防止台车在斜坡段的下滑和倾覆。

图 6.6-2　衬砌台车主要结构

6.6.1.1　门架系统设计

台车门架为整体框架结构，为保证整体结构稳定，门架横梁之间通过 5 根 18b 的工字钢连接，各立柱之间通过 18b 工字钢及 75mm×6mm 的斜拉角钢将其联成整体。

该台车采用四套从动行走机构，从动行走机构安装在四个角。台车自重约 175t，考虑到台车上人员行走、放置辅材等荷载因素，单个行走机构负荷按受力 50t 设计，通过活动支座两侧铰耳传力于上支座联结轴。

在龙落尾段施工时，台车不仅要满足强度和刚度要求，还要保证在斜坡上行走时不发生倾覆。台车需要通过的最大纵坡为 1∶2.4（22.6°），通过仿真计算确定台车重心并进行抗倾覆验算，对台车结构进行必要优化，确保其抗倾覆性能。龙落尾段大坡度变断面液压自行走边墙衬砌台车见图 6.6-3。

图 6.6-3　龙落尾段大坡度变断面液压自行走边墙衬砌台车

6.6.1.2 台车面板及变断面设计

台车面板采用厚度12mm钢板作为模板，单块钢板平面尺寸为1.5m×6m，此项至关重要，是保证大断面台车刚度的关键构件，钢板与台车可伸缩式的钢梁结构用螺栓连接，钢板四周做铣边处理，调整整体模板时，须保证钢板接缝错台处不超过1mm，增加钢板定位销轴以保证模板整体拼接刚度，模板整体平整度需控制在2mm以内，此项工作难度较大，需要专业人员精心调整。

台车模板由布置于台车顶部的可伸缩式悬臂钢梁悬挑至衬砌断面。当需要进行断面调整时，由侧向脱模油缸和变断面油缸同时工作，按照油缸最大行程收缩，将台车移动至需衬砌部位后，侧向脱模油缸和变断面油缸同时伸长，达到设计断面后停止。

在龙落尾段施工时，衬砌台车顶部顺水方向布置有4道可伸缩式镶嵌型悬挑钢梁，通过调整油缸行程实现变断面功能，油缸行程0~900mm。悬挑钢梁与台车主体框架结构焊接形成一体。同时，每道悬挑钢梁布置有一台液压油缸，作为悬挑梁伸缩的驱动力，台车面板系统全部挂设在悬挑钢梁端头并通过铰接转轮连接。当台车过掺气坎，衬砌断面发生变化时，通过液压油缸给悬挑钢梁施加外力，悬挑钢梁的移动带动整个面板体系的移动，从而实现台车面板位置的精确调整。

6.6.1.3 台车行走轨道设计

白鹤滩水电站泄洪洞各道掺气坎前后均存在一定长度的渐变段，渐变段部位的顶拱结构线坡度与底板结构线坡度不一致，导致了过流高度不一致。因无法连续调整顶拱衬砌台车的高度，为了实现同一轨道可供边墙台车及顶拱台车同时使用，实现边顶拱全部台车浇筑，需要按照顶拱竖曲线的特性进行轨道设计。

泄洪洞龙落尾段在竖曲线上的起点为渥奇曲线段，末端为反弧段，而轨道梁的设计难以做到按设计曲线成型，只能采用多段折线近似拟合，为了减少体型偏差，单节轨道梁长度按2m设计。由于渥奇曲线难以精确控制，轨道梁设计时，轨道定位按照半径为257.40m的圆弧（底板结构线）进行控制，与设计结构线的最大径向偏差为-4cm。

轨道布置在轨道梁上，轨道梁与底板混凝土支墩连接。轨道梁是承受台车自重、新浇混凝土自重以及各项施工荷载的主要构件，也是台车抗滑、抗倾覆的约束构件。因此，轨道梁的抗弯刚度需要满足台车的抗滑、抗倾覆要求。

台车的型钢轨道梁设计为箱型截面，截面尺寸为宽550mm、高350mm。为了增加轨道梁的整体刚度，每间隔50cm设置一道厚14mm的中隔板，轨道梁之间通过4颗M24螺栓连接。轨道采用70mm×70mm的Q345方钢，轨道与其支撑构件在厂家加工成整体构件后进场。为了约束台车的下滑，在轨道梁顶部每隔50cm左右对称布置2个挂钩孔，孔口尺寸为200mm×80mm。为了使轨道梁所承受的下滑分力能有效地传递至混凝土支墩上，单根轨道梁与混凝土支墩之间通过8根M30高强螺栓连接、定位，在轨道下部设置丝杠及承压板与混凝土支墩连接，台车轨道侧视图与横断面见图6.6-4。底板混凝土施工前，需将混凝土支墩拆除。

6.6.1.4 台车过掺气坎结构设计

基于前述的台车轨道设计方案，为满足同一轨道可供边墙台车及顶拱台车共同使用的要求，台车轨道在掺气坎部位出现折点。台车垂直顶升装置见图6.6-5，为了使台车顺利

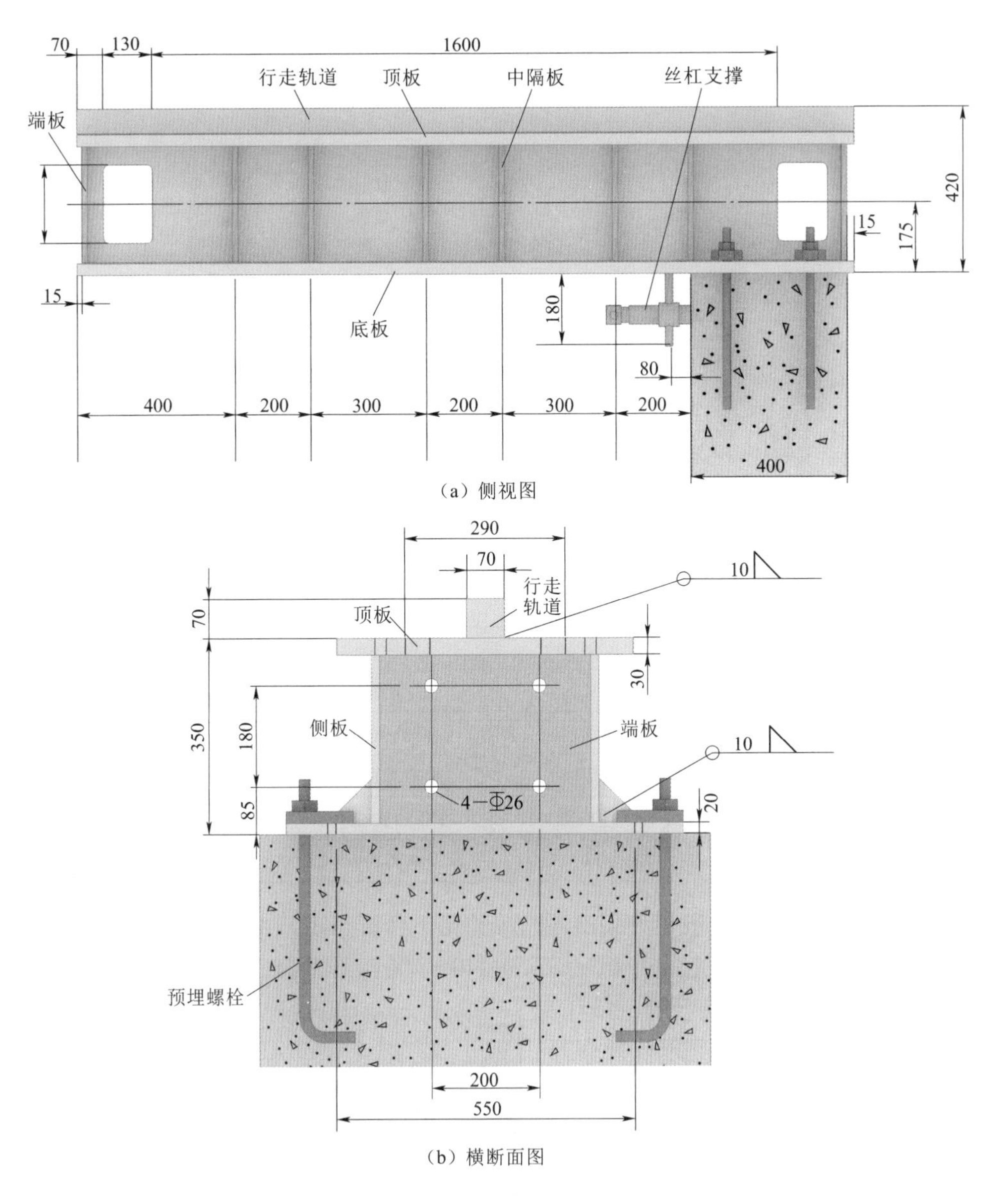

（a）侧视图

（b）横断面图

图 6.6-4　台车轨道侧视图与横断面图（单位：cm）

通过折点，在台车立柱部位设置顶升装置调整台车横梁高度。

6.6.1.5　液压系统设计

龙落尾段边墙衬砌台车采用两套液压站，分别为工作液压站和行走液压站，均布置在台车内，各液压站控制的油缸及功能参数见表 6.6-1。

（1）工作使用液压站。门架下部设计有 4 个 GE220/125－600 竖向油缸，用于台车通过掺气坎时的顶升；台车顶部旋转布料系统设计有 2 个 GE160/90－2000 可左右平移油缸，用于布料系统皮带左右旋转；台车两侧设计有 8 个 GE100/63－1000 脱模油缸，用于台车日常立模和脱模；台车顶部设计有 4 个 GE125/63－850 变断面油缸，用于台车面板整体调整。操作上述不同功能的油缸，能实现混凝土变断面衬砌功能。以上共 18 个油缸共用一套工作液压站，压力为16MPa。

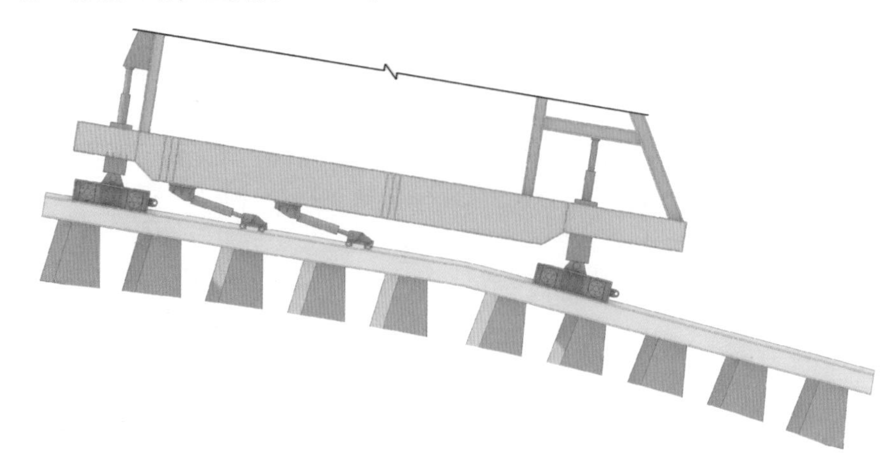

图 6.6-5　台车垂直顶升装置示意图

表 6.6-1　各液压站控制的油缸及功能参数表

序号	液压站	油　缸　型　号	功能	数量/支	压力/MPa	数量/套
1	工作使用	GE220/125－600（竖向）	台车顶升	4	16	1
		GE160/90－2000（平移）	胶带机运行	2		
		GE100/63－1000（侧模）	脱模油缸	8		
		GE125/63－850（变断面）	变断面油缸	4		
2	行走使用	GE250/140－700	台车行走	4	23	1

（2）行走使用液压站。行走使用液压站单独用于台车行走，由一套独立的液压系统控制，压力为23MPa。台车行走采用4个GE250/140－700液压油缸，液压控制系统采用电磁控制加手控阀，具备点对点、单一操作、两根一组各自操作、四根一组同步操作等多种控制方式。由于龙落尾段底板坡度大，为了便于行走过程的监视和及时调整，各个油缸具备单独遥控操作功能。

6.6.2　应用效果

大坡度变断面液压自行走衬砌台车可满足四种衬砌断面要求，安全平稳过掺气坎，日常运行安全、可靠。龙落尾段衬砌混凝土体型精准、平整光滑，平均体型偏差7mm，不平整度达1.2mm/2m靠尺，该台车可为后续工程建设提供借鉴。龙落尾段高边墙变断面部位的衬砌效果见图6.6-6。

图 6.6-6　龙落尾段高边墙变断面部位的衬砌效果

6.7 大跨度三辊轴设备及高精度隐轨系统

为了加快泄洪洞上平段底板的收面施工效率、提高收面质量，采用三辊轴设备（以下简称三辊轴）进行整平、提浆作业。传统的三辊轴主要用于公路路面的整平，其整平跨度、整平性能、适宜的混凝土性能均与本工程的要求差距较大，尚无现存的设备可直接采购，需在传统三辊轴设备的基础上进行技术改造，增大整平跨度，同时研制了高精度隐轨系统。

6.7.1 装备设计

（1）大跨度三辊轴。白鹤滩水电站泄洪洞衬砌底板净宽15m，为此，研制了8.5m大跨度重型大功率三辊轴，两台并用可满足泄洪洞上平段衬砌底板的宽度要求。在三辊轴上部视浇筑情况可增加配重，防止因低坍落度混凝土阻力过大而产生弹跳现象，进而保证混凝土收面的平整度。单台设备重约2t。不同于常规三辊轴采用的偏心轴震动提浆方案，本工程采用了同心轴方案，并在三辊轴的横梁部位增加了附着式振捣器，以增加提浆效果。施工作业现场的大跨度三辊轴见图6.7-1。

图6.7-1 大跨度三辊轴

（2）高精度隐轨系统。高精度隐轨系统由钢管、顶托、支撑锚筋三部分组成，既是三辊轴运行的支撑，也是收面高程的控制基准，每仓布置3道隐轨。为防止三辊轴行走时隐轨的变形过大，采用砂浆灌注ϕ60钢管形成实心钢管，由此提高隐轨的刚度。利用旋转底托调整装置实现对隐轨的精确调整与定位，该装置下部为独立支撑锚筋，支撑锚筋顶部车丝后与带丝扣的高精度套筒螺帽连接，套筒螺帽顶部与短槽钢焊接，隐轨放置于槽钢内，用紧固螺栓紧固。需调整隐轨高度时，旋转套筒螺帽即可，套筒螺帽每旋转180°可调整高度0.75mm，从而实现对隐轨的精确控制。高精度隐轨系统见图6.7-2。

6.7.2 应用效果

根据三辊轴空载试验的监测数据，隐轨的变形小于1mm。大跨度三辊轴的收面面积

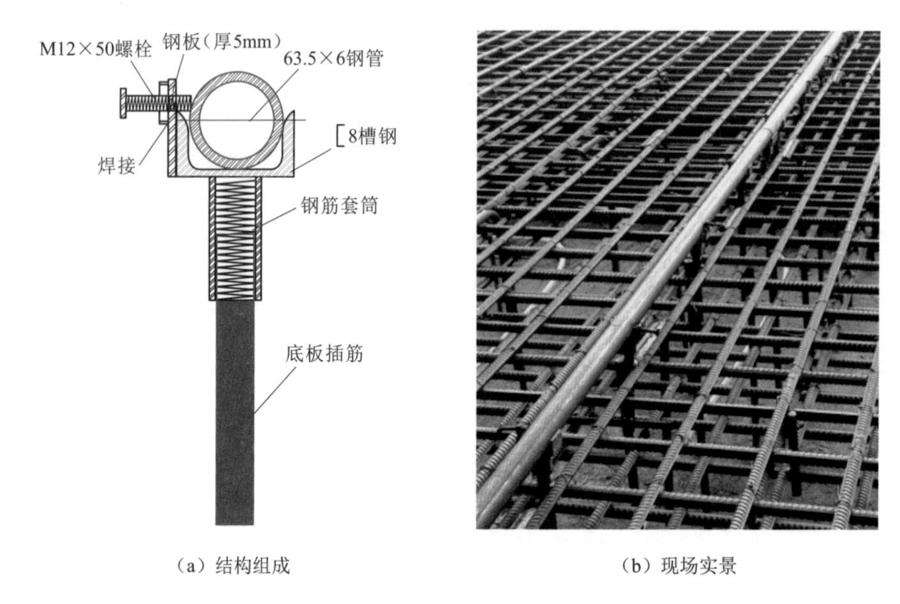

（a）结构组成　　（b）现场实景

图 6.7-2　高精度隐轨系统图（单位：mm）

大，运行稳定，能够有效提高混凝土的大面平整度，不平整度小于 7mm/2m 靠尺，为后续混凝土收面及体型精准控制提供了基础保障。

6.8　曲面底板隐轨循环翻模系统

大坡度曲面底板混凝土浇筑的常规方法有滑模方法和盖模方法，均采用泵送混凝土浇筑，其中应用较为广泛的是滑模方法。滑模方法对混凝土浇筑的连续性、均匀性要求较高，普遍存在模板上浮、混凝土易滑裂等问题。此外，受滑模模板结构的影响，曲面底板混凝土体型难以精确控制。盖模方法一般使用小模板整体拼装后浇筑混凝土，体型控制精度低，施工效率不高，收面效果较差，且只能采用泵送混凝土浇筑。

经研究，上述两种方法均难以满足白鹤滩水电站泄洪洞龙落尾段混凝土质量的要求，特别是渥奇曲线段和反弧段。因此，为解决模板上浮、混凝土拉裂等问题，同时满足底板浇筑低坍落度混凝土要求，经过长时间研究探索，试验总结，最终研制成了曲面底板隐轨循环翻模系统。

6.8.1　装备设计

曲面底板隐轨循环翻模系统由定制铝合金模板、支撑系统、定位系统等组成。

6.8.1.1　循环翻模的工作原理

底板混凝土浇筑前，先将隐轨、定位锥和浇筑仓最下游一排的模板全部安装完成，在混凝土浇筑时，随浇筑进度逐步向上游侧推进，并逐排安装模板，待下游侧混凝土具备抹面条件时，拆除模板和定位锥，然后进行抹面，此时拆除的模板经清洗后可立即用于上游侧待浇筑部位的模板。以此类推，实现下游侧拆模抹面，上游侧模板安装及混凝土浇筑的循环施工。在模板配置充足的情况下，混凝土浇筑速度仅与入仓强度有关。在满足混凝土抹面最低浇筑强度条件下，不再受混凝土等强影响，可大幅加快混凝土施工进度。

6.8.1.2　模板设计

为便于人工搬运，模板采用强度高、重量轻的铝合金板，标准模板长2.7m、宽0.4m，壁厚2mm，中间由肋板焊接连接，单块重15kg。每块模板的面板预留4个定位锥孔，用于与焊接在隐轨上部定位锥的连接固定。在模板侧面，每隔20cm预留一个锥形销孔，用于模板之间的连接，使各块模板形成整体。因龙落尾段每通过一道掺气坎时宽度增加0.3~0.7m，为了实现模板的仓面全覆盖，定制了部分小模板用于底板断面的扩大部位。小模板共有三种规格，长度为0.15m、0.25m、0.35m、宽度与标准模板相同，通过销钉与标准模板连接。

模板大面积调整时，其不平整度不超过1mm/2m靠尺，面板侧面需垂直、光滑，确保在模板拼接完成后结合紧密、不漏浆。循环翻模系统的结构见图6.8-1，循环翻模的现场施工见图6.8-2。

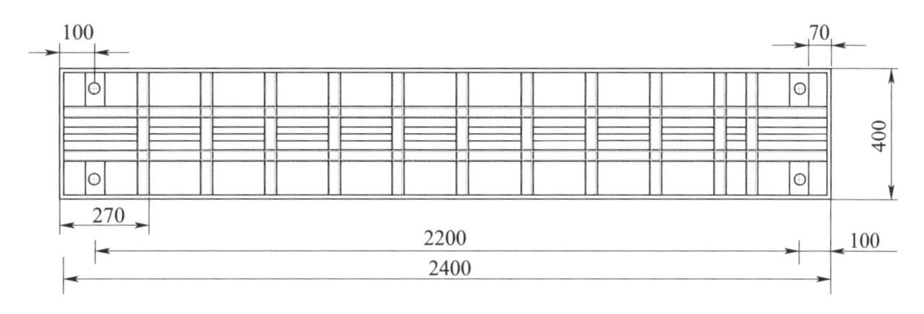

图6.8-1　循环翻模系统的结构示意图（单位：mm）

图6.8-2　循环翻模的现场施工

6.8.1.3 隐轨系统设计

隐轨系统由高5cm的槽钢轨道、ϕ30mm紧固螺栓和ϕ80mm定位锥组成。该系统通过在系统锚筋上焊接样架和固定槽钢轨道，在施工过程中不拆除槽钢轨道和紧固螺杆，仅拆除定位锥，隐轨部位的混凝土保护层厚为10cm。为了重复利用定位锥，制作槽钢轨道时，根据模板开孔位置在槽钢顶面焊接紧固螺栓，紧固螺栓可与定位锥通过丝扣连接，便于定位锥的安装和拆卸。槽钢轨道及上部紧固螺栓在加工场内加工成型，因焊接紧固螺栓引起的槽钢轨道变形，需做调直处理。隐轨系统安装时，先将样架与底板“L”形插筋焊接固定（该插筋不够时，增加独立插筋），槽钢再与样架焊接固定，样架不得固定在面层钢筋上，控制样架精度是关键，其精度需控制在1mm内，每个样架需有专业测量人员配合。隐轨系统安装示意图、安装现场以及定位锥、模板安装细部结构见图6.8-3～图6.8-6。

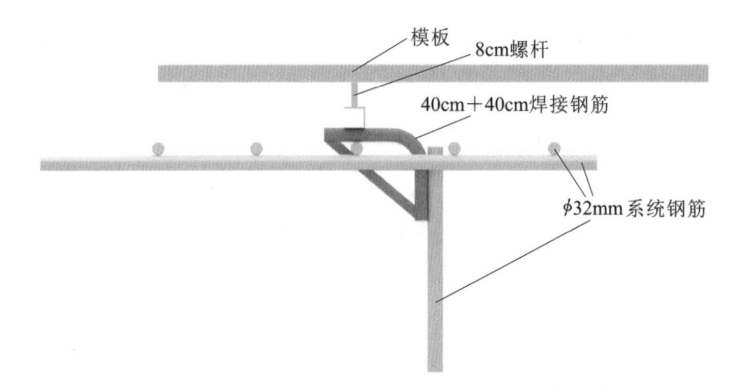

图6.8-3　隐轨系统安装示意图

图6.8-4　隐轨及定位锥安装现场

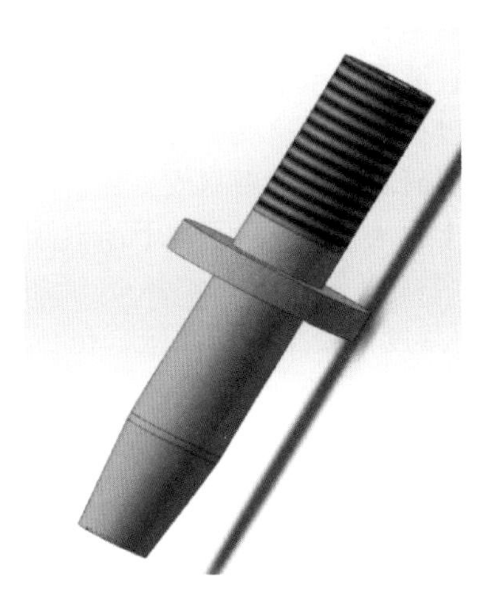

图6.8-5　定位锥细部图

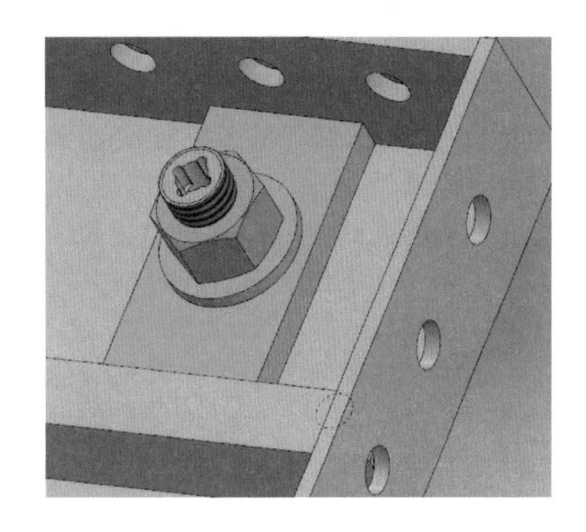

图6.8-6　模板安装细部图

因龙落尾段底板的渥奇曲线段、反弧段为弧形，采用直线代圆的方式控制体型。龙落尾段顺水流向隐轨轨道长度见表6.8-1。隐轨布置间距根据模板尺寸确定。

表6.8-1　龙落尾段顺水流向隐轨轨道长度表

部　位	轨道长度/m	部　位	轨道长度/m
渥奇曲线段	2	反弧段	2
斜坡段	6		

6.8.2　应用效果

曲面底板隐轨循环翻模系统解决了模板上浮的问题，进而解决了体型精确控制的难题，规避了滑模施工带来的质量风险，同时解除了混凝土浇筑受抹面进度要求的限制。该系统结构简单、便于现场搬运和安拆，实现了快速循环、装配式施工，整体施工效率提高30%。实测结果，底板混凝土体型控制在4mm以内，不平整度控制在2mm/2m靠尺以内。

6.9　思考与借鉴

泄洪洞过流面混凝土衬砌施工全面实现了整体配套的机械化生产：泄洪洞上平段边墙施工布置了全断面低坍落度混凝土浇筑台车及皮带上料系统、顶拱浇筑布置了顶拱浇筑台车、底板布置了布料机入仓设备，同时布置了一台钢筋台车与一台灌浆台车；龙落尾段边墙施工布置了大坡度变断面液压自行走低坍落度混凝土浇筑台车及皮带上料系统、顶拱浇筑布置了大坡度变断面液压自行走衬砌台车、底板布置了循环翻模系统及下行皮带输料及布料系统，同时布置了一台钢筋台车与一台灌浆台车。其整体配套的施工装备，实现了高效、安全生产，可供同类工程借鉴。

(1) 大型地下工程混凝土衬砌施工中，其边墙、顶拱采用钢模台车施工，对于大坡度的底板，一般采用滑模、盖模施工，上述施工均采用泵送混凝土。为解决混凝土温控、抗冲磨等难题，白鹤滩水电站泄洪洞工程在开挖与混凝土转序阶段，提出了全过流面浇筑低坍落度混凝土精品工程目标，面临的诸多难题包括，混凝土水平运输、垂直运输、混凝土布料、施工安全，以及混凝土体型、平整度的高精度控制等，这些难题都与施工装备密切相关，在行业内没有成熟的经验可借鉴。为此，需要研制大量的新型成套装备，虽然研制、试验过程一波三折，但最终获得了成功，取得了丰硕成果，开启了地下洞室低坍落度混凝土施工的先河。

（2）上平段边墙混凝土浇筑，研制了高边墙低坍落度混凝土输料系统，包括新型扒渣机转运系统、斜坡上料皮带运输系统、水平伸缩旋转布料系统，解决了高边墙低坍落度混凝土水平运输、垂直运输以及水平布料的难题；龙落尾段边墙混凝土浇筑，研制了大坡度重载快速自动供料系统，实现了一键启停、自动运行、精准定位、安全制动，解决了陡坡段低坍落度混凝土供料难题。

（3）龙落尾段共布置三道掺气坎，七种衬砌断面，体型复杂，研制了大坡度变断面液压自行走衬砌台车，该台车采用液压驱动行走，实现了在陡坡段上行和下行的功能；竖向液压垂直顶升系统，使台车整体升降，实现了变坡点处平顺通过；水平液压伸缩系统，使台车面板系统整体伸缩，实现一套台车衬砌七种断面。另外，对于大型衬砌台车面板采用厚度不低于 12mm 的钢板，增强面板体系刚度，面板拼缝处进行铣边处理，面板整体安装精度控制在 3mm 以内，首次在浇筑过程中使用百分表多点位监测衬砌台车面板变形，掌握台车变形规律，在浇筑过程中动态解决台车变形问题，确保混凝土衬砌体型精准，平整光滑。

（4）龙落尾段底板浇筑，研发了长距离下行输料系统和曲面底板隐轨循环翻模系统，解决了陡坡条件下，曲面底板低坍落度混凝土优质高效浇筑难题。该系统轻质高强，翻转装配便捷，下行输料高效、安全、稳定，布料无死角。

（5）机械化与通用化展望。在白鹤滩水电站泄洪洞工程的建设中，为了实现衬砌混凝土的高效运输、布料和浇筑，研制了成套的施工装备（包括针对抹面环节的施工设备），初步实现了全面机械化和高效率施工。但依然存在人工需求量较大、人工作业强度相对较高、机械通用性不强等问题，需要进一步提升相关施工机械设备与装备的通用化、自动化水平，以期降低人工作业工作量，提高施工装备的普适性，为水工隧洞衬砌混凝土施工提供一套成熟的、通用的机械化装备体系。

（6）数字化与智能化展望。白鹤滩水电站泄洪洞工程在施工标准化、机械化发展的基础上，对数字化施工、自动化施工作了一定探索与应用，如研制了 PLC 自动电器操控系统、混凝土智能养护系统等。但距离其他领域的智能化水平尚有较大差距，后续工程可进一步向施工的数字化、智慧化方向发展，例如研制不平整度智能测量系统、作业时机智能预判与提示系统、智能收面机器人，研制更先进、更全面的智能温控和养护系统等，切实提升泄洪洞工程建设的智能化水平。

第7章　金属结构制作安装与调试

白鹤滩水电站泄洪洞进口采用岸塔式结构，进水塔内设置有事故检修闸门和弧形工作闸门。白鹤滩水电站泄洪洞金属结构工程主要包括进口段钢衬制作与安装，弧形工作闸门及液压启闭机、事故检修闸门、塔顶门机安装。其中，弧形工作闸门是当前世界最大的横向三支臂弧形闸门，制造和安装精度要求极高，具有结构复杂、尺寸大、安装工序繁琐、作业空间狭窄、吊装设备布置难、施工干扰大等特点。安装前，采用BIM建模，对吊装方案进行空间碰撞干扰检查，确定最优安装方案；利用液压提升装置多吊点同步提升，实现闸门各部件的精准就位。泄洪洞进口段钢衬为高速过流面，整体平整度要求高，通过板材定尺采购、调整肋板焊接坡口形式、码板固定后焊接、液压千斤顶工装冷校正等多种措施、工艺方法的应用，有效减小了钢衬焊接受热变形，保证了钢衬整体平整度。

7.1　事故检修闸门安装与调试

（1）事故检修闸门安装。为保证泄洪洞弧形工作闸门正常检修或事故抢修，在3条泄洪洞进口段各布置了一扇事故检修闸门，每扇检修闸门由3节门叶组成，所有门叶及其门槽滑轨、门楣等附属构件均在专业厂家工厂内完成制作并运至现场。

事故检修闸门为常规闸门，按设计技术要求安装。事故检修闸门采用平面滑动形式，孔口尺寸为15.0m×12.0m，采用2×8000kN单向门机并借助液压自动抓梁启闭，单扇事故检修门重355.768t。

每扇事故检修闸门门槽左侧设置储门库，门叶在储门库内以立拼的方式安装，单节门叶依次吊装，然后进行节间调整及加固。整扇闸门经检查验收合格后，进行门叶节间焊缝焊接，焊接完成后校正、消缺处理，对焊后整体尺寸进行检查，最后安装充水阀、水封及其他附件，涂装补漆后完成整扇闸门安装。

门槽及闸门安装程序为：施工准备→底槛安装及二期混凝土浇筑→主、反轨安装→门楣安装及二期混凝土浇筑→门槽混凝土浇筑后复测、清理→门叶吊装、组拼、焊接→闸门充水阀安装、试验→水封等附件安装→闸门运行试验。

（2）事故检修闸门动水下闸试验。2022年10月31日，在水电站库水位达到高程825.00m正常蓄水位工况下，事故检修闸门进行了动水下闸试验。

试验下闸平均速度1.1m/min，全行程下闸时间为56min，在下闸过程中门机主起升出现的最大承载力为11000kN，小于门机额定起重量16000kN，运行安全可靠。动水下闸、静水启门过程顺利，未产生卡阻，闸门全关后止水效果良好，充水阀开闭灵活。试验完成后，对事故检修闸门及门机主体结构进行了全面检查，未出现结构变形、焊缝开裂等损坏情况。泄洪洞事故检修闸门动水闭门试验记录见表 7.1-1。

表 7.1-1　事故检修闸门动水闭门试验记录表

项　目	记 录 情 况
事故闸门闭门前的库水位/m	825.00
事故闸门启、闭时门机速度/(m/min)	1.2
下闸总时长/启门总时长	下闸总时长 56min，启门总时长 52min
闸门自流道孔口至全关位时长、速度	15min，0.8m/min
下闸过程中荷重变化/kN	2100~11000
闸门异响、抖动、卡阻情况	闸门下闸至流道孔口处有抖动，未产生卡阻
门机异响、抖动、报警等异常情况	门机在下闸至流道孔口处有轻微抖动，未出现异响及报警等异常情况
门槽井内水位变化情况	门槽内水位随事故闸门下闸出现阶段性下降
通气孔处风速变化情况	通气孔处风速未出现明显变化
闸门全关后止水情况	闸门全关后止水情况良好
试验完成后闸门完好性，各部位损坏情况	试验完成后经检查，闸门结构完好，未发生变形破坏，未出现焊缝开裂，水封未损坏，滑道表面有磨损
试验完成后门机设备完好性，各部位损坏情况	门机设备完好，各部位未出现任何损坏

7.2　弧形工作闸门安装与调试

弧形工作闸门为横向三支臂结构，孔口尺寸为 15m×9.5m，设计水头 58.00m，单扇弧形工作门重 716.131t，承载最大水压力 122300kN。弧形工作闸门面板的曲率半径为 19m，支铰采用自润滑球面滑动轴承形式，由双缸液压启闭机启闭，液压启闭机的额定起重量为 2×5000kN，行程为 15.5m。

弧形工作闸门门叶及其支臂、支铰、大梁、门楣等构件，均在专业厂家工厂内完成制作并运至现场。每扇弧形工作闸门由 5 个门叶组成，制作时采用了整体退火工艺，消除焊接残余应力，减小变形，门叶需要在现场组焊完成弧门拼装。

为了能够在狭窄空间内安装弧门，运用 BIM 技术进行弧门构件吊装空间碰撞检查试验，确定最佳安装顺序。采用液压提升装置可实现平稳、高精度吊装。在支铰及弧门安装过程中，采用满铺钢板的方式对泄洪洞底板进行保护。泄洪洞三支臂弧形工作闸门三维效果见图 7.2-1。

图 7.2-1　泄洪洞三支臂弧形工作闸门三维效果图

7.2.1 弧形工作闸门精品工程安装质量标准

弧形工作闸门体型巨大，安装空间受限，其安装质量直接关系到泄洪洞能否长期安全运行。为此，提出了弧形工作闸门安装精品工程质量标准见表7.2-1。

表7.2-1 弧形工作闸门安装精品工程质量标准表

主 要 项 目		规范（行业）标准/mm	精品工程质量标准/mm
三支铰轴心	同轴度	—	≤1.0
组合面错位	尺寸偏差	1.0	0.5
面板弧度	相对差	≤3.0	≤2.0
铰座中心至弧形闸门面板外缘	半径偏差	±4.0	≤3.0
面板两侧曲率半径	半径相对差	≤3.0	≤2.0

（1）厂内预拼装的精度控制。弧门高精度安装首先取决于制造精度，要求厂家在厂内对门叶吊耳孔组焊后整体镗孔，门叶、支臂和活动铰链在厂内完成整体预组装，满足精度要求后发货。

在厂内预拼装阶段，需将支铰大梁与铰座的螺柱尾端螺母点焊于支铰大梁背面。现场装配时，只需将螺柱正向拧入螺母，即实现螺柱的精准定位，还原厂内预组拼状态。

（2）支铰大梁组拼的共面控制。支铰大梁现场安装的精度是保证弧门支铰同轴度的关键，直接关系到弧门的运行效果。支铰大梁分三节组拼，通过拉钢丝通线检查并微调，使其共面度偏差不超过0.5mm。装配节间连接螺栓时，从中间往四周依次对称拧紧，安装完成后复查大梁工作面的平面度、扭曲度以及螺孔直线度和组合面间隙。

（3）支铰大梁安装及高精度“双控”技术。安装支铰大梁时，在底部两侧对称布置50t千斤顶，用于大梁高程调整。大梁背面及顶部对称布置20t手拉葫芦，用于大梁倾角及里程调整。在闸室两侧边墙上支铰中心对应位置提前预埋钢板，采用全站仪将支铰中心点测放于钢板上，两点之间挂设钢丝线作为支铰的中心基准线。

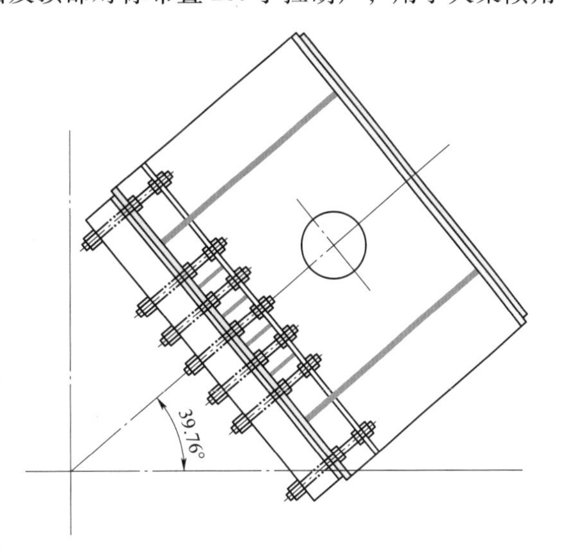

图7.2-2 大梁空间定位调整与控制的几何尺寸关系图

计算出支铰中心至大梁工作面的理论尺寸，调整过程中用钢尺测量支铰中心至大梁工作面各点位的距离，利用吊线锤测量垂直、水平距离，计算倾斜角度，用水平仪挂倒尺测量中心点高程。大梁空间定位调整与控制的几何尺寸关系见图7.2-2。

全站仪测量控制。弧门支铰部位与测量控制点无法形成通视，因此将控制点引至闸室中部平台。在支铰大梁尺寸精调完毕后，在每个支铰部位设置5个测量标记点共15个（见图7.2-3），利用全站仪精确测量，通过实测值与理论值的对比，判断大梁的共面度和横向倾斜，并通过同一竖向标记点的里程、高程计算出大梁俯角，从而实现精确定位。

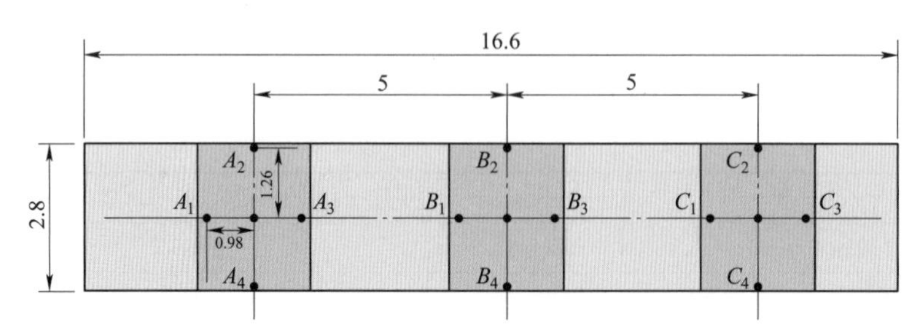

图 7.2-3　支铰大梁测量点位布置图（单位：m）

7.2.2　狭窄空间闸门安装 BIM 模拟

三支臂弧形工作闸门具有部件多、尺寸大、安装工序繁琐、作业空间狭窄、吊装设备布置难、施工干扰大等特点。为有效解决上述问题，运用 BIM 技术，按现场实测尺寸进行精确模拟和预演，对安装顺序进行全过程模拟，对安装过程中主要工序的空间关系以及构件可能产生的碰撞和安装冲突进行检查和规避。在三维真实化场景中对吊装工序的合理性、安装方案中可能遗漏的必要措施进行预判，为吊装工序、吊装设备、锚点预埋方案的选择和优化提供了技术支撑。此外，通过 BIM 模拟实现了人员的快速培训和技术交底，有效辅助了现场施工。BIM 模拟三支臂弧形闸门安装整体解决方案见图 7.2-4。

图 7.2-4　BIM 模拟三支臂弧形闸门安装整体解决方案图

通过 BIM 动态模拟，检查事先初步拟定的安装顺序，发现铰座上方轴线处的手拉葫芦与液压提升设备钢绞线存在空间干扰。为此，对原施工方案进行了调整，提出并验证了双牵引方案，通过增设牵引点避免开了钢绞线。通过 BIM 碰撞检测试验，确定的最佳安装流程为：施工准备→底槛安装及二期混凝土浇筑→侧轨、门楣临时就位→支铰大梁安装及二期混凝土浇筑→液压提升系统安装→门叶整体组拼、吊装锁定→支铰、支臂安装→门叶与支臂连接→侧轨、门楣精调加固及二期混凝土浇筑→与液压启闭机连接调试→水封安装→无水、有水启闭试验→安装完成。

7.2.3 支铰大梁安装与二期混凝土浇筑

支铰大梁安装部位为内嵌凹槽结构，距离混凝土面较近，现有的吊装设备无法直接吊装就位。同时，支铰大梁安装俯角为39.76°，若先将支铰大梁就位然后再进行角度调整，由于其跨度长、重量大且底部无结构支撑，调整难度极大且影响安装精度，直接影响闸门的同轴度。因此，创新提出了在洞外拼装、整体滑移定位的方法。

（1）支铰大梁整体组拼。在工作闸门室的底板实施支铰大梁的整体拼装工作。拼装过程中，以工作面的共面度和节间组装的基准线控制安装精度。用千斤顶微调、钢丝线检查共面度，要求大梁整体共面度调整至不超过1mm，最后穿入节间铰制孔螺栓进行定位，按从中间往四周的顺序依次对称拧紧联结螺栓。

（2）滑移就位。为实现支铰大梁的整体滑移与定位，研制了“V”形托架双梁腹板结构工装。腹板一侧的倾斜角与支铰大梁的倾角一致，托架底部设置支撑底座，两侧对称焊接筋板，根据滑轨宽度加工底座板上的夹槽挡板，保证大梁向下游转移时不发生偏离。利用300t汽车吊按顺水流方向将支铰大梁整体起吊至滑移轨道上部，用牵引绳使其水平旋转90°，横跨于滑道上方后，再将支铰大梁落于“V”形托架开口内，调整大梁中心线与孔口中心线重合，再利用布置在支铰大梁安装位置的预埋锚点，通过20t手拉葫芦左右同步牵引大梁至安装部位，最后进行精确调整、确保支铰同轴度，再用型钢和钢筋焊接加固，加固件应有足够的强度以满足二期混凝土浇筑时不产生位移。支铰大梁安装就位后的三维效果见图7.2-5。

（3）二期混凝土浇筑。支铰大梁二期混凝土存在配筋率高、埋件多、作业空间有限等技术难点。为确保混凝土浇筑密实，采用一级配泵送混凝土。二期混凝土浇筑高度6.5m，分三层浇筑，首层高2.1m、第二层高2.1m、第三层高2.3m，主要是考虑了混凝土浇筑过程中支铰大梁承载，避免因承载过大发生偏移而影响安装精度，同时还可利用首层二期混凝土的自身强度，首层与二层间隔时间14d，二层与三层间隔时间7d，坯层之间采取深凿毛方式确保层间结合紧密。大梁首层模板采用内拉吊模方式，斜坡模板采取外撑与内拉相结合的方式，坯层厚度为40cm。浇筑过程中利用全站仪监测支铰大梁位移，若位移超过0.5mm，根据预案予以纠偏，确保支铰大梁定位精度。支铰大梁二期混凝土为一级配混凝土，发热量大，为尽量减少温度裂缝产生，采用7℃预冷混凝土，仓内分层埋设冷却水管，间距0.5m，浇筑完成后及时通水冷却。

图7.2-5 支铰大梁安装就位后的三维效果图

7.2.4 门叶整体组拼与转运

三支臂工作弧门属于浅埋式弧门，连接杆件众多，闸室内作业空间有限，大型起吊设备难以作业，门叶在闸室内组装困难。结合现场施工情况，在进水塔前定制的平台上进行门叶整体拼装。通过采用门叶闸室外拼装的方式，可同步启动支臂安装，节约安装工期。为确保门叶的整体组拼效果，并整体转移至闸室内的吊装工位，研制了自行走弧门组拼台车，沿流道铺设的轨道进行门叶转移。

图 7.2-6　门叶的现场组拼施工

门叶整体卧拼采用 300t 汽车吊吊装，按照从中间向两侧的顺序依次吊装至组拼台车弧形胎架上，再调整门叶位置，使门叶中心线与孔口中心线一致并用型钢支撑稳固。节间采用千斤顶、手拉葫芦微调，要求门叶纵向中心线偏差不超过 1mm。门叶节间按门叶弧长的千分之一预留焊接收缩量，焊接顺序为“隔板→边梁→后翼缘→面板”。为防止门叶的焊接变形，卧拼状态下只完成边梁、隔板及后翼缘的对接焊缝，待门叶与支臂连接后再进行面板焊接。门叶的现场组拼施工见图 7.2-6。

门叶的整体卧拼消除了施工场地和空间的制约，组装过程质量更易控制，便于门叶的测量检查及变形监控，整体尺寸精度更高。闸室外门叶起吊灵活，节间组装调整难度小、施工效率高，相对于传统工艺组装时间节约近 50%，并减少了设备投入和安装成本。

7.2.5 利用液压提升系统进行整体吊装

潜孔式弧门安装通常采用“卷扬机+滑轮组”的方式，需要在安装部位预埋大量的地锚、天锚及导向锚具。较多的预埋件对过流面产生破坏，不利于运行安全，大量的钢丝绳之间存在交叉干扰、安全风险高，卷扬机的制动性、同步性较差，安装精度不高，操作难度大，存在碰撞风险。白鹤滩水电站泄洪洞的三支臂弧形闸门相邻支臂间距仅有 1.8m，闸室空间狭窄，弧门安装不能破坏过流面混凝土。因此，提出并实施了采用液压提升系统进行闸门安装的方案。液压提升系统具有体积小、安装简单、承载能力强、起重量大、起升速度均匀可调、同步性好、行程精度高、可自动纠偏等特点，可显著提高安装效率，减小安装难度。

在液压提升系统中，共在闸室顶部布置了 8 组液压油缸，油缸采用集中控制模式。在油缸起吊位置安装天锚，作为液压提升系统油缸承载的基础，天锚采用铰座式吊耳结构，焊接件通过销轴与油缸支铰吊耳连接固定，地锚在底板浇筑时同步进行预埋安装。液压提升系统的布置见图 7.2-7。

在门叶吊装时，先利用 4 组提升油缸、通过门叶吊耳进行整体垂直提升，锁定于闸门

图 7.2-7　液压提升系统的布置示意图

槽侧面，为支臂安装提供施工空间。下支臂利用布置于顶部的提升油缸安装就位，然后利用提升油缸将上支臂向上提升，为门叶下落至闭门位置提供施工空间。门叶下落时，通过下游侧地锚、利用手拉葫芦向下游牵引，与门叶顶部油缸相互配合，将门叶调整至闭门状态。最后下放上支臂，完成支臂与门叶的安装。通过液压提升装置进行闸门整体吊装的流程（见图 7.2-8）。

（a）门叶转运　（b）门叶提升　（c）下支臂安装

（d）上支臂提升　（e）门叶下落至闭门状态　（f）门叶与支臂安装

图 7.2-8　液压提升装置安装闸门的流程图

7.2.6　闸门安装质量及运行效果

（1）闸门安装质量。三支臂弧形工作闸门的各项安装参数均满足精品工程质量标准，检测结果见表 7.2-2。

表 7.2-2　弧形工作闸门安装检测结果表

部　位	项　目　名　称	行业规范标准 /mm	精品工程标准 /mm	实测结果 /mm
1 号泄洪洞弧形工作闸门	三支铰中心同轴度	—	1.0	0.9
	组合面共面度	≤1.0	≤0.5	0，0.3
	铰轴中心至面板外缘曲率半径	±4.0	±3.0	左：0，2.0 右：-1.0，1.0
	两侧曲率半径差	≤3.0	≤2.0	2.0
	面板弧度偏差	≤3.0	≤2.0	2.0
2 号泄洪洞弧形工作闸门	三支铰中心同轴度		1.0	0.8
	组合面共面度	≤1.0	≤0.5	0，0.2
	铰轴中心至面板外缘曲率半径	±4.0	±3.0	左：-1.0，1.0 右：0，2.0
	两侧曲率半径差	≤3.0	≤2.0	2.0
	面板弧度偏差	≤3.0	≤2.0	2.0
3 号泄洪洞弧形工作闸门	三支铰中心同轴度	—	1.0	0.8
	组合面共面度	≤1.0	≤0.5	0，0.3
	铰轴中心至面板外缘曲率半径	±4.0	±3.0	左：1.0，2.0 右：0，2.0
	两侧曲率半径差	≤3.0	≤2.0	2.0
	面板弧度偏差	≤3.0	≤2.0	2.0

（2）弧形工作闸门调试、运行效果。1 号、2 号、3 号泄洪洞弧形工作闸门运行前均进行了无水调试，在挡水工况下的泄洪洞水力学原型试验中进行了工作闸门运行监测（详见本书第 8.3.3 条）。所有条件下，弧形工作闸门均运行平稳，无异响，无抖动，弧形工作闸门在上游各种水位挡水工况下滴水不漏。

7.3　进口段钢衬制作安装

白鹤滩水电站泄洪洞进水塔钢衬共三套，分别布置于三孔事故闸门门槽与弧形工作闸门门槽之间，由底衬、侧衬、顶衬及通气孔钢衬组成。钢衬整体呈喇叭形，进口与事故检修门门槽相接，断面尺寸为 15m（宽）×11.85m（高），出口呈弧线状与工作门门槽相接，顶部为斜率 1∶5 的斜坡式结构，纵深长度为 18.88m。钢衬主材为不锈钢复合钢板，壁厚 24mm，复层（过流面层）为厚 4mm 的双相不锈钢 022Cr23Ni5Mo3N（S22053）钢板，基层为厚 20mm 的 Q345C 钢材。钢衬外布置肋板，肋板材质为 Q345C，肋板断面为矩形，间距 0.5m。三套钢衬及其附件安装工程量总计为 896t。

钢衬采用瓦片形式制作、安装，单套钢衬共分为 108 节瓦片，安装顺序为先安装底钢衬，再安装侧钢衬，最后安装顶钢衬。

7.3.1　钢衬焊接变形控制与校正处理

布置于事故闸门与弧形工作闸门之间的钢衬段为有压段，钢衬面板为高速过流面，平整度要求高，整体平面度偏差需控制在3mm以内。双相不锈钢复合板材的线膨胀系数大，焊接受热容易产生变形。为此，钢衬制作过程中，采取了板材定尺采购以减少纵缝，采取调整肋板焊接坡口形式、码板固定后焊接、液压千斤顶工装冷校正的工艺方法控制变形。

（1）板材定尺。钢衬面板采用定尺采购，减少板材损耗和制作对接焊缝。定尺后的单节底衬、顶衬面板均设1条对接纵缝，侧衬面板无对接缝。

（2）调整肋板焊接形式。钢衬肋板为框格梁布置，肋板与面板连接组合的焊缝数量多、焊接量大，焊接热输入较为集中。原方案中的肋板与钢衬焊接为K形坡口型式，焊接时焊缝熔池部位受热膨胀后收缩，易造成面板凹陷变形。因此，将肋板与面板组合焊缝调整为无坡口顶紧角焊缝，利用材料刚度约束焊接变形。钢衬肋板现场焊接见图7.3-1。

（3）码板约束钢衬焊接变形。肋板与钢衬组拼点焊后，在面板四周按间距1m均匀布置码板，将钢衬固定于组拼平台上，码板与平台点焊固定牢固。在钢衬面板与平台之间垫一块不锈钢板，不锈钢板尺寸略小于钢衬面板尺寸，以起到钢衬面板隔离保护和焊接反变形作用。钢衬压码固定见图7.3-2。固定后，焊接肋板与肋板、肋板与钢衬的组合角焊缝，焊接时从中间往两端对称焊接，避免应力集中。

图7.3-1　钢衬肋板现场焊接

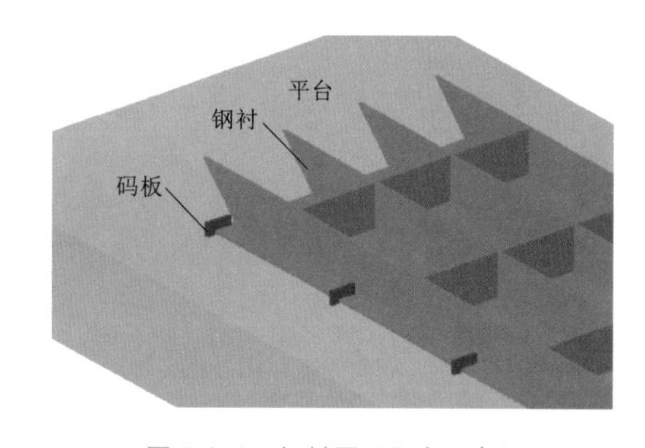

图7.3-2　钢衬压码固定示意图

（4）钢衬焊后机械校正。若不锈钢复合板反复受热，则易产生晶间腐蚀，受到应力时即会沿晶界断裂，丧失强度，影响钢材耐腐蚀性。因此，钢衬焊后变形不能采用火焰加热矫正，只能采用机械外力矫正。根据单节钢衬结构尺寸，制作了一种移动式压力校正工装进行钢衬变形校正。该工装由支撑梁、行走轮、液压千斤顶组成，利用千斤顶施加外力对钢衬变形点进行校正，使钢衬面板平整度达到规范要求。钢衬工装校正处理见图7.3-3。

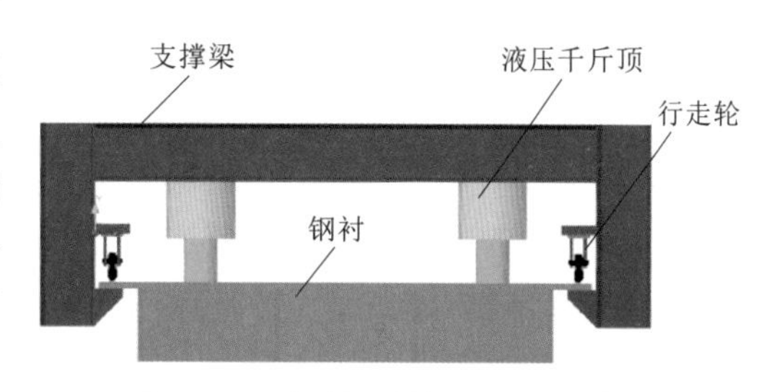

图7.3-3　钢衬工装校正处理示意图

（5）实施效果。通过采用上述措施，有

效地解决了钢衬焊接变形问题。经过校正处理后，所有单节钢衬制作完成后的平面度偏差均不超过 2mm，满足规范要求。

7.3.2 双相不锈钢防护

钢衬面板复层为双相不锈钢 022Cr23Ni5Mo3N 材料，铬镍含量高，抗氧化性好，有较好的防化学腐蚀性能，但存在氯离子、铁离子的电化学腐蚀问题。活性较高的氯离子、铁离子与不锈钢面接触后，会造成不锈钢面点蚀。钢衬不锈钢面为高速过流面，表面损伤所致的凹坑易在泄洪时产生气蚀。因此，在钢衬制作、安装过程中需采取有效措施保护不锈钢面层。具体采取的防护措施如下。

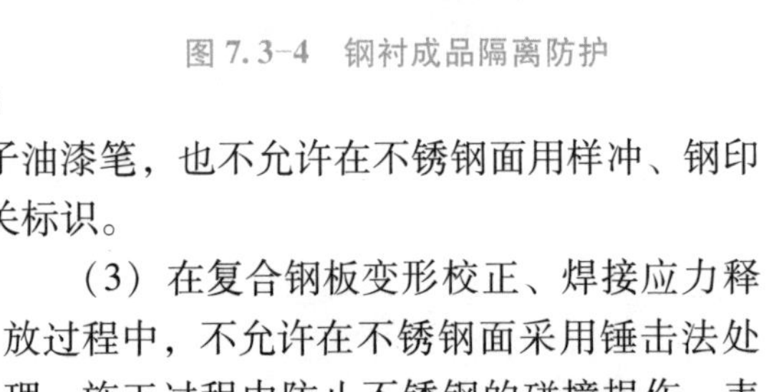

图 7.3-4　钢衬成品隔离防护

（1）复合钢板按牌号、规格分类存放，明确标志。钢板存放时垫木板隔开，防止碳钢面与不锈钢面接触（见图 7.3-4）。

（2）在钢衬制作的放样划线、单件标记、出厂标识编号等工序均不得使用含氯离子油漆笔，也不允许在不锈钢面用样冲、钢印标识。采用无氯、无硫的水性记号笔书写相关标识。

图 7.3-5　焊缝两侧隔离防护

（3）在复合钢板变形校正、焊接应力释放过程中，不允许在不锈钢面采用锤击法处理，施工过程中防止不锈钢的碰撞损伤，表面缺陷部位采用 E2209－16 不锈钢焊条补焊后打磨平整。

（4）在钢衬焊缝焊接前，在焊缝两侧 300mm 范围内涂刷防飞溅液，并盖上阻燃石棉布防护，防止基层焊缝熔渣飞溅熔入不锈钢面（见图 7.3-5）。不允许混用焊缝基层与复层层间打磨的砂轮片，以防止碳钢层铁离子嵌入不锈钢焊缝造成电化学腐蚀。

7.3.3 钢衬支撑体系的布置及强度验算

钢衬安装后的整体框架结构体型巨大，横向跨度达 15m。为了保证钢衬在浇筑过程中不发生变形、移位，需要在钢衬内外侧合理布置支撑加固措施。为了验证支撑体系的强度，采用结构有限元计算分析软件对钢衬及支撑体型进行了建模分析，通过模型计算验证了各种浇筑工况下钢衬的内力情况和变形情况，以保证施工质量和安全。

（1）钢衬加固体系。钢衬的初步加固方式为：钢衬两侧外部采用 L80mm×5mm 等边角钢对称分层斜拉加固，角钢水平间距为 1.8m，垂直间距为 1.5m，等间距布置 8 层；钢衬内部用 ϕ159mm 钢管焊接为整体钢管桁架进行加固，钢管桁架共 9 榀，纵向平均排间距为1.8m，横向立柱间距为3m，钢管支撑端部为双向调整丝杆顶紧支撑固定。钢衬型钢支撑初步加固方案见图7.3-6。

钢衬安装验收后，再用ϕ48mm扣件式脚手架管搭设满堂支撑架补充支撑，防止因混凝土浇筑导致钢衬变形，钢衬内支撑满堂支撑架布置形式见图7.3-7。满堂架立杆沿水流方向间距为80cm，垂直于水流方向间距为60cm，横杆步距为80cm，整个满堂架设置水平向、纵横向剪刀撑加固。为满足顶部钢衬坡度变化的需要，每根立柱顶部设置可调顶托，顶托上布置1∶5的楔形木方，以保证支撑体系与钢衬的有效接触与传力。钢衬浇筑前支撑加固现场见图7.3-8。

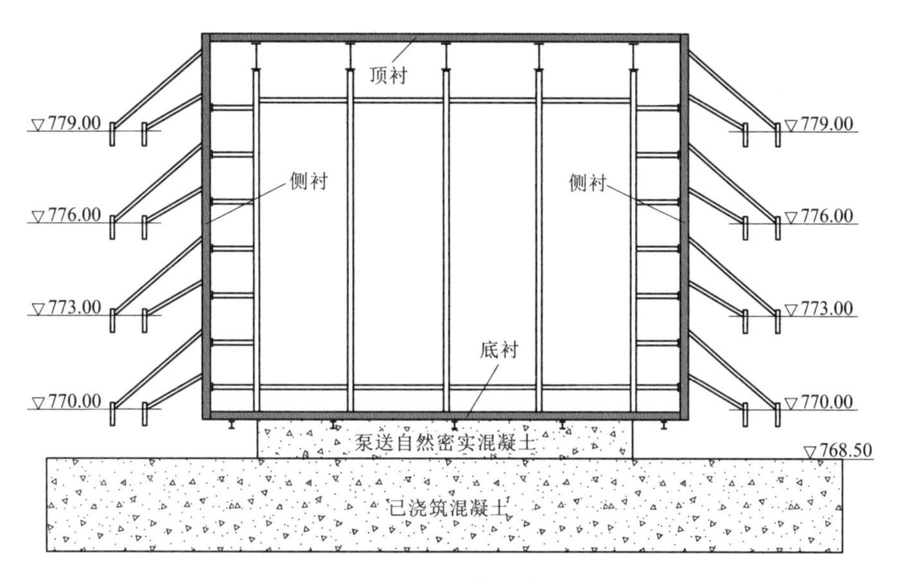

图7.3-6　钢衬型钢支撑初步加固方案图

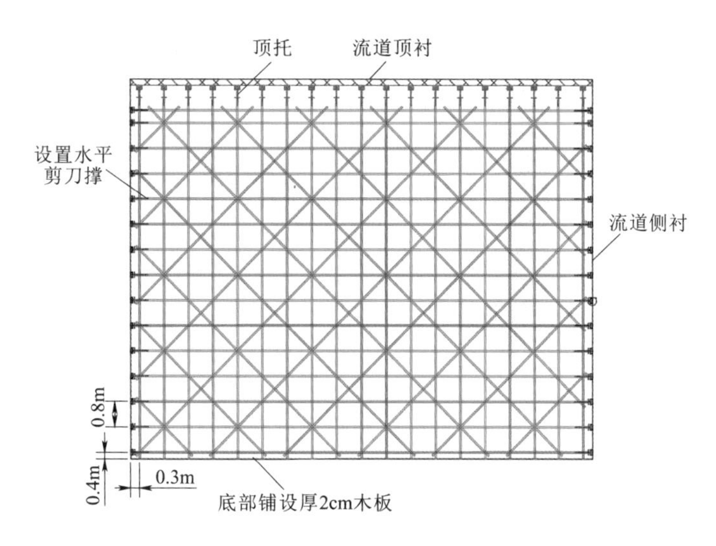

图7.3-7　钢衬内支撑满堂支撑架布置形式示意图

图 7.3-8　钢衬浇筑前支撑加固现场

（2）计算模型。取钢衬第一管节作为计算段，建立钢衬及内外支撑系统的三维有限元计算模型。计算模型中采用 solid45 模拟实体单元，内外支撑采用 Beam188 梁单元模拟。模型中的单元总数为 33399 个，节点总数为 62222 个。钢衬及内外支撑系统的整体有限元模型见图 7.3-9。

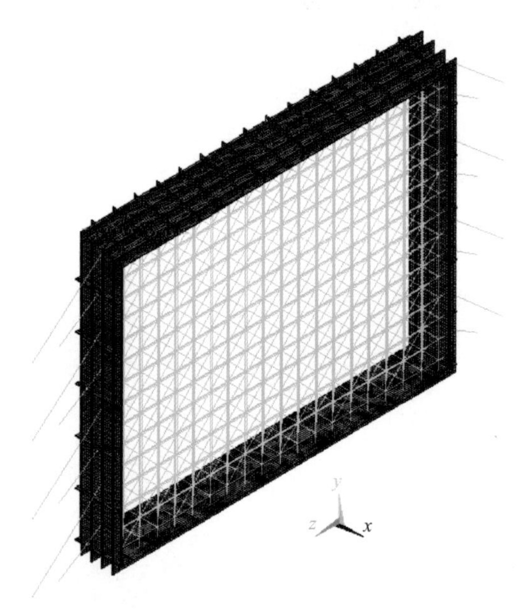

图 7.3-9　钢衬及内外支撑系统的整体有限元模型图

（3）验算工况。混凝土浇筑仓位设计工况见表 7.3-1，针对三种工况进行了有限元静力计算。

（4）位移成果分析。混凝土已浇筑至钢衬顶部高 2m 工况下的位移结果见图 7.3-10。

由计算成果可知：工况 1 发生的最大位移为 0.34mm、工况 2 发生的最大位移为

0.95mm，均满足设计技术要求（单个方向变形小于2mm，最大变形小于3mm），当两侧浇筑层高差在3m范围内时（两侧交替浇筑），钢衬变形满足要求。工况3中的向上游位移为3.25mm，考虑到整个钢衬相对于单个管节的刚度更强，可认为实际浇筑过程中向上游位移应小于3.25mm。为保证钢衬变形满足要求，在侧向钢衬的外部增加限制钢衬上下游方向变形的拉筋，外加浇筑时实际最大厚度只有1.5m。因此，在此支撑体系下，钢衬在浇筑过程中的变形可以满足设计要求。

表7.3-1　混凝土浇筑仓位设计工况表

序　号	工　　况
1	一侧浇筑高3m混凝土；另一侧未浇筑
2	一侧浇筑高6m混凝土；另一侧浇筑高3m混凝土
3	混凝土已浇筑至钢衬顶部高2m

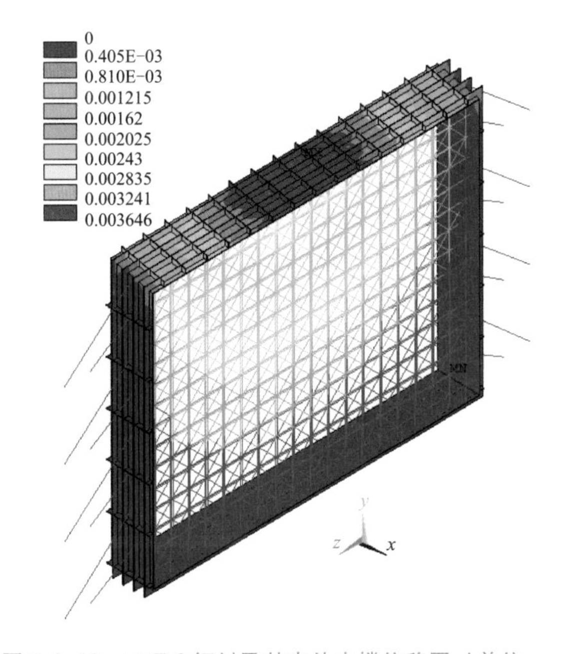

图7.3-10　工况3钢衬及其内外支撑位移图（单位：m）

（5）应力成果分析。各工况中钢衬应力见表7.3-2，工况3中钢衬应力分布见图7.3-11。

根据应力分析结果可知：最大应力峰值为79.2MPa，小于276MPa，可满足应力要求。

（6）实施效果。在钢衬混凝土的浇筑过程中，严格执行了加固及浇筑的工艺和技术参数，浇筑过程中、浇筑后采用全站仪复测钢衬位置与尺寸。测得最大位移变化值为1mm；采用挂线垂、拉钢丝线的方法检查钢衬面平整度，平面度最大偏差值为2mm，均满足设计及规范要求。

表 7.3-2　各工况中钢衬应力表　　单位：MPa

工况	σ_1	σ_3	等效应力峰值	Q345 钢材屈服强度	Q345 钢材抗剪强度
1	42.4	-18.0	43.2	345	取 0.8 屈服强度为 276
2	78.0	-68.4	79.2	345	
3	51.7	-72.9	50.8	345	

注　表中应力正值为拉应力，负值为压应力。

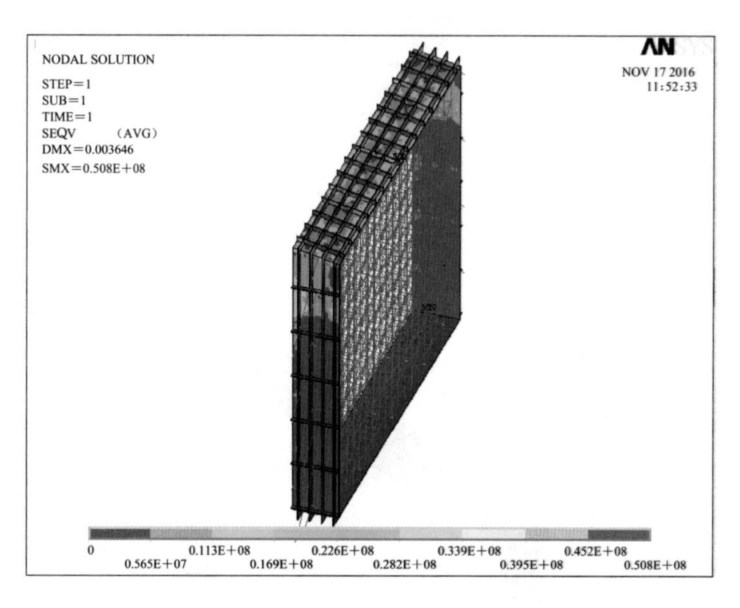

图 7.3-11　工况 3 中钢衬应力分布云图（单位：Pa）

第8章　水力学原型试验与初期运行

截至2022年10月，白鹤滩水电站泄洪洞经历了4次原型试验，在枢纽水垫塘检修期间，独立承担枢纽泄洪任务。其中，在上游水位为825.00m时，于2022年10月开展了三洞全开的泄洪原型试验，挑流鼻坎段水流的最大流速约55m/s，平均单洞泄量达3781m³/s，总泄量达11343m³/s。试验运行后的现场检查结果表明：泄洪洞历次泄洪时，弧形工作闸门及泄洪建筑物运行工况良好，泄洪洞过流面没有发生气蚀破坏和其他形式的破坏，完好无损、镜面如初，各项监测指标符合预期。

8.1　试验与运行概况

8.1.1　初期运行规程的拟定

根据枢纽的施工度汛等要求以及泄洪洞工程模型试验结果，并参考类似工程经验，拟定的白鹤滩水电站泄洪洞初期运行规程及要求如下。

（1）库水位在防洪限制水位785.00m以上时，泄洪洞有压进口段为满流状态。为避免产生明满流的过渡流态，限制泄洪洞在库水位785.00m以上运行。

（2）泄洪洞泄流量大，洞内水流流速高。为减小高速水流引起的洞身气蚀破坏风险，对工作闸门开度的要求如下：库水位在正常蓄水位825.00m及以上水位时，工作闸门全开度开启或关闭，禁止局部开启；库水位在正常蓄水位825.00m以下水位时，工作闸门可以全开度开启或局部开启，但闸门局部开启高度应大于6m。当单洞泄流能够满足流量需求时，宜优先采取单洞全部开启方式，而非多洞局部开启方式，以避免闸门局部开启造成闸门振动，增大气蚀破坏和闸门水封损坏风险。

（3）泄洪洞出口为挑流鼻坎，小流量条件下出口水流可能难以起挑而干砸近岸岸坡。为避免出现出口水流不起挑的情况，泄洪洞需同时满足在防洪限制水位785.00m以上水位运行和大于6m的闸门局部开启条件。

（4）泄洪洞在库水位806.00m以上运行时，将在3号泄洪洞进口右侧的泄洪洞进口与大坝之间的隔墩处产生横向漩涡。为了避免不良流态的产生，在库水位806.00m以上运行时，宜优先使用1号泄洪洞和2号泄洪洞。

（5）为防止长时间运行可能发生的泄洪洞损坏，单个泄洪洞连续运行时间不宜超过72h，每次运行后应对流道、河道、护坡等进行检查。

8.1.2　试验与运行情况统计

白鹤滩水电站泄洪洞群于2020年12月19日完建。根据金沙江来水及水电站运行情况，适时开展泄洪洞原型观测试验。分别于 2021 年 9 月 2—3 日、2021 年 10 月 10 日、2022 年 10 月 30 日开展了库水位 793.00m、815.00m、825.00m 条件下的泄洪洞原型观测试验。此外，因水垫塘检修，2021 年 10 月 10 日—12 月 14 日期间，泄洪洞独立承担了枢纽泄洪任务。

截至 2022 年 10 月，白鹤滩水电站泄洪洞已经累计运行 258h（含试验时间），历次试验与运行情况统计见表 8.1-1，泄洪洞 3 洞全开泄洪见图 8.1-1。

表 8.1-1　白鹤滩水电站泄洪洞历次试验与运行情况统计表

序号	运行日期 /(年-月-日)	泄洪洞运行时间			上游水位 /m	单洞泄量 /(m^3/s)	总泄量 /(m^3/s)	备注
		1 号泄洪洞	2 号泄洪洞	3 号泄洪洞				
1	2021-9-2	6h2min	—	—	791.34	1932	1932	试验
2	2021-9-3	—	2h27min	5h29min	793.32	2088	4176	试验
3	2021-10-10	8h6min	2h20min	5h9min	815.16	3354	10063	试验
4	2021-11-10	22h30min	—	—	803.17	2733	2733	—
5	2021-11-11	—	24h27min	—	802.64	2702	2702	—
6	2021-11-12	37h27min	—	—	801.81	2653	2653	—
7	2021-11-14	—	—	47h55min	800.26	2559	2559	—
8	2021-11-16	—	39h28min	—	798.54	2451	2451	—
9	2021-11-18	—	2h56min	—	797.52	2384	2384	—
10	2021-11-18	—	—	1h26min	797.52	2384	2384	—
11	2021-11-19	12h25min	—	—	796.74	2332	2332	—
12	2021-11-23	—	27h27min	—	795.62	2255	2255	—
13	2021-12-14	1h37min	—	1h23min	796.32	2303	4607	—
14	2022-10-30	5h44min	3h8min	1h22min	825.00	3781	11343	试验
小　计		93h51min	102h13min	62h44min	—	—	—	
合　计		258h48min			—	—	—	

图 8.1-1　白鹤滩水电站泄洪洞 3 洞全开泄洪

8.2 原型观测与试验成果

8.2.1 观测目的

白鹤滩水电站泄洪洞属于高流速泄洪建筑物，其水流水力特性复杂，高速水流问题突出。在工程建设的各个阶段，开展了系统的水力学模型试验，在泄洪消能建筑物布置、水力条件设计等方面取得了丰富的研究成果，为泄洪消能等设计提供了有力支撑。

为了验证建设成果，掌握不同上游水位和各工况下泄洪洞的运行状态和可靠性，为制定合理的运行调度方案提供科学依据，开展了泄洪洞运行的原型观测试验，并结合模型试验成果进行反馈分析，加深对白鹤滩水电站泄洪洞运行规律的认识，并为后续工程建设提供参考和借鉴。

8.2.2 观测内容与观测点布置

针对白鹤滩水电站泄洪洞的特点，结合模型试验和计算分析成果，泄洪洞的观测重点为洞内典型断面的压强、掺气浓度、空化噪声、通风风速、出口消能区的泄洪雾化强度及范围等。水力学观测以 1 号泄洪洞为主、3 号泄洪洞为辅，观测分析内容包括水流流速、动水压强、空腔负压、空化噪声、掺气浓度、通风风速、水流流态等。

（1）水力学观测的测点布置。

1）脉动压强测点。共布置有 8 个脉动压强测点，分别位于 1 号泄洪洞、2 号泄洪洞、3 号泄洪洞的掺气坎的坎上和坎后，其中有 7 个脉动压强测点同为掺气浓度测点。

2）负压测点。共布置有 1 个负压测点，位于 2 号泄洪洞掺气坎的空腔部位。

3）空化测点。共布置有 3 个空化测点，分别位于渥奇段、2 号泄洪洞掺气坎和 3 号泄洪洞掺气坎附近。

4）掺气浓度测点。共布置有 8 个掺气浓度测点，分别位于 1 号泄洪洞、2 号泄洪洞和 3 号泄洪洞的掺气坎的坎上、掺气坎下游底板及边墙处。

洞身及出口水力学观测测点布置见图 8.2-1。

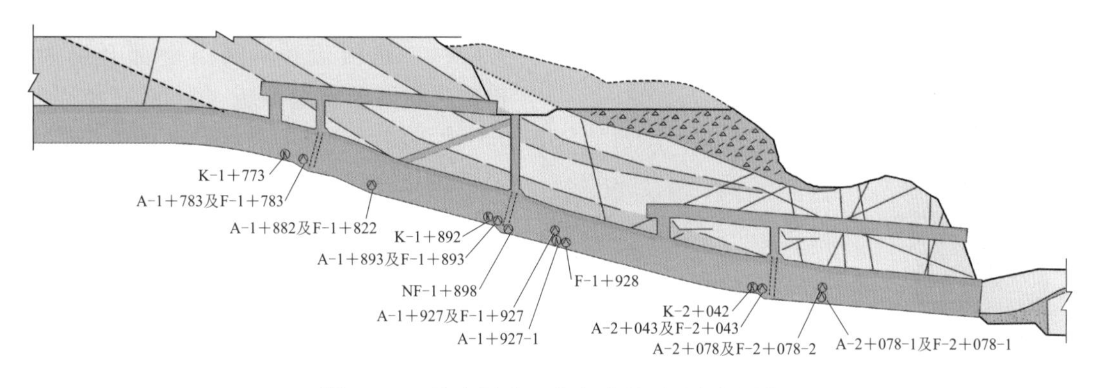

图 8.2-1　洞身及出口水力学观测测点布置图

（2）风速测点布置。白鹤滩水电站泄洪洞通风补气系统复杂，为有效掌握各条通风洞的风速值，在1~3号泄洪洞的15个通风竖井平洞段布置有风速仪。通风竖井风速测点布置见图8.2-2，其中在2号泄洪洞和3号泄洪洞的7条通风洞内共布置有10个风速测量断面。

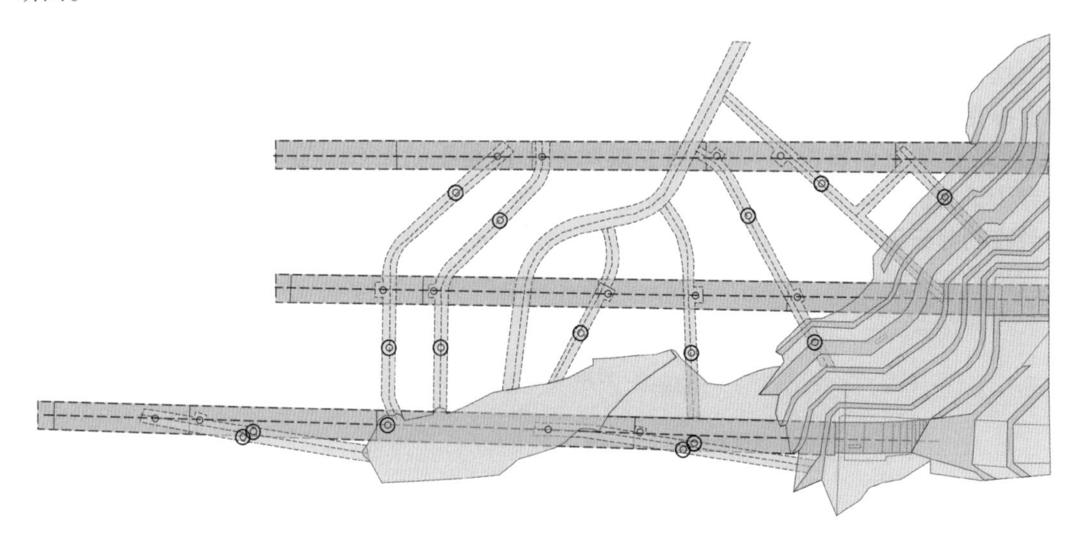

图8.2-2　通风竖井风速测点布置图

注：◎为风速测点。

8.2.3　水力学观测成果

根据白鹤滩水电站上游来水情况，分别在上游水位为793.00m、815.00m和825.00m时开展了泄洪试验。在上游水位793.00m的泄洪试验中，采取在开度达到2m和6m分别停止15min的方案，以模拟闸门启闭过程中出现故障的情况，然后将闸门全部开启并进行全程观测。在上游水位815.00m和825.00m泄洪试验中，采取闸门不间断全部开启的方式。水流流速、动水压强、空腔负压、空化噪声、水流掺气浓度、通风风速、水流流态的观测结果如下。

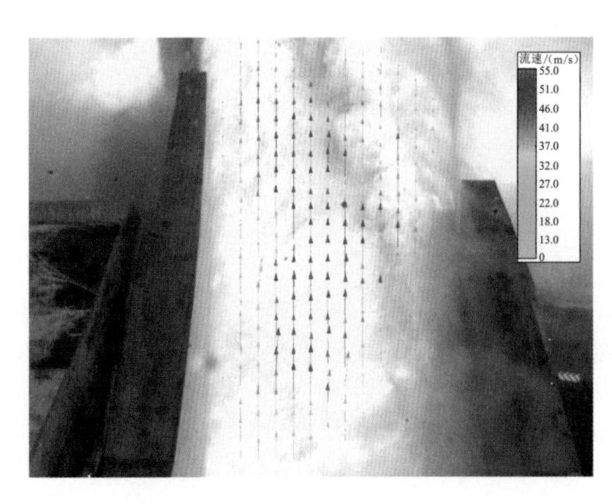

图8.2-3　3号泄洪洞出口挑流鼻坎段表面流速监测结果图（水位825.00m）

（1）水流流速。闸门全部开启时，根据表面流场测量系统（LSpiv）测得的3号泄洪洞出口挑流鼻坎段表面流速监测结果见图8.2-3。在上游水位分别为793.00m、815.00m、825.00m时，挑流鼻坎段最大实测流速分别约为30m/s、50m/s、55m/s。

（2）动水压强。在3种上游水位工况下，1号泄洪洞时均压强和脉动压强观测结果见表8.2-1，3号泄洪洞时均压强和脉动压强观测结果见表8.2-2。从表8.2-1和表8.2-2中可以看出，过流表面上各测点的时均压强均大于零，未出现负压。由于受到水舌的冲击作用，掺气坎下方水流回落区的时均压强相对较大、水流脉动相对较强，时均压强和脉动压强均符合正常规律。

表8.2-1 1号泄洪洞时均压强和脉动压强观测结果表 单位：kPa

库水位/m		793.00		815.00		825.00		备注
测点编号	测点桩号	时均压强	脉动压强	时均压强	脉动压强	时均压强	脉动压强	
F_{XD1}-0+985	泄0+985.00	65.82	0.09	26.35	17.75	80.45	5.06	上平段
F_{XD1}-1+981	泄1+981.90	40.63	1.72	13.77	3.70	96.81	4.05	1号掺气坎
F_{XD1}-2+020-2	泄2+020.50	114.42	15.86	179.54	7.38	155.4	7.21	1号掺气坎后边墙
F_{XD1}-2+021	泄2+021.50	102.19	5.82	163.35	11.91	186.77	16.41	1号掺气坎后
F_{XD1}-2+081	泄2+081.90	76.57	5.35	112.73	6.62	118.25	7.02	2号掺气坎
F_{XD1}-2+115-2	泄2+115.70	71.97	14.00	126.81	20.47	136.81	21.32	2号掺气坎后边墙
F_{XD1}-2+116	泄2+116.70	118.07	17.21	106.66	24.36	108.05	23.68	2号掺气坎后
A_{XD1}-2+191	泄2+191.90	92.26	7.25	130.44	10.05	139.35	20.30	3号掺气坎
F_{XD1}-2+226	泄2+226.50	120.25	15.26	118.25	24.98	155.39	25.12	3号掺气坎后

表8.2-2 3号泄洪洞时均压强和脉动压强观测结果表 单位：kPa

库水位/m		793.00		815.00		825.00		备注
测点编号	测点桩号	时均压强	脉动压强	时均压强	脉动压强	时均压强	脉动压强	
F_{XD3}-1+783	泄1+783.50	77.44	5.43	99.64	6.78	106.92	9.31	1号掺气坎
F_{XD3}-1+822	泄1+822.10	17.48	2.37	13.88	2.73	14.25	2.19	1号掺气坎后
F_{XD3}-1+893	泄1+893.60	94.30	4.59	128.91	5.82	138.94	17.96	2号掺气坎
F_{XD3}-1+928	泄1+928.10	115.42	15.54	112.89	21.68	107.03	25.21	2号掺气坎后
F_{XD3}-2+043	泄2+043.30	134.42	12.02	178.73	12.74	183.81	22.30	3号掺气坎
F_{XD3}-2+078-1	泄2+078.10	110.62	21.96	192.85	23.38	213.17	27.16	3号掺气坎后
F_{XD3}-2+078-2	泄2+078.10	65.62	20.37	152.83	25.27	175.32	31.23	3号掺气坎后边墙

（3）空腔负压。在3种水位工况下，实测1号泄洪洞、3号泄洪洞各道掺气坎下方空腔负压监测结果见表8.2-3。从表8.2-3中可以看出，各掺气坎下方空腔负压的最大值为-9.2kPa，库水位越高、空腔负压相对越大，但均在合理负压范围内，说明掺气坎下方能形成形态稳定的、有效的掺气空腔。

掺气坎后底孔空腔负压是衡量掺气设施通气效果的重要参数指标之一，根据《溢洪道设计规范》（SL 253—2018），并参考乌江渡、冯家山、紫坪铺等多个水电站工程泄洪设施的原型观测资料，认为掺气设施底部空腔负压宜控制在-2.0～-14.0kPa。可见，白鹤滩水电站泄洪洞的空腔负压在合理范围内，各道掺气坎下部空腔的通气状态良好，说明采用渐扩式掺气结构掺气效果较好。

表 8.2-3　掺气坎下方空腔负压监测结果表　　单位：kPa

库水位/m		793.00	815.00	825.00	备　注
测点编号	测点桩号	空腔负压值	空腔负压值	空腔负压值	
NF_{XD1}-1+986	泄 1+986.50	—	—	-3.1	1 号泄洪洞 1 号掺气坎
NF_{XD1}-2+086	泄 2+086.50	-4.70	-7.48	-7.4	1 号泄洪洞 2 号掺气坎
NF_{XD1}-2+196	泄 2+196.60	-5.39	-6.40	-9.2	1 号泄洪洞 3 号掺气坎
NF_{XD3}-1+898	泄 1+898.10	-4.61	-5.03	-6.8	3 号泄洪洞 2 号掺气坎

（4）空化噪声。利用声测系统观测水流的空化噪声，对水流噪声进行频谱分析，观察水流噪声在高频段的变化特征是判别水流是否发生空化的有效方法之一。相关研究成果表明：处于初生空化阶段的水流噪声频谱在高频段（31.5～160kHz）的声压级比相近水流条件下流动背景噪声的声压级大5～7dB，并在一定程度上随着水流空化强度的加剧而相应增大。

1 号泄洪洞水流空化噪声观测结果见表 8.2-4。从表 8.2-4 中可以看出：①在库水位 793.00m 和 815.00m 两种工况下，1 号泄洪洞观测点的水流空化噪声声压级变化量介于 0.4～4.8dB 之间，均小于初生空化水流的噪声声压级增量临界判断标准（5～7dB），不具有空化噪声特征，频谱过程曲线平稳，不具备空化水流噪声高频段声压级大幅波动的特征，说明未出现空化水流。②在库水位 825.00m 工况下，1 号泄洪洞渥奇曲线段桩号 1+972.00 处的水流噪声声压级变化量最大值为 2.5～8.2dB，即水流噪声信号在高频段的声压级变化最大值已大于非掺气水流空化的声压级增量（5.0～7.0dB），初步判断空化噪声测点附近存在初生空化水流。泄流后的检查表明：该测点附近过流面完好无损伤。1 号泄洪洞的上平段和 2 号掺气坎未监测到空化水流噪声。

3 号泄洪洞水流空化噪声观测结果见表 8.2-5。根据表 8.2-5 水流空化噪声观测结果：在 3 种上游水位工况下，3 号泄洪洞观测点的水流空化噪声介于 0.4～4.8dB 之间，均小于初生空化水流的噪声声压级增量临界判断标准（5～7dB），不具有空化噪声特征，频谱过程曲线平稳，不具备空化水流噪声高频段声压级大幅波动的特征，说明未出现空化水流。

表 8.2-4　1 号泄洪洞水流空化噪声观测结果表

测点编号	库水位/m	793.00	815.00	825.00	备　注
	测点桩号	中心频率 31.5～160kHz	中心频率 31.5～160kHz	中心频率 31.5～160kHz	
K_{XD1}-0+975	泄 0+975.00	<2.0dB	1.2～4.8dB	3.3～6.4dB	上平段
K_{XD1}-1+972	泄 1+972.00	<3.0dB	0.4～1.0dB	2.5～8.2dB	渥奇曲线
K_{XD1}-2+080	泄 2+080.90	<3.0dB	0.7～1.1dB	1.7～4.9dB	2 号掺气坎

（5）水流掺气浓度。通过对乌江渡、冯家山、丰满等水电站工程泄洪设施的原型观测资料的分析，当掺气浓度达到 1%～2%时，可以减轻和延缓气蚀破坏的发生。根据模型试验结果，在上游水位为 795.00m 和 825.00m 时，测得的三个掺气坎末端最小掺气浓度分别为 1.2%、0.9%。

1 号、3 号泄洪洞近壁水流掺气浓度观测结果分别见表 8. 2−6、表 8. 2−7。从表 8. 2−6、表 8. 2−7 中可以看出，掺气坎后观测点的水流掺气浓度介于 1. 0% ~ 27. 4% 之间，均超过模型实验及工程案例研究确定的防气蚀破坏所需的最小掺气浓度，掺气效果良好。

表 8. 2−5　3 号泄洪洞水流空化噪声观测结果表

测点编号	水位	库水位 793. 00m	库水位 815. 00m	库水位 825. 00m	备　注
	测点桩号	中心频率 31. 5~160kHz	中心频率 31. 5~160kHz	中心频率 31. 5~160kHz	
K_{XD3}−1+773	泄 1+773. 00	<3dB	0. 9~2. 6dB	0. 1~2. 5dB	渥奇曲线
K_{XD3}−1+892	泄 1+892. 60	<3dB	1. 5~2. 2dB	0. 1~2. 8dB	2 号掺气坎
K_{XD3}−2+042	泄 2+042. 30	<3dB	1. 4~2. 4dB	0. 1~0. 2dB	3 号掺气坎

表 8. 2−6　1 号泄洪洞近壁水流掺气浓度观测结果表

库水位/m		793. 00	815. 00	825. 00	备　注
测点编号	测点桩号	掺气浓度/%	掺气浓度/%	掺气浓度/%	
A_{XD1}−1+981	泄 1+783. 50	0	0	0	1 号掺气坎
A_{XD1}−2+020−1	泄 1+822. 10	4. 1	2. 9	4. 6	1 号掺气坎后底板
A_{XD1}−2+020−2	泄 1+893. 60	16. 9	9. 7	11. 4	1 号掺气坎后边墙
A_{XD1}−2+081	泄 1+927. 10	4. 6	3. 3	6. 6	2 号掺气坎
A_{XD1}−2+115−1	泄 1+927. 10	14. 7	20. 1	10. 9	2 号掺气坎后底板
A_{XD1}−2+115−2	泄 2+043. 30	16. 5	11. 6	1. 0	2 号掺气坎后边墙
A_{XD1}−2+191	泄 2+078. 10	1. 0	1. 5	—	3 号掺气坎
A_{XD1}−2+225	泄 2+078. 10	13. 9	17. 2	11. 6	3 号掺气坎后边墙

表 8. 2−7　3 号泄洪洞近壁水流掺气浓度观测结果表

库水位/m		793. 00	815. 00	825. 00	备　注
测点编号	测点桩号	掺气浓度/%	掺气浓度/%	掺气浓度/%	—
A_{XD3}−1+783	泄 1+783. 50	0	0	0	1 号掺气坎
A_{XD3}−1+822	泄 1+822. 10	24. 0	5. 2	2. 0	1 号掺气坎后底板
A_{XD3}−1+893	泄 1+893. 60	3. 7	4. 3	4. 6	2 号掺气坎
A_{XD3}−1+927−1	泄 1+927. 10	16. 9	21. 9	16. 7	2 号掺气坎后底板
A_{XD3}−1+927−2	泄 1+927. 10	14. 8	12. 7	26. 9	2 号掺气坎后边墙
A_{XD3}−2+043	泄 2+043. 30	5. 2	6. 0	8. 8	3 号掺气坎
A_{XD3}−2+078−1	泄 2+078. 10	15. 3	10. 1	27. 4	3 号掺气坎后底板
A_{XD3}−2+078−2	泄 2+078. 10	18. 2	9. 8	22. 7	3 号掺气坎后边墙

（6）通风风速。当库水位为 793. 00m 时，在 3 条泄洪洞同步运行的情况下，观测数据表明洞顶通风洞风速介于 11. 5 ~ 14. 4m/s 之间，掺气坎通风洞风速介于 8. 1 ~ 33. 1m/s 之间，均小于规范限定的最大风速（60m/s）。掺气坎最小通风量为 264. 1m^3/s，最大通风

量为438.5m^3/s，按照3条洞泄流总量6264m^3/s计算，理论最小掺气浓度约12.6%、最大掺气浓度20.9%。

当库水位为815.00m时，在3条泄洪洞同步运行的情况下，观测数据表明洞顶通风洞风速介于10.2~27.2m/s之间，掺气坎通风洞风速介于5.5~45.0m/s之间，均小于规范限定的最大风速（60m/s）。掺气坎最小通风量为230.4m^3/s，最大通气量982.8m^3/s，按照3条洞泄流总量10063m^3/s计算，最小掺气浓度约2.3%，最大掺气浓度9.7%。

当库水位为825.00m时，在3条泄洪洞的洞顶及掺气坎通风洞所有风速测点中，大部分测点的风速值都小于30.0m/s，只有3－1号洞顶兼掺气坎通风洞（TF20）、3－2号掺气坎通风竖井（TF21）洞口、3－2号洞顶兼掺气坎通风洞（TF24）三处的平均风速大于30.0m/s。其中3－2号掺气坎通风竖井（TF21）洞口的风速最大，其瞬时最大风速为54.1m/s，平均风速为51.6m/s，均小于规范限定的最大风速（60m/s）。掺气坎的最小通风量为261.3m^3/s，最大通气量为1062.2m^3/s。

通风洞和通气竖井内的风速监测结果表明：随着水流流速从第一道掺气设施到第三道掺气设施不断增大，水流吸气能力不断增强，掺气坎后水流挟气量依次增大。随着库水位的升高，泄洪洞内的水流流速相应增大，三道掺气设施的通气量也都相应增大，通风效果良好。通过理论计算，通风量与掺气量基本吻合，说明监测数据真实可靠、掺气效果良好。

（7）水流流态。

1）库水位793.00m。在上游水位为793.00m工况下，1~3号泄洪洞进水口区域的来流总体平顺、稳定。在1号泄洪洞进水口靠近岸边区域的水流表面形成比较明显的吸气漩涡，2号泄洪洞和3号泄洪洞进水口附近偶尔形成表面小漩涡，强度明显弱于1号泄洪洞进水口漩涡。

1号泄洪洞、2号泄洪洞开启过程中的挑流鼻坎水舌正常挑出。在3号泄洪洞开启过程中，在2m开度时进行了暂停试验，暂停时间约15min，随后闸门继续开启至全开度，开启过程中挑流鼻坎水舌起挑前出现“水跃”现象，水流剧烈翻滚，翻滚水流翻越边墙涌向岸边（见图8.2-4），约10min后，水舌正式起挑，水流流态稳定。

图8.2-4　3号泄洪洞出口挑流鼻坎水跃现象

2）库水位 815.00m。在上游水位为 815.00m 工况下，3 条洞独立运行时，1 号、2 号泄洪洞进水口区域水流流态较稳定，未出现明显漩涡，仅在进口附近有表面旋转水流。3 号泄洪洞当闸门开度大于 3m 时，进水口前形成吸气漩涡，其强度随闸门开度增大而增大，当工作闸门全开运行时，吸气漩涡的涡口直径目测大于 1m，具有较强的吸气能力。3 条泄洪洞组合运行工况时，先将 1 号泄洪洞和 3 号泄洪洞闸门完全开启后，再将 2 号泄洪洞闸门完全开启，观察发现，泄洪洞进口处水流流态没有显著变化，但 3 号泄洪洞进口附近存在较强的吸气漩涡，1 号泄洪洞和 2 号泄洪洞洞口的水流相对平稳，没有形成明显的漩涡。

3 条泄洪洞出口水流平顺稳定，出口水舌形态良好，泄洪雾化范围及强度较单条泄洪洞运行时有所增大。3 号泄洪洞闸门一次开启至全开度，水流很快从挑流鼻坎挑出，未出现“水跃”现象。

3）库水位 825.00m。在上游水位为 825.00m 工况下，当 1 号泄洪洞闸门全开运行时，进水口区域有表面逆时针旋转水流，旋转水流偶尔形成漩涡。1 号和 3 号泄洪洞闸门均开启运行时，1 号泄洪洞进水口区域来流流态与单孔开启时相差不大，偶尔形成能吸入杂物的漩涡。当 3 号泄洪洞闸门开度大于 1.0m 时，进水口前开始形成漩涡，弧门开度越大、漩涡的直径越大。1 号和 3 号泄洪洞闸门全开运行时，3 号泄洪洞进口前顺时针旋转的吸气漩涡涡口直径目测大于 2.0m，具有较强的吸气能力。受水流条件、周围建筑物及地形条件等因素的影响，1 号泄洪洞进口处漩涡数量多且情况复杂，部分漩涡持续存在，部分漩涡则会相互作用且周期性地形成一个大的漩涡并在水面移动直至消散。

当 1 号和 3 号泄洪洞闸门完全开启后，再将 2 号泄洪洞闸门完全开启运行，泄洪洞进口处水流流态没有显著变化，3 号泄洪洞进口附近同样存在较强的吸气漩涡（见图 8.2-5），2 号泄洪洞口的水流相对比较平稳，没有明显的漩涡形成，1 号泄洪洞进口表面存在旋转水流，偶尔形成能吸入杂物的漩涡。

图 8.2-5　3 号泄洪洞进水口吸气漩涡

在3条泄洪洞闸门开启过程中，工作闸门闸室段水流平顺稳定，没有出现“水翅”等不利流态。3条泄洪洞出口水舌出挑后水流流态稳定（见图8.2-6），水舌落点基本在河道中心部位，没有冲刷岸坡。

图8.2-6　库水位825.00m工况3洞全开现场

8.2.4　试验成果的综合分析

（1）除泄洪空腔外，过流面的各测点没有出现负压，掺气坎后水舌冲击水流紊动相对剧烈，掺气坎下方空腔均为负压，说明掺气设施的通气效果良好。

（2）当上游水位为793.00m、815.00m时，上平段、渥奇曲线段及2号掺气坎前、3号掺气坎前的空化测点水流噪声最大声压级差均小于初生空化判别标准，各测点附近未监测到空化水流。当上游水位为825.00m时，1号泄洪洞渥奇曲线段桩号1+972处的水流噪声声压级增量最大值为2.5~8.2dB，刚好达到初生空化水流的噪声声压级增量临界判断标准（5~7dB），初步判断空化噪声测点附近存在初生空化水流，现场检查证实该部位无损坏情况。上游水位为825.00m时，1号和3号泄洪洞的上平段、2号掺气坎前、3号掺气坎前均无空化水流噪声。

（3）边墙测点的近壁水流掺气浓度达到9.7%~26.9%，掺气坎后的底板水流掺气浓度达到2.0%~27.2%，说明掺气设施的水流掺气效果较好。“底掺气+侧掺气”的渐扩式掺气结构能发挥较好的掺气作用，起到减蚀效果。

（4）各通风洞内的风速值均小于规范限定的最大风速（60m/s），满足规范要求。

（5）以上游水位793.00m工况下的监测成果为例，单洞泄量约2088m^3/s，3号泄洪洞1号掺气坎通气量为422.2m^3/s，理论掺气浓度20%，掺气坎后监测点（距离1号掺气坎30m）的实测水流掺气浓度为24%。考虑到掺气坎后气体尚未完全扩散至水流上部的因素，说明泄洪洞掺气坎通风补气量与水流掺气浓度高度吻合，掺气效果良好。

（6）对于3号泄洪洞，在上游水位815.00m和825.00m工况下，虽然泄洪时的进口形成吸气漩涡，由于是无压泄洪洞，结合监测结果和运行结束后的检查情况，漩涡对泄洪洞的正常运行无影响。

8.3　运行后的检查与混凝土施工效果分析

8.3.1　泄洪后的过流面检查

白鹤滩水电站泄洪洞经过 258h 的试验及运行后，现场检查表明：过流面未发生气蚀破坏，仍平整光滑、镜面如初，边墙处的小气泡在高速水流下无变化，施工支洞封堵部位与挑流鼻坎边墙部位的定位锥孔封堵完好无损，施工缝面无破坏。泄洪后流道检查情况见图 8.3-1。

（a）泄洪后上平段流道

（b）泄洪后龙落尾段流道

（c）泄洪后挑流鼻坎流道

图 8.3-1　泄洪后流道检查情况

8.3.2　泄洪冲坑消能

通过白鹤滩水电站下闸蓄水及梯级电站联合调度的方式，充分降低了白鹤滩水电站的下游河道水位，利用低水位窗口期对泄洪洞出口处的白鹤滩滩地进行大规模拓宽、拓深开挖，形成泄洪预冲坑，减小了泄洪后形成的堆丘规模。冲坑平均开挖至高程 580.00m，有效拓宽、拓深了河床，降低了尾水水位，提高了发电效益。泄洪洞出口消能区开挖前后对比见图 8.3-2。

（a）原始地貌

（b）开挖后地貌

图 8.3-2　泄洪洞出口消能区开挖前后对比

泄洪洞经 2021 年 9—12 月泄洪运行后，出口消能区受水流淘刷，在水舌落点部位的河床形成冲坑，冲坑较治理后的河床深约 10m，最低高程 560.00m，与模型试验预测的冲坑最低高程 561.50m 基本一致。泄洪洞水流冲刷出的河床覆盖层在下游形成堆丘，较治理后河床高约 12m，堆丘造成河床束窄，一定程度上涌高了发电尾水位，与模型试验结果基本一致，泄洪前后河床堆丘与水下地形见图 8.3-3，泄洪前后冲坑与堆丘部位典型断面对比见图 8.3-4，堆丘开挖后情况见图 8.3-5。泄洪期间右岸边坡尚未进行贴坡混凝土防护，根据观察，水流对右岸边坡冲刷作用有限，因此采用“齿墙+贴坡”、外侧堆大石块的防冲方案是合适的。2022 年初通过利用枯水期及白鹤滩水电站机组检修的下游超低水位窗口期对堆丘进行了开挖，将泄洪堆丘开挖至平均高程 580.00m。此后，电站运行时下游河道的水流流态平缓，消除了堆丘对发电尾水位涌高的影响，堆丘开挖后见图 8.3-5。

（a）泄洪前泄洪洞堆丘出露情况

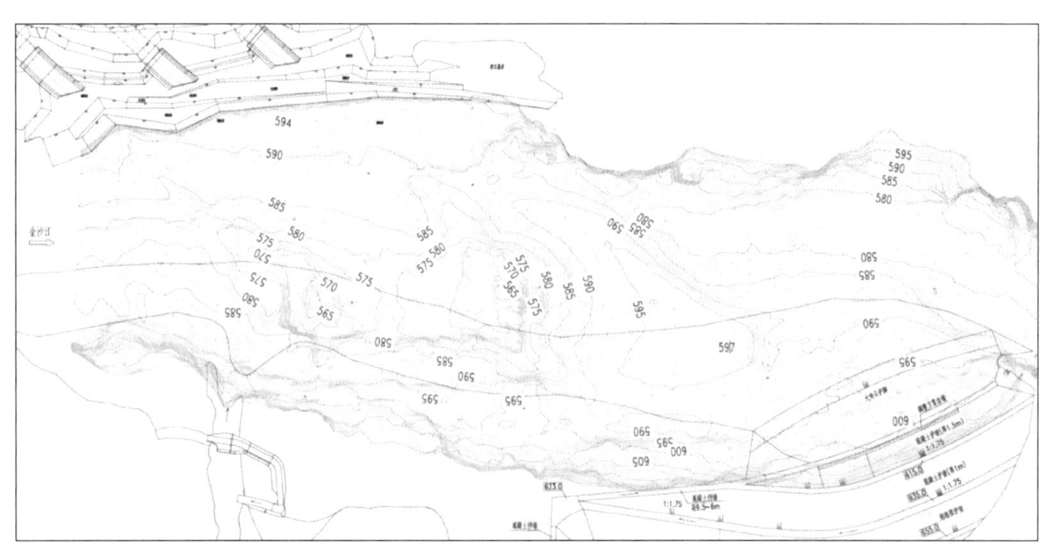

（b）泄洪后消能区水下地形

图 8.3-3　泄洪前后河床堆丘与水下地形图

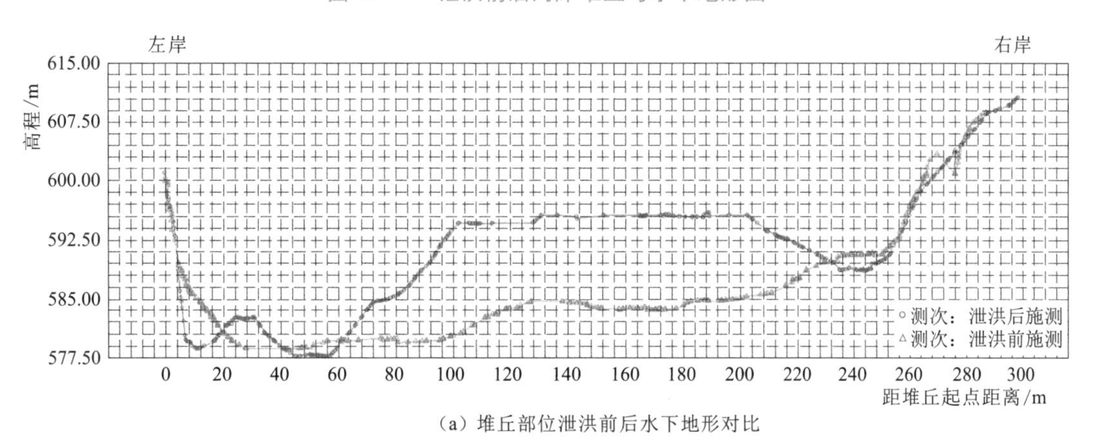

（a）堆丘部位泄洪前后水下地形对比

图 8.3-4（一）　泄洪前后冲坑与堆丘部位典型断面对比图

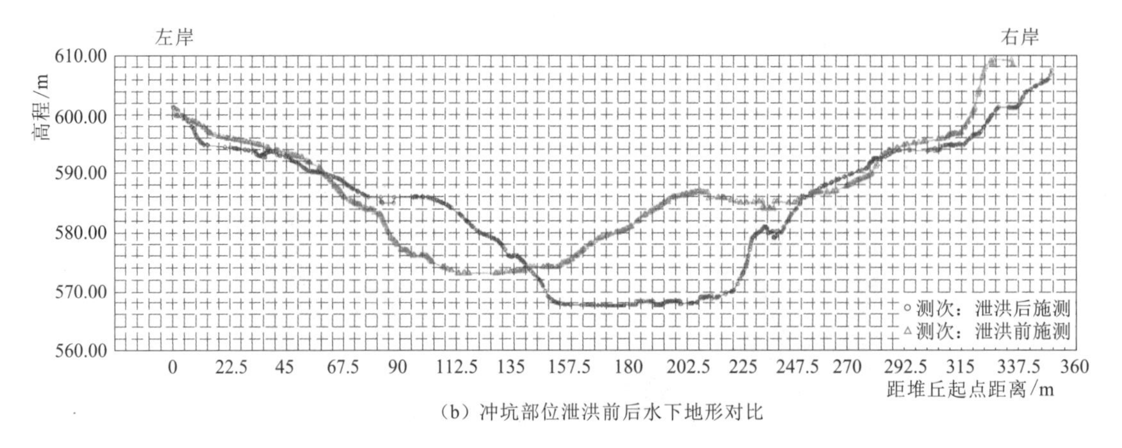

（b）冲坑部位泄洪前后水下地形对比

图 8.3-4（二） 泄洪前后冲坑与堆丘部位典型断面对比图

图 8.3-5 堆丘开挖后情况

8.3.3 工作闸门运行监测

于 2021 年 11 月完成泄洪洞工作闸门及启闭机在线监测系统的安装及调试。根据泄洪洞工作闸门及液压启闭机的结构特点，在线监测系统于弧门背水面及液压启闭机十字铰架部位设置了 55 套传感器，传感器类型包括应力传感器、三向加速度传感器、声发射传感器、位移传感器，通过布置于弧门门叶、支臂、支铰上不同位置、不同功能的传感器来反馈闸门动作过程中产生的应力、振动、闸门倾斜情况、支铰转动摩擦情况。2022 年 10 月 30 日，泄洪洞工作闸门进行了库水位 825.00m 泄洪试验，闸门动水启闭试验同步进行。动水启闭过程中，闸门监测系统对弧形工作闸门及启闭机运行工况进行全过程实时在线监测，以评判弧形工作闸门及启闭机在运行过程中的结构应力、振动、运行姿态等指标是否符合设计预期，安全裕度是否充足。

监测结果显示，1～3号弧形工作闸门最大应力峰值分别为-45MPa、-44MPa、-20MPa。最大应力值部位为工作闸门的上框架跨中翼缘与纵隔板翼缘连接处，均小于设计规范中钢闸门主要承载结构钢板许用应力的限值，安全裕度充足。

监测结果表明：闸门整体振动较小，振动特点符合振动模型的理论预期，水封系统工作可靠。启闭方向振动位移最大值为23μm，门槽方向振动位移最大值为18μm，水流方向振动位移最大值为20μm，均发生在3号泄洪洞，其数值均远小于美国阿肯色河通航枢纽管理局对振动构件平均位移划分危害差别标准中500μm限值，判断为无害振动。

监测结果表明：3套闸门都表现出良好的工作状态，闸门支铰转动副未见异常，支铰轴处声发射信号曲线显示支铰轴未发生卡阻抱死现象，工作踏面无局部剥落和破坏，无泥沙异物入侵；在闸门的启停瞬间，支铰轴承摩擦副间动、静摩擦转换，摩擦系数虽发生突变、形成局部尖点，但属正常现象，符合轴承正常摩擦特性。

综合分析认为，1~3号弧形工作闸门及液压启闭机机架结构整体刚性良好，结构应力在安全裕度以内，流激振动对闸门无危害，支铰轴无异常，运行工况平稳可靠。

8.4　安全监测

8.4.1　安全监测布置

为监测泄洪洞开挖期、运行期间的围岩变形情况，布置了多点变位计和锚杆应力计；为监测衬砌混凝土的受力情况，布置了测缝计、钢筋计、应变计和无应力计。白鹤滩水电站泄洪洞共布置有多点变位计59套、锚杆应力计88组、钢筋计92支、测缝计34支、单向应变计66支、无应力计15支、渗压计6支。具体监测仪器布置见表8.4-1。

表8.4-1　泄洪洞安全监测仪器布置

部位		监测断面数	布置位置（桩号）	检测仪器
1号泄洪洞	进水塔	1	—	测缝计6支、单点式锚杆应力计1支、钢筋计8支、渗压计2支
	上平段	6	0+131.00、0+198.00、0+455.00、0+665.00、1+094.00、1+880.00	多点变位计19套、测缝计8支、锚杆应力计28组、钢筋计19支、无应力计3支、单向应变计18支
	龙落尾	3	2+120.00、2+150.00、2+260.00	多点变位计5套、测缝计6支、锚杆应力计6组、钢筋计13支、无应力计2支、单向应变计6支
2号泄洪洞	进水塔	1	—	测缝计6支、单点式锚杆应力计1支、钢筋计9支、渗压计2支
	上平段	2	0+166.00、0+437.00	多点变位计9套、测缝计2支、锚杆应力计13组、钢筋计5支、无应力计1支、单向应变计6支
	龙落尾	1	2+056.00	多点变位计5套、测缝计2支、锚杆应力计6组、钢筋计5支、无应力计2支、单向应变计6支

续表

部位		监测断面数	布置位置（桩号）	检测仪器
3号泄洪洞	上平段	1	—	测缝计6支、单点式锚杆应力计1支、钢筋计8支、渗压计2支
	上平段	3	0+083.00、0+445.00、1+120.00	多点变位计11套、测缝计6支、锚杆应力计18组、钢筋计15支、无应力计3支、单向应变计18支
	龙落尾	2	1+952.00、2+088.00	多点变位计10套、测缝计4支、锚杆应力计14组、钢筋计10支、无应力计4支、单向应变计12支

8.4.2 泄洪前后监测数据的对比分析

库水位在正常蓄水位825.00m泄洪试验监测成果表明，泄洪前后3条泄洪洞的围岩与混凝土内各监测仪器测值变化均较小。以1号泄洪洞为例，泄洪前后围岩变形变化量为-0.03~0.03mm，衬砌混凝土与围岩之间缝宽无变化，衬砌混凝土钢筋应力变化量为-1.2~1.89MPa，监测结果统计见表8.4-2至表8.4-3。泄洪前后泄洪洞的围岩和衬砌混凝土性态均无明显变化，泄洪洞运行状态良好。

表8.4-2　1号泄洪洞上平段监测结果统计表（上游水位825.00m）

仪器名称	2022年10月30日测值	泄洪前后变化量
多点变位计	-1.60~9.77mm	-0.03~0.03mm
测缝计	-0.04~1.23mm	0~0.01mm
锚杆应力计	-31.91~129.64MPa	-1.17~2.82MPa
钢筋计	-27.08~65.95MPa	-1.2~0.57MPa
无应力计	35.17~161.69με	-0.33~1.16με
单向应变计	-168.47~316.87με	-19.52~5.63με

表8.4-3　1号泄洪洞龙落尾段监测结果统计表（上游水位825.00m）

仪器名称	2022年10月30日测值	泄洪前后变化量
多点变位计	-2.48~4.91mm	-0.02~0.03mm
测缝计	-0.01~0.07mm	0mm
锚杆应力计	-25.64~199.76MPa	-0.39~0.21MPa
钢筋计	0.09~12.51MPa	-0.51~1.89MPa
无应力计	8.23~65.87με	1.98~0.0με
单向应变计	-12.64~32.43με	-2.83~1.64με

8.5 思考与借鉴

通过泄洪洞三次原型试验以及一段时间的运行证明，泄洪洞运行工况良好，泄洪后检查完好无损，说明白鹤滩水电站泄洪洞设计合理、施工质量优良、运行可靠。

（1）根据运行期监测和泄洪后检查，各测点的掺气浓度、空腔负压、空化噪声数据良好，过流面未发生破坏，围岩安全稳定，说明白鹤滩水电站泄洪洞安全、可靠。但是，由于高流速泄洪建筑物防冲蚀的部分监测成果缺少合格判定标准，需要进一步与模型试验进行对比和反馈分析，对泄洪洞防气蚀破坏的设计成果进行评价，为后续工程提供借鉴和指导。

（2）泄洪试验成果表明，过流面混凝土微裂缝、小气泡等未修补的质量缺陷在高速水流作用下未发生任何变化及破坏，说明所建立的缺陷分级与控制标准是合理且适用的。

（3）泄洪试验和运行时，进口启闭机室内风速较大，人员通行时存在安全风险。在正常运行情况下，应封闭检修通道，阻断泄洪洞流道与启闭机室之间的连通，以改善启闭机室内的运行环境，同时可在闸门顶部安装视频监控系统，可实时观察闸门后水流流态。

（4）作为高风险泄洪建筑物，应在每次泄洪后开展检查，发现缺陷立即修补，为下一年度的防洪度汛奠定基础。

第9章 建设管理

在白鹤滩水电站泄洪洞工程的建设过程中，以设计创新、技术研发、装备研制、工艺提升为基础，同步开展了建设管理机制、管理措施的研究与实践，制定了详实的、量化的精品工程质量标准，构建了高效的管理实施细则，创建了工程参建各方思想统一、职责明确、奖罚分明、求真务实的建设管理软环境，为白鹤滩水电站泄洪洞工程的高质量、高标准建造创造了制度与管理基础，实践了精品工程的建设理念与要求。

9.1 目标、理念与方法

在白鹤滩水电站建设“世界一流精品工程”、成就“水电典范、传世精品”的总目标下，围绕衬砌混凝土防气蚀、建精品两大主题，确立了泄洪洞工程“体型精准、平整光滑、抗冲耐磨、无裂无缺”的精品工程目标。

根据以上白鹤滩水电站泄洪洞工程的精品工程目标，确立的泄洪洞工程建设管理理念为：锚定目标、踔厉奋发；超越自我、永不言败；创新引领、勇攀高峰；真抓实干、合作共赢。

基于合同约定的参建各方职责，探索形成了“精准析源、精明施策、精心组织、精益施工、精准控制”的“五精”管理法。

9.2 管理机制与体系

在白鹤滩水电站泄洪洞工程的建设过程中，对于重大施工方案或重要施工工艺，均采用参建四方（建设、设计、监理、施工等）提前召开专题会共同研究的方式，通过多角度思考、全方位研讨，确保方案、工艺的科学性、严谨性和全面性，使其紧密结合工程建设实际，对于难度较大的施工方案还邀请外部专家进行咨询，为施工安全和质量提供外部技术保障。参建四方均可提出召开专题研讨会的需求，由建设方负责研讨会的组织。

9.3 制定精品工程标准

为顺利建成白鹤滩水电站泄洪洞精品工程，通过对其他水电站的实地调研和类似工程建设经验的总结，按照技术先进、经济合理、质量精品的原则，制定了高于现有行业标准的上平段、龙落尾段和挑流鼻坎段混凝土精品工程质量标准。白鹤滩水电站泄洪洞精品工程质量标准明确了混凝土体型控制、不平整度、外观、养护，以及底板锚筋、单元一次验收合格率、单元工程优良率等方面内容。

9.4　管理措施

根据确定的“五精”管理法，有针对性地制定了一系列制度、细则、措施，克服了管理中的短板，改变了现场人员的不良的作业习惯，提高了管理效率，保证了精品工程实施。

9.4.1　完善管理制度与细则

（1）建立施工“五不开、四不准、三停工”制度。开工准备“五不开”制度：管理人员和作业人员未接受技术交底不开工、接受教育不合格不开工、资源配置不满足施工要求不开工、管理人员质量管理思路不清晰不开工、关键岗位人员未掌握关键质量控制措施及标准不开工。

仓面验收“四不准”制度：安全设施不到位不准验收、工序质量不到位不准验收、入仓手段不到位不准验收、会签程序不到位不准验收。

质量保证“三停工”制度：同一质量问题连续两次整改落实不到位停工；重点部位、关键工序质量控制不到位停工；施工质量下滑严重停工。

（2）建立仓面验收“三联单”制度。强化事前控制，在混凝土备仓过程中，要求施工单位、监理单位进行过程巡查，若发现问题，在“三联单”（初检/复检过程验收联、终检过程验收联、监理工程师过程验收联）上明确写出整改要求。根据问题清单，作业队在备仓过程中消化、解决相关问题，从而提高仓面一次验收合格率。对于仓面开仓前验收时仍存在的问题，要求进行分析、研判，查明该问题未提前发现的原因及责任人，促使相关验收人员主动发现问题、主动提高自身业务水平。

（3）建立质量缺陷现场剖析与案例教育制度。及时曝光施工过程中出现的质量缺陷，并由监理工程师组织施工单位质量部、技术部、作业队负责人、班组带班人员、关键岗位工人等进行现场研究，结合现状深入剖析原因并制定改进措施，促使参建人员深入一线解决问题。为了避免同类缺陷在各作业班组中重复出现，同时推广成功经验，施工单位每周组织案例学习会：对于不足或错误做法，作为反面教材组织各班组开展警示教育；对于成功或正确做法，作为正面教材组织各班组开展观摩学习，并予以奖励。

9.4.2　制定详实管理措施

（1）试验先行、样板引路。在白鹤滩水电站泄洪洞工程建设中，研制了大量新型施工装备和创新施工工艺。为了确保施工质量的稳定性，每套装备、每项工艺均要求先在工程实体之外的试验点开展试验，细化、优化后再用于实体工程，要求第一仓混凝土即能够实现精品、形成样板，并以首仓样板为基础全面推广应用，实现仓仓精品。

（2）设置质量红线。高流速泄洪建筑物对混凝土质量缺陷极其敏感，通过建立质量红线管理机制，不断提高参建人员的质量管控意识、最大限度减少施工质量缺陷的发生。质量红线的设定原则、处罚措施、运行方式如下。

1）设定原则。①应当避免而未避免造成工程永久损伤的行为。例如，在已浇筑混凝土表面堆载杂物，导致对已浇筑混凝土造成破坏等成品保护不到位的行为。②未按照明确的工艺标准施工，导致出现不合格且在半年内超过两次。例如锚筋施工，第三方按比例随机抽检质量不达标。③明确禁止但仍违规作业造成质量缺陷。例如，因固定模板的拉筋突出混凝土过流面，采用电焊切割造成混凝土表面过热损伤。④重复出现的质量缺陷累计达到规定次数。⑤其他经参建各方研究确定的质量红线。

2）处罚措施。①同一质量红线重复触犯，每次处罚金额在上一次基础上按倍数增加，起步金额为5000元/次。②参照“四不放过”原则追究触碰质量红线的责任人，同一责任人累计超过3次，调换岗位。③对频繁触碰质量红线的作业队伍停工整改，直至清退出场并列入黑名单。

3）运行方式。在每周的监理协调例会上，由监理工程师宣布设定的质量红线（如果有），并在纪要中予以明确，红线一经划定即永久有效，直至泄洪洞工程项目建设全部完成。

（3）开展质量每周一案。每周由项目业主选择一项现场发生的典型质量问题，作为典型案例，按照质量事故调查的方式，联合参建各方深入分析出现质量问题的直接原因、间接原因及责任人，追根溯源、揭示问题的本质，制定针对性措施进行整改，举一反三避免同类问题的发生，对负有直接责任的监理工程师、质检人员和施工人员进行批评教育并责令其自我检讨。通过每周一案，消除了影响施工质量的根本因素，对参建人员起到警示教育作用，提高了一线管理人员发现问题、解决问题的能力，并达到每周解决一类问题以及质量管理教育的效果。

（4）混凝土振捣“三定”措施。为确保混凝土振捣密实，无漏振、过振等现象，制定了“定人、定区、定时”的混凝土振捣“三定”措施。“定人、定区”的要求为：每仓混凝土施工时，划分区域并确定施工责任人（工人），拆模后进行检查、对比和奖惩，做到施工质量可追溯，提高一线作业人员的责任心。“定时”的要求为：通过工艺试验确定混凝土最佳振捣时间，包括振捣时长和复振时间间隔，通过秒表计时培养工人施工操作习惯，逐渐培养工人准确控制混凝土振捣时间及间隔的素养，实现质量可控。

（5）全面推行施工标准化。传统的标准化重在工艺流程而忽视工艺细节，特别是工艺的定量化标准，从而造成作业层面的粗放式施工。在白鹤滩水电站泄洪洞工程的建设中，从工艺细节入手，通过理论研究和经验总结确定工艺操作的定量化标准，实现标准化施工。包括制定标准化工艺手册、作业明白卡以及标准化工艺视频等。

在推行标准化工艺时，按照“先固化、后优化、再量化”的原则进行推广应用。首先要求按照确定的工艺流程和标准实施，培养工人的劳动习惯和劳动纪律，然后在实施过程中根据实施效果不断优化和调整，最后形成质量稳定、操作简单的成熟工艺量化标准。

（6）全面防范质量风险。在各分项工程施工前，由监理工程师组织参建各方根据类似工程经验开展质量风险辨识，形成质量风险辨识清单。然后由施工单位总工程师（或质量副经理）牵头按工序分析，设立质量验收停检点，包括症结点、表现形式、检查手段、责任人、产生原因等内容。最后对识别出的风险点逐条制定简单易懂的有效防控措施，明确控制关键点、要因、落实责任人等。对于较大的质量风险，由施工单位制定应急预案，由监理单位组织开展应急演练，项目业主予以考评。对于在施工过程中仍然出现的已辨识的质量风险，定义为“质量事件”，按照“四不放过”的原则进行处理，甚至划定质量红线。对于未能辨识出的质量风险及时完善至风险辨识清单并制定措施，举一反三、深入学习。

9.4.3　统一建设思想，达成共同目标

建设之初，面对背景迥异、互不相识的参建各方人员，项目业主多次组织务虚会，对建设目标、管理措施和实现路径进行广泛讨论，使参建各方将白鹤滩水电站泄洪洞精品的建设理念入脑入心，成为参建各方的共同目标。

通过达成建设精品工程的共同目标，促使参建各方人员一边自我发现、一边自我实现，在保证工程建设质量的同时主动提升质量。特别是通过目标的统一，提高了参建各方“一把手”对工程质量的重视程度，在建设过程中做到了建设方对关键仓位进行全程旁站，监理单位主要负责人在质量稳定前全程指导、监督，施工单位项目班子自首仓混凝土至最后一仓混凝土不间断轮流值班。参建各方以“不建精品誓不还”的决心开展工作，通过一次次挑灯夜战、一仓仓监督旁站，实现了泄洪洞精品工程的建设目标。

9.4.4　搭建创新平台，开展全面创新

白鹤滩水电站泄洪洞工程要想实现精品工程目标，行业内现有的装备和技术尚且不足，利用破局而出的智慧，以问题为导向进行创新是必由然之路。通过在白鹤滩水电站泄洪洞建设中搭建创新平台，实现了全员创新、全面创新。

为了实现全面创新，制定了“从大胆尝试中进行装备革新”“从细节改进中进行工艺创新”“通过产、学、研、用结合，进行设计创新”的创新策略，提出了“推动渐进式创新、鼓励微创新、支持颠覆式创新”的创新思路，并通过物质奖励和激发参建人员实现自我价值的信念，提高了参建各方、各层级管理与技术人员、一线作业工人的创新意识，促使全员自发性创新，实现人人乐于创新、敢于创新。

以个人特长为主要考量成立了 2 个“创新工作室”，分别研究工艺创新和装备创新。成员包括业主、设计、监理、施工等各单位参建人员，结合工程建设实际进行创新，形成全员创新的平台。

9.4.5　提升工作作风、夯实工艺作风

(1) 培养严、慎、细、实的工作作风。一是要“严”字当头。始终秉持严谨的作风，对工作认真、负责，不允许有“差不多”的思想。事前做好严密的策划，大到邀请行业专家共同研讨重要施工方案，小到每一仓混凝土开仓前技术交底，均要严肃对待。古人云“法乎其上，得乎其中；法乎其中，得乎其下”，做任何事情，如果没有高标准、严要求，结果就会大打折扣。因此，在泄洪洞建设中不允许任何人擅自降低质量标准，对待错误严肃处理，责任追究到人，对屡犯质量红线和安全红线的个人或作业队伍给予重罚，性质严重的将其列为黑名单并清退出场。通过严格的要求让每一个人养成自己每一次承诺负责到底的习惯，言必行、行必果。

二是要“慎”重而为。白鹤滩水电站工程是千年大计，不能为后期运行留下隐患，每一次决策均要深思熟虑、慎而为之。面对高速水流气蚀破坏的风险，每一道施工工序、每一个施工细节均要小心谨慎，不留缺陷、不留遗憾。

三是要“细”出精品。在细节上下功夫是解决混凝土施工质量缺陷的关键，要求所有参建人员关注细节，始终用一丝不苟、细上加细的态度对待每一仓混凝土。为了树立“细”出精品的意识，在日常公文写作中也要求行文规范、严谨、无错误，将“细”体现在工作中的方方面面。

四是要“实”字落地。首先作风要务实，不好高骛远，每个人都要脚踏实地做好自己的本职工作。其次责任要落实，通过明责、定责来推动工作，通过问责、追责来抓好落实，激发个人的能动性和创造性，使各项工作落到实处。为有效克服形式主义、官僚主义作风，强化工作实效，在日常工作中、生产例会上禁止使用“加强”“基本”“及时”“应该”“尽量”等用语，布置工作要有目标、可操作、能检查，需落实事项必须有清晰的完成时限、责任人及具体要求等。

（2）培养“三个吃透”的工作作风。一是要吃透本质。不能机械地去做工作，需要明白其中的因果关系，理解事物背后的根本原因。例如在结构设计中，设计人员虽明白了掺气的原理和气体来源，但洞内空气在高速水流下本身已存在负压且含有大量水汽，无法保证最佳掺气效果，因此完善了洞外供气的方案。

二是要吃透技术。要求参建人员不仅要知道怎么干，还要弄明白为什么要这么干。特别是一线作业工人，更要掌握工艺的要点及原因，做到有的放矢。例如，一线作业人员要清楚混凝土可塑性随时间变化的关系，准确地把握收面时机，防止表层出现“两层皮”。

三是要吃透规律。任何事物都有自身的规律，把握好自然规律，顺势而为方可事半功倍。例如，混凝土表面少量气泡难以避免，就不必花费过多精力用于彻底消除混凝土表面气泡。

泄洪洞工程建设参建者均经验丰富，通过“三个吃透”在解决高流速防气蚀这一世界级难题时，做出了新的贡献。

（3）塑造“先执行、后反馈、再调整”的工作作风。为了使精品工程建设的管理落到实处，在白鹤滩水电站泄洪洞工程的建设中形成了“先执行、后反馈、再调整”的工作作风。

执行是目标和现实的桥梁，一个行动胜过一打纲领，要求参建人员具有极强的执行力。为了培养参建人员的执行能力，日常工作的安排采用销号管理的方法，并反复强调时间的重要性。在任何工作中，若经办人提出会滞后 T 天完成时，需在原计划节点的 T 天前提出，促使所有参建人员脑子里每天都有节点意识，不断提高执行力，做到“闻令而动”。

在执行过程中培养及时反馈的“复命意识”，要求参建人员在工作中进行适时反馈、阶段性反馈。工程建设是一项复杂的系统工程，随着施工边界条件的变化，相关调整是非常必要的。因此，要及时反馈现场存在的问题，以便领导层及时调整思路和方法，从而更好地化解矛盾、解决问题。现场管理人员如果对现场存在的问题不说、不指正、不采取任何措施，将会严重影响建设精品工程的目标，次数超出一定范围，该人员将会被清退出场。

（4）夯实工艺作风。

1）施工时间的精准控制。衬砌混凝土施工必须要与其自身凝结规律相适应，各施工工序对时机的把握要求非常严格，必须要做到时间的精确控制。例如，在混凝土收面过程中，时间过早会留下脚印，混凝土表面平整度反而较差，时间过晚混凝土可塑性较低，此时不平整度超标也无法通过压抹进行调整，影响施工质量。因此，底板五步法收面工艺中详细明确了各步骤的施工时机，包括时间、沉入度等标准，精准的施工时机对施工质量控制起到了重要作用。

2）施工设备的精准控制。设备的精度决定了成品质量的精度，控制施工设备的精度十分重要，要求设备的精度优于混凝土的质量控制标准。例如，在边墙混凝土衬砌备仓中，要求做到台车面板每仓必检，面板不平整度不超过1mm/2m靠尺，浇筑过程中利用百分表对台车面板变形进行监控并及时调整，确保衬砌混凝土满足不平整度不超过2mm/2m靠尺。在底板混凝土隐轨安装中，通过设计“旋转顶托装置”使隐轨安装精度达到0.5mm，隐轨安装完成后进行三辊轴空载试验，要求隐轨变形不超过1mm。底板面层收面的精度要求更高，采用6m靠尺进行不平整度控制，最终确保底板浇筑完成后大面不平整度不超过2mm/2m靠尺。

3）施工细节的精心控制。“细节决定成败”，要解决衬砌混凝土质量缺陷，就是要从细节中找到答案。项目部负责人带头深入现场，仔细研究每个工序、每道环节、每个操作的合理性、准确性及可提升性，沉下心从观察到模仿再到指导提升，全过程掌握混凝土下料、浇筑、振捣、抹面、养护各个方面的工艺细节，在底板混凝土收面中牢牢把握最佳抹面的“窗口期”。在边墙混凝土台车面板搭接中，用灯光检查搭接面的不平整度，面板搭接完后用灯光检查搭接紧密程度，确保不漏光，从而实现边墙施工缝面的“无缝衔接”。

9.4.6 弘扬劳动精神，培养大国工匠

解决衬砌混凝土施工质量缺陷的关键在于施工细节，需要通过精益求精的工匠精神提升施工质量。从小处着手、细处下手，不放过任何一个质量风险，简单的事情重复做，重复的事情精心做，把追求极致的工匠精神融入到工程建设的方方面面。

作为劳动密集型工程，衬砌混凝土施工质量受工人的技术水平影响较大。因此，在一线作业人员中培养大国工匠是有必要的，其重点是将标准作业培养成习惯。例如，在落实混凝土振捣复振工艺中，最开始由质检员手拿秒表，控制工人的振捣时间和振捣间隔，慢慢培养工人的时间意识和操作要领，最终实现工人在无人监督、无计时器的情况下准确控制振捣时长。

为了能够推动整个行业的发展，除了培养工匠个人外，还要培养工匠型作业队伍，提高作业队伍负责人的工匠意识，让匠人与工匠型作业队伍建立良好的协作关系，形成稳定的工作岗位。

为了弘扬工匠精神、培养大国工匠和工匠型队伍，利用外部单位来白鹤滩调研的机会，大力推荐技术过硬、诚信、有实力的作业队伍，让白鹤滩水电站的工匠和工匠型队伍有更多的机会参与其他工程建设。目前，由白鹤滩水电站泄洪洞工程培养的工匠和工匠型队伍已在国内多个水电站建设中发挥榜样作用。

9.4.7 安全文明施工环境至关重要

良好的安全文明施工环境不仅是施工人员安全生产的基本保障，是一线建设者对美好生活向往的具体体现，也能够提高一线作业人员的幸福感和参与工程建设的自豪感，使一线人员更有意愿把工作做好。此外，做好安全文明施工是改变一线作业人员的质量意识和不良施工习惯的最有效方法之一。

良好的安全文明施工环境，能够对一线管理人员、作业人员形成高标准、高要求的心理暗示，从而提高质量控制自觉性，形成良好的作业习惯。因此，在每仓混凝土施工前，要求必须做好仓内外的安全文明施工，确保通道通畅，并作为仓面验收的前提条件；在下班后，自觉打扫环境卫生，整理施工材料，做到工完场清，为下个班组作业打造良好环境，让接班人员心情愉悦。

第 10 章 价值与未来

白鹤滩水电站是世界在建最大水电工程，其无压直泄洪洞为世界之最，综合技术指标居世界前列。参建人员面对气蚀破坏、抗冲耐磨、温控防裂以及质量缺陷顽症等世界难题，踔厉奋发，突破传统思维束缚，通过理论研究、原材料制备、装备研发、施工工艺等方面，全方位开展科学研究和技术攻关，取得了系列重大科研成果和举世公认的建设成就。

10.1 建设成就

白鹤滩水电站泄洪洞参建各方，针对超长无压直泄洪洞群建造难题，通过近 20 年“产学研用”协同攻关，突破行业瓶颈，在泄洪洞结构设计、温控理论研究、混凝土原材料制备、施工装备研发、施工工艺等方面取得了一系列创新成果。

10.1.1 设计理念与方法

深化了高水头、高流速、巨泄量泄洪洞设计理论与方法。

（1）采用全洞无压直线泄流型式。充分利用天然地形采用直线型布置，结构简单，运行可靠。

（2）采用龙落尾的体型结构。将高速水流集中在泄洪洞尾部 400m 的范围内，缩短了高速水流段的长度，降低了衬砌混凝土被破坏的风险。

（3）龙落尾段布置 3 道掺气坎。采用“底掺气+侧掺气”的渐扩式结构型式，相较于单一的掺气槽形式更有利于保持水流流态的稳定，保证了全断面的掺气减蚀效果。布置 2 套独立的通风补气系统，分别为洞顶补气和掺气槽补气，均由洞外独立供气。较洞内补气方式更能保证空气的压强和纯度，也可减小过水隧洞断面尺寸。

（4）出口消能采用预挖冲坑的方式。河道防护工作考虑了泄洪冲刷和雾化的影响，预挖河滩形成消能冲坑，采用挡墙和贴坡的形式进行岸坡防护。

（5）综合考虑水流流态控制、闸门推力消解等方面的因素，采用三支臂弧形工作门。

10.1.2 精品与典范

建成了世界一流的精品泄洪洞，树立了行业典范。白鹤滩水电站泄洪洞全过流面采用低坍落度混凝土施工，无论是边墙还是底板，其体型、平整度均远优于设计标准，彻底消除了混凝土各种质量顽症，施工缝面无缝衔接，“看得见、摸不着”，巨型三支臂弧形工作门挡水滴水不漏，建成了“体型精准、平整光滑、无裂无缺、抗冲耐磨”的世界一流的精品泄洪洞，树立了行业典范。

白鹤滩水电站泄洪洞经历了库水位 793.00m、815.00m、825.00m 的 3 次原型试验，试验结果表明，其掺气浓度、空化噪声、闸门振动、消能区雾化等各项关键指标优于设计指标。2021 年 9—12 月，大坝水垫塘检修期间，泄洪洞工程频繁接受调度，独立承担了枢纽泄洪任务，累计运行时长约 258h，在库水位 825.00m 时，单洞最大泄量 $3780m^3/s$，总泄量约 $11340m^3/s$，实测最高流速达到 55m/s，创造世界纪录，也颠覆了参建者的部分认知。在大泄量、高流速、长时间的运行条件下，泄洪洞经受了严峻考验，没有发生气蚀破坏和冲磨破坏，过流面完好无缺，镜面如初，具备长期安全稳定运行的条件。

10.1.3 管理水平与管理范式

成功探索形成了精品工程项目管理范式，提升了建设管理水平。围绕建设白鹤滩水电站泄洪洞精品工程的总目标，探索形成了“精准析源、精明施策划、精心组织、精益施工、精确控制”的新型“五精”管理法，在建设管理过程中，注重抓思想观念、抓领导用人、抓不良习惯、抓过程细节、抓好坏典型、抓工程效果、抓沟通反馈、抓事前培训、抓执行力等，形成了白鹤滩水电站泄洪洞项目的管理范式。对于一线施工人员不良的作业习惯、安全方面习惯性违章等现象，有针对性地采取了设置质量安全红线、安全网格化标准化管理、现场视频监控等特殊手段，确保在每道工序、每个环节都操作规范、高效作业，对于管理人员办事拖拉、工作浮躁等普遍存在的形式主义、官僚主义作风，采取失职追责、调离岗位等手段，收到了良好成效，逐步形成了一支精诚团结、勇攀科技高峰、高效务实、敢打硬仗的参建团队。

10.1.4 机械化与施工技术水平

研制了一系列成套施工装备，基本实现了全面机械化施工，提升了行业施工技术水平。针对白鹤滩水电站泄洪洞建造难题，突破传统隧洞混凝土施工行业瓶颈，有针对性地研制了成套专用设备，基本实现全面机械化。研制的“大坡度重载快速下行自动供料系统”“高边墙低坍落度混凝土输料系统”“挑流鼻坎大跨度低坍落度混凝土布料系统”等一系列低坍落度混凝土安全高效的运浇设备，首次实现国内外全过流面浇筑低坍落度混凝土。研制的“大坡度变断面液压自行走衬砌台车”“曲面底板隐轨循环翻模系统”“大跨度三辊轴及高精度隐轨系统”等一系列衬砌体型精准控制浇筑装备，基本解除了依靠工人手工立模等操作带来的质量偏差，大幅度提高了衬砌混凝土体型精度。

10.1.5 工艺与发展

研发了新型的抗冲磨材料及系列的施工工艺，推动了行业发展。采用“两高、两低”（高标号、高掺粉煤灰、低热水泥、低坍落度）的混凝土配合比，提高了混凝土抗冲耐磨能力，为解决温控防裂难题和无缺陷建造奠定了坚实基础。

创建了边墙施工缝零缺陷、底板施工缝无缝衔接的成套施工工法，解决了施工缝漏浆、错台、缝面缺损等质量缺陷顽症，实现了全洞段施工缝的“零缺陷”成效。

基于可视化振捣工艺试验，掌握了混凝土气泡的产生、汇集、排出规律，制定了精细化复振工艺参数，解决了边墙混凝土过流面大气泡及气泡密集的难题。

发明一系列镜面混凝土创新工艺，实现衬砌混凝土无缺陷建造。发明的“胸墙一次浇筑成型技术”“钢衬预浇混凝土技术”“底板五步法收面工艺”“高边墙施工缝面无缝衔接工艺”等一系列工艺创新技术，彻底解决了衬砌混凝土施工质量缺陷，实现混凝土平整光滑、内实外光、无缺陷，衬砌混凝土体型偏差小于 7mm、不平整度小于 2mm/2m 靠尺，施工缝面无错台、无缺损，实现无缝衔接。

解决了巨型弧形工作闸门安装空间狭小难题。弧形工作闸门在场外拼装，用轨道运输至起吊点，采用新型的液压起吊方式和 BIM 技术，规避了安装过程中的空间碰撞难题，一次精准安装到位。

制定科学、合理的施工顺序与分缝分块方法，采用“先边墙、后顶拱、最后底板”的施工顺序，分仓长度上平段 12m、龙落尾 9m。与传统的“先底板后矮边墙”施工顺序对比，可有效降低混凝土结构应力，同时大幅降低底板遭受破坏的风险。

应用光纤测温技术，结合环境温度场变化情况，掌握了混凝土设计龄期内的温度场变化规律，发明了智能通水和智能养护设备，采用“四阶段”通水策略，精准控制混凝土最高温度、温升速率，实现了混凝土无温度裂缝。

10.1.6　标准与引领

形成了一系列标准规范，实现了行业引领。首次定义了“水工隧洞镜面混凝土”，建立了远高于规范要求的隧洞衬砌混凝土质量标准体系。

创建了水工隧洞镜面混凝土成套工法，实现了混凝土的体型精准、平整光滑、无裂无缺、抗冲耐磨的精品工程目标。

应用光纤测温技术，结合洞内环境温度变化情况，掌握了混凝土内部发热规律，建立了衬砌混凝土、围岩、环境温度场共同作用下的三场计算分析模型，提出了衬砌三向温度梯度控制标准、施工分段分序浇筑方法、四阶段温控策略，发明了衬砌混凝土智能温控系统，解决了地下洞室结构衬砌混凝土“无衬不裂”的世界难题，实现了白鹤滩水电站泄洪洞衬砌混凝土零温度裂缝，编撰了地下洞室混凝土温控防裂标准。

10.2　未来展望

在白鹤滩水电站泄洪洞工程建设实践中取得的技术成果有望在以下几个方面推广应用。

（1）新装备新工艺应用。白鹤滩水电站泄洪洞工程建设过程中，其研制的新型施工装备、施工工艺，有效解决了高流速、大流量工况下衬砌混凝土的施工质量难题。其相关技术成果可在其他水电工程中的泄洪洞、溢洪道、泄水槽、溢流面、引水发电通道等高流速的混凝土结构中推广应用，可有效避免高速水流条件下混凝土结构因施工质量导致的气蚀破坏、冲磨破坏，确保混凝土的工作性能与结构安全。

（2）泄洪洞的常态化运行与应用。考虑大坝坝体泄洪孔口数量、抗震性能、施工效率、大坝选型与枢纽布置的影响，在白鹤滩水电站泄洪洞投入运行前，水电站枢纽中的泄洪洞往往作为一种非常规的泄洪手段。白鹤滩水电站泄洪洞经过大泄量、高流速工况下长时间运行检验，具备长期稳定的运行条件。在白鹤滩水电站后续的水库调度、枢纽运行管理中，可进一步探索将泄洪洞作为常规泄洪方式的可行性，既可以降低尾水位，增加发电效益，还能减少坝体振动，提升大坝使用寿命，为高山峡谷区后续的水电枢纽工程的设计、建设和运行带来诸多的综合效益。

（3）在损毁泄洪设施修复与再造工作中的应用。在以往的工程实践中，泄洪消能建筑物在高速水流作用下的损坏率较高，修复费用高昂、修复频繁，且对工程的长期安全运行造成一定威胁。可参考借鉴白鹤滩水电站泄洪洞工程取得的过流面混凝土配合比、施工方法与工艺标准，对局部损毁的泄洪消能设施进行修复或再造。

参考文献

北京航空航天大学，清华大学，2014. Experimental study on early - age crack of mass concrete under the controlled temperature history [R].

北京航空航天大学，中国水电建设集团国际工程有限公司，中国长江三峡集团有限公司，等，2018. Application of distributed temperature sensing for cracking control of mass concrete [R].

陈敏，康建荣，罗刚，2017. 白鹤滩泄洪洞进水塔流道钢衬及支撑体系有限元分析 [J]. 四川水利，38（2）：3 - 6.

陈敏，张辉，刘东，2017. 十字盘脚手架在进口闸门井弧形过流顶壳混凝土浇筑中的应用 [J]. 四川水利，38（2）：18 - 23.

陈敏，2017. 白鹤滩水电站泄洪洞底板水平光爆施工技术 [J]. 四川水利，38（2）：10 - 11+23.

陈启兴，1985. 格林峡坝泄洪洞发生气蚀破坏 [J]. 人民长江，1：79.

陈荣，白远江，钟琴，2020. 不掺硅粉低热水泥常态抗冲磨混凝土应用研究 [J]. 人民黄河，42（S1）：143 - 144.

陈文学，谢省宗，刘之平，等，2005. 龙抬头式泄洪洞反弧末端边墙掺气减蚀设施的研究 [J]. 水力发电，31（4）：31 - 34.

陈雪万，张贵华，2015. 白鹤滩水电站泄洪洞渥奇曲线测量计算方法分析 [J]. 水利水电技术，46（S2）：32 - 34.

陈宗梁，2002. 国外水电技术的发展 [J]. 中国工程科学，4：86 - 92.

戴会超，许唯临，2009. 高水头大流量泄洪建筑物的泄洪安全研究 [J]. 水力发电，35（1）：14 - 17.

党国强，刘喆，范凤琴，2019. 浅谈高边坡无粘结预应力锚索施工技术 [J]. 四川水利，40（5）：77 - 79.

董思奇，汪洋，2018. 浅谈溪洛渡电站泄洪洞混凝土过流面维护 [J]. 水电与新能源，32（8）：33 - 38.

都辉，顾锦健，陶俊佳，2021. 白鹤滩电站长距离高速无压泄洪洞布置及体型设计 [J]. 人民长江，52（S2）：115 - 118.

都辉，王建新，陶俊佳，等，2020. 白鹤滩水电站泄洪洞出口挑流鼻坎三维有限元静动力分析 [J]. 陕西水利，11：19 - 22.

段亚辉，王孝海，段兴平，等，2021. 结构设计因素对泄洪洞衬砌混凝土施工期温度裂缝的影响 [J]. 水电能源科学，39（8）：138 - 141.

樊博，林俊强，彭期冬，2018. 泄洪洞掺气设施效果影响因素的主成分分析 [J]. 水利水电技术，49（1）：114 - 120.

樊启祥，李文伟，陈文夫，等，2017. 大型水电工程混凝土质量控制与管理关键技术 [J]. 人民长江，48（24）：91 - 100.

樊启祥，李文伟，李新宇，等，2016. 美国胡佛大坝低热水泥混凝土应用与启示 [J]. 水力发电，42（12）：46 - 49+59.

樊启祥，陆佑楣，张超然，等，2020. 金沙江溪洛渡水电站工程建设的技术和管理创新与实践 [J]. 水力发电学报，39（7）：21 - 33.

樊启祥，聂庆华，陈庄明，等，2016. 泄洪洞工程实践［M］. 北京：中国三峡出版社.
方朝阳，段亚辉，董家领，等，2022. 考虑温度荷载作用的白鹤滩隧洞衬砌拆模时间研究［J］. 武汉大学学报（工学版），55（7）：660－666.
冯永祥，刘超，张晓松，2008. 二滩水电站泄洪洞侧墙掺气减蚀研究与实践［J］. 中国三峡建设，3：38－40.
高玉磊，王韦，邓军，等，2010. 高水头泄洪隧洞消能防冲试验研究［J］. 人民黄河，32（10）：148－149.
郭军，张东，刘之平，等，2006. 大型泄洪洞高速水流的研究进展及风险分析［J］. 水利学报，10：1193－1198.
郭雪微，潘岩，吴世斌，等，2017. 白鹤滩水电站泄洪洞龙落尾段开挖质量控制技术［J］. 水利水电技术，48（S2）：81－84.
黄纪村，王孝海，罗刚，2019. 白鹤滩水电站泄洪洞高流速流道混凝土质量控制措施［J］. 中国水利，18：53－55.
吉沙日夫，2017. 大尺寸钢衬分片制安工艺研究［J］. 水利规划与设计，12：146－148.
加尔彼凌，等，1981. 水工建筑物的气蚀［M］. 赵秀文，于志忠，译. 北京：水利出版社.
贾金生，2013. 中国大坝建设60年［M］. 北京：中国水利水电出版社.
康建荣，陈敏，2019. 白鹤滩水电站泄洪洞混凝土智能保湿养护技术研究［J］. 四川水利，40（5）：38－40，50.
康建荣，刘喆，陈敏，2019. 高速水流流道底板混凝土收面工艺研究［J］. 四川水利，40（5）：47－50.
康建荣，彭培龙，张相明，等，2019. 白鹤滩水电站泄洪洞二次刻槽开挖施工技术研究与应用［J］. 四川水利，40（5）：5－9.
李静，胡国毅，2013. 泄洪洞掺气减蚀设施空腔回水研究［J］. 长江科学院院报，30（8）：50－53.
李学平，刘雪锋，吴世斌，等，2021. 白鹤滩水电站泄洪洞上平段底板锚杆施工质量控制［J］. 人民黄河，43（S1）：223－224.
李学平，吴世斌，张继屯，2020. 白鹤滩水电站泄洪洞平洞段镜面混凝土质量控制［J］. 人民长江，51（S2）：351－353.
李永健，2008. 气蚀发生过程中表面形貌作用机理研究［D］. 北京：清华大学.
李正文，2019. 高水头泄洪洞运行期破坏研究［D］. 北京：清华大学.
林秉南，1985. 我国高速水流消能技术的发展［J］. 水利学报，5：23－26.
刘凡，刘喆，朱晓荣，2019. 浅议白鹤滩水电站泄洪洞出口高边坡开挖质量保证措施［J］. 四川水利，40（5）：98－100.
刘利民，张继屯，吴世斌，等，2020. 泄洪洞龙落尾底板低坍落度混凝土施工技术创新［J］. 人民长江，51（S2）：175－178.
刘雪锋，吴世斌，乐梦霖，2021. 大坡度双曲扭面浇筑低坍落度混凝土创新技术应用［J］. 人民黄河，43（S1）：227－228.
刘雪锋，吴世斌，刘益，2022. 白鹤滩泄洪洞出口消能区开挖安全风险分析及管理措施［J］. 人民黄河，44（S1）：267－268.
卢旺安，谢小兵，刘喆，2019. 白鹤滩水电站泄洪洞进口大体积混凝土温控措施浅谈［J］. 四川水利，40（5）：101－102，106.
马国辉，2021. 某大型水电站泄洪洞过流面混凝土表面缺陷处理施工技术［J］. 水电与新能源，35（2）：59－62.
聂庆华，陈庄明，许传稳，2014. 溪洛渡水电站泄洪洞工程技术创新与创新管理［J］. 四川水力发电，33（S2）：100－104.

庞博慧，王孝群，张陆陈，等，2019. 高坝泄洪消能若干关键技术问题研究［C］//贾金生，艾永平，张宗亮，等. 国际碾压混凝土坝技术新进展与水库大坝高质量建设管理：中国大坝工程学会2019学术年会论文集：465－470.
彭培龙，陈敏，张相明，等，2019. 泄洪洞进水塔大跨度异形胸墙高承重体系设计［J］. 四川水利，40（5）：20－25.
齐春风，2017. 泄水建筑物掺气设施与供气系统掺气通风特性深化研究［D］. 天津：天津大学.
沈杰，吴世斌，秦跃梅，2017. 白鹤滩水电站泄洪洞上平段底板保护层开挖质量控制措施［J］. 水利水电技术，48（S2）：77－80.
孙光礼，段亚辉，2013. 边墙高度与分缝长度对泄洪洞衬砌混凝土温度应力的影响［J］. 水电能源科学，31（3）：94－98.
孙明伦，胡泽清，石妍，等，2011. 低热硅酸盐水泥在泄洪洞工程中的应用研究［J］. 人民长江，42（S2）：157－159.
孙双科，2009. 我国高坝泄洪消能研究的最新进展［J］. 中国水利水电科学研究院学报，7（2）：89－95.
田洪，康建荣，甄耀祖，等，2016. 白鹤滩水电站泄洪洞龙落尾开挖支护关键技术［J］. 四川水力发电，35（3）：6－10，144.
汪志林，王孝海，罗刚，等，2021. 安全生产网格化管理在白鹤滩水电站泄洪洞工程的应用［J］. 项目管理技术，19（09）：136－141.
王海云，戴光清，杨永全，等，2006. 高水头泄水建筑物侧墙掺气减蚀特性研究［J］. 四川大学学报（工程科学版），1：38－43.
王康柱，2020. 国内外泄洪消能建筑物设计综述［J］. 水力发电，46（9）：1－4.
王孝海，罗刚，黄纪村，等，2020. 白鹤滩水电站泄洪洞进口弧形闸门安装关键技术［J］. 水力发电，46（9）：106－110.
吴宝琴，聂源宏，梁宗祥，等，2003. 洪家渡水电站泄洪洞水力学问题的研究［J］. 水利水电技术，9：15－18，72－73.
吴斌，彭培龙，张相明，2019. 白鹤滩水电站泄洪洞不良地质条件下锚索灌浆技术研究［J］. 四川水利，40（5）：41－43.
吴景霞，张春晋，2021. 龙抬头式泄洪洞水力特性试验研究与数值模拟［J］. 水利水电技术（中英文），52（7）：123－131.
河海大学，1999. 溪洛渡水电站泄洪隧洞水工模型试验研究和论证报告［R］.
小戴维·P·比林顿，计宏亮，安达，等，2022. 美国的造坝运动［J］. 21世纪商业评论，7：80－85.
肖兴斌，1986. 水工泄水建筑物掺气减蚀设施综述［J］. 人民长江，7：22－29.
谢省宗，吴一红，陈文学，2016. 我国高坝泄洪消能新技术的研究和创新［J］. 水利学报，47（3）：324－336.
熊高峡，丁平翠，2009. 白鹤滩水电站泄洪洞工作弧门安装工艺研究［J］. 水电站机电技术，32（4）：44－46.
徐建荣，彭育，薛阳，等，2019. 白鹤滩水电站泄洪洞水力特性研究［J］. 中国水利，18：110－112.
许唯临，杨敏，张东，等，2013. 高水头大流量泄流建筑物安全技术研究［R］.
许唯临，2020. 高坝水力学的理论与实践［J］. 人民长江，51（1）：166－173，186.
许协庆，1986. 格林峡坝汛期泄洪和气蚀破坏［J］. 水力发电学报，4：26－36.
杨弘，王继敏，刘卓，2018. 锦屏一级水电站泄洪洞的掺气减蚀及消能防冲问题［J］. 水利水电技术，49（7）：115－121.
游凯，罗士锋，雷正才，2022. 白鹤滩水电站三支铰弧门同轴度质量控制研究［J］. 人民黄河，44

(S1)：97－99.
余挺，田忠，王韦，等，2011. 收缩式洞塞泄洪洞的消能和空化特性［J］. 水利学报，42（2）：211－217.
张法星，徐建强，徐建军，等，2008. 白鹤滩水电站#1泄洪洞反弧段水力特性的数值模拟［J］. 水电能源科学，26（6）：108－111.
张宏波，刘喆，何正平，2019. 浅谈泄洪洞高速水流区边墙低坍落度混凝土浇筑质量控制［J］. 四川水利，40（5）：95－97.
张建民，2021. 高坝泄洪消能技术研究进展和展望［J］. 水力发电学报，40（3）：1－18.
张晋秋，湛正刚，赵继勇，2001. 洪家渡水电站泄洪系统布置设计［J］. 水力发电，9：22－24.
张绍春，孙双科，罗永钦，等，2018. 小湾水电站泄洪隧洞掺气减蚀研究及实际效果分析［J］. 云南水力发电，34（5）：70－72.
张志会，2012. 世界经典大坝——美国胡佛大坝概览［J］. 中国三峡，1：69－78.
长江三峡技术经济发展有限公司，2017. 白鹤滩水电站高速水流泄洪洞衬砌低坍落度混凝土施工技术［R］.
中国三峡建工（集团）有限公司，中国水利水电第五工程局有限公司，2021. 白鹤滩水电站世界最大三支臂弧形闸门安装技术成果报告［R］.
中国三峡建工（集团）有限公司，2022. 白鹤滩水电站泄洪洞事故闸门动水关闭试验大纲［R］.
中国三峡建设管理有限公司，中国水利水电第五工程局有限公司，清华大学，2022. 白鹤滩高水头大泄量泄洪洞镜面混凝土施工关键技术研究与应用成果报告［R］.
中国三峡建设管理有限公司，2019. 白鹤滩水电站泄洪洞高流速流道混凝土质量控制措施［R］.
中国三峡建设管理有限公司，2021. 金沙江白鹤滩水电站2021年泄洪建筑物运行方式技术要求［R］.
中国水电顾问集团华东勘测设计研究院，2011. 金沙江白鹤滩水电站可行性研究报告［R］.
中国水利水电第五工程局有限公司，2019. 白鹤滩水电站泄洪洞混凝土智能保湿养护技术研究［R］.
中国水利水电第五工程局有限公司，2015. 金沙江白鹤滩水电站泄洪洞土建及金属结构安装工程第Ⅰ标段施工组织设计［R］.
中国水利水电第五工程局有限公司，2019. 泄洪洞弧形工作闸门安装方案专项研究报告［R］.
中国水利水电科学研究院，2021. 白鹤滩水电站1号、2号、3号泄洪洞运行水力学原型观测（上游水位793.80m）［R］.
中国水利水电科学研究院，2021. 白鹤滩水电站1号、2号、3号泄洪洞运行水力学原型观测（上游水位815.20m）［R］.
中国水利水电科学研究院，2021. 白鹤滩水电站1号泄洪洞水力学原型观测（上游水位792.10m）［R］.
中国水利水电科学研究院，2021. 白鹤滩水电站1号泄洪洞水力学原型观测（上游水位815.20m）［R］.
中国长江三峡集团有限公司，清华大学，2015. 大型水利水电工程施工智能控制成套技术及应用［R］.
中国长江三峡集团有限公司，2017. 大型水电工程混凝土质量控制与管理关键技术［R］.
KRAMER K，HAGER W H，MINOR H E，2006. Development of air concentration on chute spillways［J］. Journal of hydraulic engineering，132（9）：908－915.
LEE W，HOOPES J A，1996. Prediction of cavitation damage for spillways［J］. ASCE Journal of Hydraulic Engineering，122（9）：481－490.
WAGNER WS，1967. Performance of Glen Canyon dam diversion tunnel outlets［C］. ASCE Environmental Engineering Conference. Dallas，Texa，Febr.，6－9.
WARNOCK J E，1947. Experiences of the Bureau of Reclamation，cavitation in hydraulic structures，Symposium，Transactions［J］. ASCE，112：43－58.